全国高等职业教育"十三五"规划教材

机械设计基础

主　编　皮云云
副主编　冯光林　李谟树

机械工业出版社

本书在满足高职高专机械、近机械类专业对本课程要求的基础上，以"应用为目的、必需够用为度"的原则，重新对课程内容体系进行了整合和优化。

全书共13章。内容包括绪论、平面机构及平面连杆机构、凸轮机构、间歇运动机构、带传动与链传动、齿轮传动、蜗杆传动、轮系、轴承、联轴器和离合器、轴及轴毂连接、螺纹联接与螺旋传动、弹簧简介。

本书可作为高职高专机械类、近机械类专业教学使用，也可供相关工程技术人员参考。

本书配有授课电子课件，需要的教师可登录机械工业出版社教育服务网 www.cmpedu.com 免费注册后下载，或联系编辑索取（QQ：1239258369，电话：010-88379739）。另外，本书将动图和视频资源以二维码形式体现，扫描书中二维码可直接观看。

图书在版编目（CIP）数据

机械设计基础/皮云云主编. —北京：机械工业出版社，2018.3
全国高等职业教育"十三五"规划教材
ISBN 978-7-111-59859-6

Ⅰ. ①机… Ⅱ. ①皮… Ⅲ. ①机械设计-高等职业教育-教材 Ⅳ. ①TH122

中国版本图书馆 CIP 数据核字（2018）第 090523 号

机械工业出版社（北京市百万庄大街 22 号　邮政编码 100037）
策划编辑：曹帅鹏　责任编辑：曹帅鹏
责任校对：王　延　潘　蕊　责任印制：李　昂
北京京师印务有限公司印刷
2018 年 7 月第 1 版第 1 次印刷
184mm×260mm・15.75 印张・382 千字
0001—3000 册
标准书号：ISBN 978-7-111-59859-6
定价：49.00 元

凡购本书，如有缺页、倒页、脱页，由本社发行部调换

电话服务	网络服务
服务咨询热线：010-88379833	机 工 官 网：www.cmpbook.com
读者购书热线：010-88379649	机 工 官 博：weibo.com/cmp1952
	教育服务网：www.cmpedu.com
封面无防伪标均为盗版	金 书 网：www.golden-book.com

全国高等职业教育规划教材机电专业
编委会成员名单

主　　任	吴家礼					
副 主 任	任建伟	张　华	陈剑鹤	韩全立	盛靖琪	谭胜富

委　　员（按姓氏笔画排序）

王启洋	王国玉	王建明	王晓东	龙光涛	田林红
史新民	代礼前	吕　汀	任艳君	刘　震	刘靖华
纪静波	李　宏	李长胜	李柏青	李晓宏	李益民
杨　欣	杨士伟	杨华明	杨显宏	吴元凯	何　伟
张　伟	陆春元	陈文杰	陈志刚	陈黎敏	苑喜军
金卫国	徐　宁	奚小网	陶亦亦	曹　凤	盛定高
韩满林	覃　岭	程时甘			

秘 书 长	胡毓坚
副秘书长	郝秀凯

出 版 说 明

《国务院关于加快发展现代职业教育的决定》指出：到 2020 年，形成适应发展需求、产教深度融合、中职高职衔接、职业教育与普通教育相互沟通，体现终身教育理念，具有中国特色、世界水平的现代职业教育体系，推进人才培养模式创新，坚持校企合作、工学结合，强化教学、学习、实训相融合的教育教学活动，推行项目教学、案例教学、工作过程导向教学等教学模式，引导社会力量参与教学过程，共同开发课程和教材等教育资源。机械工业出版社组织全国 60 余所职业院校（其中大部分是示范性院校和骨干院校）的骨干教师共同策划、编写并出版的"全国高等职业教育规划教材"系列丛书，已历经十余年的积淀和发展，今后将更加紧密地结合国家职业教育文件精神，致力于建设符合现代职业教育教学需求的教材体系，打造充分适应现代职业教育教学模式的、体现工学结合特点的新型精品化教材。

"全国高等职业教育规划教材"涵盖计算机、电子和机电三个专业，目前在销教材 300 余种，其中"十五""十一五""十二五"累计获奖教材 60 余种，更有 4 种获得国家级精品教材。该系列教材依托于高职高专计算机、电子、机电三个专业编委会，充分体现职业院校教学改革和课程改革的需要，其内容和质量颇受授课教师的认可。

在系列教材策划和编写的过程中，主编院校通过编委会平台充分调研相关院校的专业课程体系，认真讨论课程教学大纲，积极听取相关专家意见，并融合教学中的实践经验，吸收职业教育改革成果，寻求企业合作，针对不同的课程性质采取差异化的编写策略。其中，核心基础课程的教材在保持扎实的理论基础的同时，增加实训和习题以及相关的多媒体配套资源；实践性较强的课程则强调理论与实训紧密结合，采用理实一体的编写模式；涉及实用技术的课程则在教材中引入了最新的知识、技术、工艺和方法，同时重视企业参与，吸纳来自企业的真实案例。此外，根据实际教学的需要对部分课程进行了整合和优化。

归纳起来，本系列教材具有以下特点：

1）围绕培养学生的职业技能这条主线来设计教材的结构、内容和形式。

2）合理安排基础知识和实践知识的比例。基础知识以"必需、够用"为度，强调专业技术应用能力的训练，适当增加实训环节。

3）符合高职学生的学习特点和认知规律。对基本理论和方法的论述容易理解、清晰简洁，多用图表来表达信息；增加相关技术在生产中的应用实例，引导学生主动学习。

4）教材内容紧随技术和经济的发展而更新，及时将新知识、新技术、新工艺和新案例等引入教材。同时注重吸收最新的教学理念，并积极支持新专业的教材建设。

5）注重立体化教材建设。通过主教材、电子教案、配套素材光盘、实训指导和习题及解答等教学资源的有机结合，提高教学服务水平，为高素质技能型人才的培养创造良好的条件。

由于我国高等职业教育改革和发展的速度很快，加之我们的水平和经验有限，因此在教材的编写和出版过程中难免出现问题和疏漏。我们恳请使用这套教材的师生及时向我们反馈质量信息，以利于我们今后不断提高教材的出版质量，为广大师生提供更多、更适用的教材。

机械工业出版社

前言

本书采用理论教学与实践教学相结合的教学模式，使得新确定的课程内容既能够满足行业多岗位转换甚至岗位工作内涵变化发展所需的知识和能力的要求，同时也能使学生具有知识内化、迁移和继续学习的基本能力。

根据教育部有关机械设计基础的教学要求，本书立足于基础和应用，考虑实际需求和应用，力争满足高职高专各专业新规划的要求。本书具有如下特点：

（1）本书不再是单纯的《机械原理》、《机械设计》等课程内容的简单拼凑，而是有机地融合了相关课程的内容。并且对教学内容和体系进行了适当的整合，例如将带传动和链传动合并为一章，命名为挠性传动；将滚动轴承和滑动轴承合并为一章，命名为轴承，并且将"机械的使用与维护"等内容融合到相关章节中等。

（2）本书采集从众多企业所反馈的机械行业职业岗位对高职同类课程需求方面的大量信息，全面总结和广泛吸纳了高职院校同类课程教学改革的实践经验。遵循"以应用为目的、必需够用为度"的原则。即以生产实际所需的基本知识、基本理论、基本技能为基础，突出知识的应用。重新整合和优化教学内容，把握理论深度，并力求符合高职教育教学的特点。

（3）本书针对高职高专的教学特点，精简了不必要的理论推导过程，淡化抽象而复杂的理论分析，简化公式的演绎推导，重结论、重应用，力求计算方法简明使用。适度地扩大了各种机构、传动的知识面，重点介绍机械设计相关知识的基本概念及设计中分析问题、解决问题的方法和思路，降低了对设计计算的要求。

（4）本书在相应章节后面，配套有相对应的习题，培养学生理论联系实际的能力，进一步巩固相关知识内容。

（5）本书图文并茂，简明实用，并采用大量动画（通过扫描二维码观看）辅助表达相应实例，以帮助读者更好理解所述内容。

（6）本书选用丰富的工程案例。力求以工程案例为载体贯彻教学内容，增强了教学内容的工程背景及针对性、实用性，而且使其直观、具体、浅显易懂，并有利于学以致用，学用结合。

（7）本书内容中凡涉及国家标准之处，一律采用最新国家标准并提供其代号，以便读者查阅。

参加本书编写的有：顺德职业技术学院皮云云（第5、6、9章）、冯光林（第2、7章）、李谟树（第3、11章）、李会文（第4、12章）、黄劲枝（第8、13章）、程时甘（第1、10章），由皮云云担任主编，冯光林、李谟树担任副主编。

由于编者水平所限，书中不妥之处在所难免，恳请广大读者提出宝贵意见。

编　者

目录

前言
第1章　绪论 …………………………………… 1
　1.1　机器、机构、机械的基本概念及机械
　　　设计的一般过程 ………………………… 1
　　1.1.1　机器、机构与机械 ………………… 1
　　1.1.2　机器的组成 ………………………… 2
　　1.1.3　构件与零件 ………………………… 3
　　1.1.4　机械设计的一般过程 ……………… 3
　1.2　本课程的性质、任务和学习方法 ……… 4
　　1.2.1　本课程的性质 ……………………… 4
　　1.2.2　本课程的任务 ……………………… 4
　　1.2.3　本课程的学习方法 ………………… 4
　习题 ……………………………………………… 5
第2章　平面机构及平面连杆机构 …………… 6
　2.1　平面机构的组成和运动简图 …………… 6
　　2.1.1　运动副 ……………………………… 6
　　2.1.2　运动链与机构 ……………………… 6
　　2.1.3　平面机构运动简图 ………………… 8
　2.2　平面机构具有确定运动的条件 ………… 11
　　2.2.1　构件的自由度 ……………………… 11
　　2.2.2　运动副对构件的约束 ……………… 11
　　2.2.3　平面机构自由度的计算 …………… 11
　　2.2.4　运动链的可动性及运动确定性
　　　　　条件 ………………………………… 12
　　2.2.5　计算平面机构的自由度时应
　　　　　注意的问题 ………………………… 13
　2.3　平面四杆机构的基本形式及其演化 …… 16
　　2.3.1　平面连杆机构 ……………………… 16
　　2.3.2　铰链四杆机构的基本形式 ………… 16
　　2.3.3　铰链四杆机构的演化 ……………… 19
　2.4　平面四杆机构的基本特性 ……………… 23
　　2.4.1　运动特性 …………………………… 23
　　2.4.2　传力特性 …………………………… 25
　2.5　平面四杆机构的运动设计 ……………… 27
　　2.5.1　按给定连杆位置设计四杆机构 …… 27
　　2.5.2　按给定行程速比系数 K 设计四杆
　　　　　机构 ………………………………… 28

　习题 ……………………………………………… 29
第3章　凸轮机构 ……………………………… 33
　3.1　凸轮机构的基本类型及其应用 ………… 33
　　3.1.1　凸轮机构的应用 …………………… 33
　　3.1.2　凸轮机构的分类 …………………… 34
　3.2　凸轮机构的运动过程和从动件的常用
　　　运动规律 ………………………………… 35
　　3.2.1　凸轮机构的运动过程分析 ………… 36
　　3.2.2　从动件的常用运动规律 …………… 36
　3.3　凸轮机构的图解法设计 ………………… 39
　　3.3.1　反转法原理 ………………………… 39
　　3.3.2　图解法设计凸轮轮廓 ……………… 39
　3.4　凸轮机构基本尺寸的确定 ……………… 42
　　3.4.1　凸轮机构的压力角 ………………… 42
　　3.4.2　凸轮机构的基圆半径 ……………… 43
　　3.4.3　从动件滚子半径 …………………… 44
　习题 ……………………………………………… 45
第4章　间歇运动机构 ………………………… 47
　4.1　棘轮机构 ………………………………… 47
　　4.1.1　棘轮机构的类型及工作原理 ……… 47
　　4.1.2　棘轮转角的调节 …………………… 49
　　4.1.3　棘轮机构的特点和应用 …………… 50
　4.2　槽轮机构 ………………………………… 51
　　4.2.1　槽轮机构的类型及工作
　　　　　原理 ………………………………… 51
　　4.2.2　槽轮机构的特点和应用 …………… 52
　　4.2.3　槽轮机构的主要参数 ……………… 52
　4.3　不完全齿轮机构 ………………………… 54
　　4.3.1　不完全齿轮机构的类型及工作
　　　　　原理 ………………………………… 54
　　4.3.2　不完全齿轮机构的特点和应用 …… 54
　4.4　凸轮式间歇运动机构 …………………… 55
　　4.4.1　凸轮式间歇运动机构的类型和工作
　　　　　原理 ………………………………… 55
　　4.4.2　凸轮式间歇运动机构的特点和
　　　　　应用 ………………………………… 55
　习题 ……………………………………………… 56

第5章 带传动与链传动 ……………… 57

5.1 带传动概述 ………………………… 57
- 5.1.1 带传动的组成及工作原理 ……… 57
- 5.1.2 摩擦型带传动的主要类型、特点及应用 …………………………………… 57

5.2 带传动的工作情况分析 …………… 58
- 5.2.1 带传动的受力分析 …………… 58
- 5.2.2 带的弹性滑动 ………………… 60
- 5.2.3 带的应力分析 ………………… 61

5.3 V带传动的设计计算 ……………… 62
- 5.3.1 V带的结构和标准 …………… 62
- 5.3.2 V带轮 ………………………… 63
- 5.3.3 V带传动的失效形式和计算准则 …………………………………… 65
- 5.3.4 单根V带的基准额定功率 …… 66
- 5.3.5 V带传动的参数选择和设计步骤 …………………………………… 67

5.4 V带传动的张紧、安装与维护 …… 72
- 5.4.1 V带传动的张紧 ……………… 72
- 5.4.2 V带传动的安装与维护 ……… 73

5.5 其他带传动简介 …………………… 74
- 5.5.1 同步带传动 …………………… 74
- 5.5.2 高速带传动 …………………… 74

5.6 链传动概述 ………………………… 75
- 5.6.1 链传动的组成和类型 ………… 75
- 5.6.2 链传动的特点和应用 ………… 76
- 5.6.3 滚子链和链轮 ………………… 77

5.7 链传动的工作情况分析 …………… 80
- 5.7.1 链传动的运动特性 …………… 80
- 5.7.2 链传动的受力分析 …………… 81

5.8 链传动的设计计算 ………………… 82
- 5.8.1 滚子链传动的失效形式 ……… 82
- 5.8.2 滚子链的极限功率曲线 ……… 83
- 5.8.3 滚子链传动的参数选择和设计步骤 …………………………………… 83

5.9 链传动的布置、张紧和润滑 ……… 86
- 5.9.1 链传动的布置 ………………… 86
- 5.9.2 链传动的张紧 ………………… 87
- 5.9.3 链传动的润滑 ………………… 87

习题 …………………………………………… 88

第6章 齿轮传动 ………………………… 89

6.1 齿轮传动的特点、类型和基本要求 …… 89
- 6.1.1 齿轮传动的特点 ……………… 89
- 6.1.2 齿轮传动的类型 ……………… 89
- 6.1.3 齿轮传动的基本要求 ………… 90

6.2 渐开线直齿圆柱齿轮 ……………… 90
- 6.2.1 渐开线齿廓及其啮合特性 …… 90
- 6.2.2 渐开线齿轮各部分名称及几何尺寸 …………………………………… 93

6.3 渐开线标准直齿圆柱齿轮的啮合传动 …………………………………… 96
- 6.3.1 正确啮合条件 ………………… 96
- 6.3.2 连续传动条件 ………………… 97
- 6.3.3 标准中心距 …………………… 98

6.4 渐开线齿轮的切齿原理 …………… 98
- 6.4.1 轮齿切制原理与方法 ………… 98
- 6.4.2 根切和最少齿数 ……………… 100
- 6.4.3 变位齿轮的概念 ……………… 101

6.5 齿轮的失效形式、设计准则和材料选择 …………………………………… 102
- 6.5.1 主要失效形式 ………………… 102
- 6.5.2 齿轮传动的设计准则 ………… 102
- 6.5.3 齿轮材料的选择 ……………… 102
- 6.5.4 配对齿轮齿面硬度的组合及应用 …………………………………… 105

6.6 标准直齿圆柱齿轮传动的设计计算 … 105
- 6.6.1 轮齿的受力分析和计算载荷 … 105
- 6.6.2 齿轮传动的强度计算 ………… 107
- 6.6.3 齿轮传动设计参数和精度的选择 …………………………………… 109

6.7 标准斜齿圆柱齿轮传动的设计计算 … 113
- 6.7.1 斜齿圆柱齿轮传动的特点 …… 113
- 6.7.2 斜齿圆柱齿轮的基本参数和几何尺寸 …………………………………… 114
- 6.7.3 斜齿圆柱齿轮的啮合传动 …… 116
- 6.7.4 斜齿圆柱齿轮传动的强度计算 … 116

6.8 直齿锥齿轮传动简介 ……………… 119
- 6.8.1 直齿锥齿轮的齿廓和当量齿数 … 119
- 6.8.2 直齿锥齿轮的基本参数和几何尺寸 …………………………………… 120
- 6.8.3 直齿锥齿轮传动的强度计算 … 122

6.9 齿轮的结构设计 …………………… 123
- 6.9.1 齿轮轴 ………………………… 123
- 6.9.2 实体式齿轮 …………………… 123
- 6.9.3 腹板式齿轮 …………………… 123
- 6.9.4 轮辐式齿轮 …………………… 125

  6.9.5 组合式齿轮 ……………………… 125
 6.10 齿轮传动的润滑 …………………………… 126
  6.10.1 油浴润滑 ……………………… 126
  6.10.2 喷油润滑 ……………………… 126
 习题 …………………………………………… 127

第7章 蜗杆传动 …………………………… 129
 7.1 蜗杆传动的特点与类型 …………………… 129
  7.1.1 蜗杆传动的特点 ………………… 129
  7.1.2 蜗杆传动的类型 ………………… 129
 7.2 蜗杆传动的基本参数和几何尺寸
    计算 …………………………………… 130
  7.2.1 蜗杆传动的基本参数 …………… 130
  7.2.2 蜗杆传动的几何尺寸计算 ……… 133
 7.3 蜗杆传动的强度计算与设计 ……………… 133
  7.3.1 齿面间相对滑动速度 …………… 133
  7.3.2 蜗杆传动的失效形式 …………… 134
  7.3.3 蜗杆传动的设计准则 …………… 134
  7.3.4 蜗杆传动的材料 ………………… 134
  7.3.5 蜗杆传动的受力分析 …………… 135
  7.3.6 蜗杆传动的强度计算 …………… 136
  7.3.7 蜗轮、蜗杆的结构 ……………… 137
 7.4 蜗杆传动的效率、润滑与热平衡 ………… 138
  7.4.1 蜗杆传动的效率 ………………… 138
  7.4.2 蜗杆传动的润滑 ………………… 139
  7.4.3 蜗杆传动的热平衡计算 ………… 139
 习题 …………………………………………… 140

第8章 轮系 ………………………………… 142
 8.1 轮系的类型 ………………………………… 142
  8.1.1 定轴轮系 ………………………… 142
  8.1.2 周转轮系 ………………………… 142
  8.1.3 复合轮系 ………………………… 142
 8.2 定轴轮系的传动比计算 …………………… 143
  8.2.1 平面定轴轮系 …………………… 143
  8.2.2 空间定轴轮系 …………………… 145
 8.3 周转轮系的传动比计算 …………………… 145
 8.4 复合轮系的传动比计算 …………………… 148
 8.5 轮系的应用 ………………………………… 150
 习题 …………………………………………… 152

第9章 轴承 ………………………………… 154
 9.1 滚动轴承的类型及其代号 ………………… 154
  9.1.1 滚动轴承的结构 ………………… 154
  9.1.2 滚动轴承的类型 ………………… 155
  9.1.3 滚动轴承的代号 ………………… 158
 9.2 滚动轴承的选择 …………………………… 160
 9.3 滚动轴承的计算 …………………………… 161
  9.3.1 滚动轴承的受力分析、失效形式和
     计算准则 ………………………… 161
  9.3.2 滚动轴承的寿命计算 …………… 162
  9.3.3 滚动轴承的静强度计算 ………… 166
 9.4 滚动轴承的组合设计 ……………………… 169
  9.4.1 轴承的定位与固定 ……………… 169
  9.4.2 轴承支承结构型式 ……………… 169
  9.4.3 轴系的调整 ……………………… 170
  9.4.4 轴承的装拆 ……………………… 172
  9.4.5 保证支承部分的刚度和同轴度 … 173
 9.5 滚动轴承的润滑与密封 …………………… 173
  9.5.1 滚动轴承的润滑 ………………… 173
  9.5.2 滚动轴承的密封 ………………… 174
 9.6 滑动轴承简介 ……………………………… 175
  9.6.1 概述 ……………………………… 175
  9.6.2 滑动轴承的典型结构 …………… 175
  9.6.3 轴瓦结构 ………………………… 177
  9.6.4 滑动轴承的材料 ………………… 179
  9.6.5 滑动轴承的润滑 ………………… 180
 习题 …………………………………………… 181

第10章 联轴器和离合器 …………………… 183
 10.1 联轴器 ……………………………………… 183
  10.1.1 联轴器的类型 ………………… 183
  10.1.2 常用联轴器 …………………… 184
  10.1.3 联轴器的选择 ………………… 187
  10.1.4 联轴器的安装、使用和维护 … 188
 10.2 离合器 ……………………………………… 189
  10.2.1 离合器的类型 ………………… 189
  10.2.2 常用离合器 …………………… 189
  10.2.3 离合器的使用和维护 ………… 192
 习题 …………………………………………… 192

第11章 轴及轴毂连接 ………………………… 194
 11.1 轴的功用、类型及材料 …………………… 194
  11.1.1 轴的功用和类型 ……………… 194
  11.1.2 轴的材料 ……………………… 195
 11.2 轴的结构设计 ……………………………… 197
  11.2.1 轴上零件的装配方案 ………… 197
  11.2.2 轴上零件的定位和固定 ……… 197
  11.2.3 各轴段的直径和长度 ………… 201
  11.2.4 轴的装配和制造工艺性 ……… 201

11.2.5 提高轴的强度和刚度 …………… 202
11.3 轴的计算 ………………………………… 205
   11.3.1 轴的强度计算 …………………… 205
   11.3.2 轴的刚度简介 …………………… 211
11.4 轴毂连接 ………………………………… 212
   11.4.1 键联接的类型、特点及应用 …… 212
   11.4.2 平键的选择和强度校核 ………… 214
习题 …………………………………………… 216

第12章　螺纹联接和螺旋传动 …………… 218
12.1 螺纹联接 ………………………………… 218
   12.1.1 螺纹的形成和基本参数 ………… 218
   12.1.2 常用螺纹的类型、特点和
          应用 ………………………………… 219
   12.1.3 螺纹联接的基本类型 …………… 220
   12.1.4 螺纹联接件的常用类型 ………… 221
   12.1.5 螺纹联接的预紧 ………………… 224
   12.1.6 螺纹联接的防松 ………………… 224
   12.1.7 螺栓组联接的结构设计 ………… 226

12.1.8 螺纹联接的强度计算 …………… 229
12.2 螺旋传动 ………………………………… 233
   12.2.1 螺旋传动的类型及应用 ………… 233
   12.2.2 滑动螺旋的传动形式及应用 …… 235
习题 …………………………………………… 236

第13章　弹簧简介 ………………………… 238
13.1 弹簧的功用和类型 ……………………… 238
13.2 圆柱螺旋拉伸（压缩）弹簧的材料和
     制造 ……………………………………… 239
   13.2.1 圆柱螺旋拉伸（压缩）弹簧的
          材料 ……………………………… 239
   13.2.2 圆柱螺旋拉伸（压缩）弹簧的
          许用应力 ………………………… 240
   13.2.3 圆柱螺旋拉伸（压缩）弹簧的
          制造 ……………………………… 240
13.3 弹簧的使用与维护 ……………………… 241
习题 …………………………………………… 241

参考文献 ………………………………… 242

第1章

绪论

1.1 机器、机构、机械的基本概念及机械设计的一般过程

1.1.1 机器、机构与机械

人们在生产生活中广泛地使用着各种各样的机器,如自行车、汽车、轮船、洗衣机、吸尘器等。尽管机器的种类繁多,其结构和性能也不尽相同,但它们的组成上有共同点。

图 1-1 所示为单缸四冲程内燃机,由气缸体(机架)1、活塞 2、进气门 3、排气门 4、连杆 5、曲轴 6、凸轮 7、顶杆 8、齿轮 9 与 10 等组成。进气门 3 开启,活塞 2 下行,将燃气吸入气缸;进气门关闭,活塞上行压缩燃气,在顶部点火使燃气燃烧、膨胀;进气门 3 和排气门 4 都关闭,高压燃烧气体推动活塞下行,通过连杆 5 带动曲轴 6 转动,向外输出机械能;活塞再次上行,排气门开启,排出废气。当燃气推动活塞往复移动时,通过连杆使曲轴做连续转动,从而把燃气燃烧时产生的热能转化为机械能。在曲轴与凸轮轴之间安装了两个齿数比为 1:2 的齿轮 9 与 10,使曲轴每转两周,进气门和排气门各启闭一次。

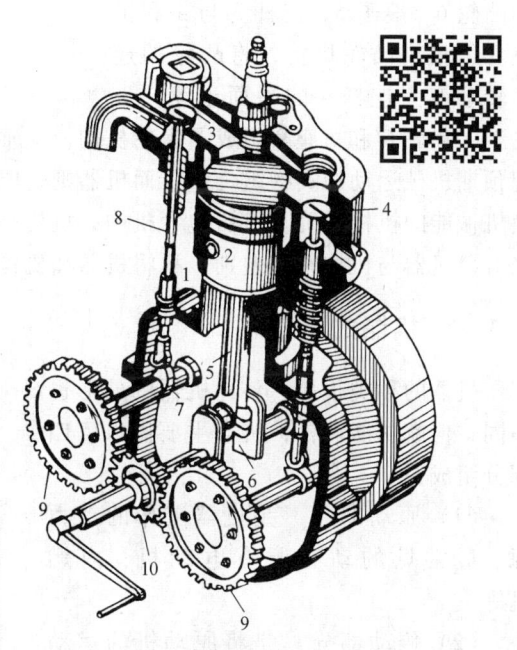

图 1-1 单缸四冲程内燃机
1—气缸体 2—活塞 3—进气门
4—排气门 5—连杆 6—曲轴
7—凸轮 8—顶杆 9、10—齿轮

图 1-2 所示为小型压力机,由偏心轮 1 及齿轮 1′(固结)、连杆 2~4、滚子 5、槽凸轮 6 及齿轮 6′(固结)、滑块 7、压杆 8、机座 9(机架)等组成。电动机(图中未画出)通过传动机构(图中未画出)带动偏心轮 1 及齿轮 1′转动,连杆 2 和 4 做平面运动,连杆 3 上下移动,槽凸轮 6 及齿轮 6′定轴转动,滚子 5 在定轴转动的同时绕槽凸轮 6 及齿轮 6′的中心转动,滑块 7 在连杆 4 的导槽内移动,带动压杆 8 上下移动,实现冲压动作,对工件施加冲压力,使电能转化为机械能。

通过上面的实例分析可知，机器具有如下共同的特征。

1）它们都是一种人为的实物组合体。

2）各实物之间具有确定的相对运动。

3）它们都能实现能量的转换或是完成有用的机械功。

凡同时具备上述 3 个特征的实物组合体就称为机器。

机构只具有机器的前两个特征。机器是由各种机构组成。例如，图 1-2 所示的小型压力机中，偏心轮 1、连杆 2~4、滑块 7、压杆 8 和机座 9 组成了连杆机构，可将偏心轮的连续转动变为压杆的上下移动；槽凸轮 6、滚子 5、连杆 3 与 4 和机座 9 组成了凸轮机构，将凸轮的连续转动变为连杆 4 的平面运动；齿

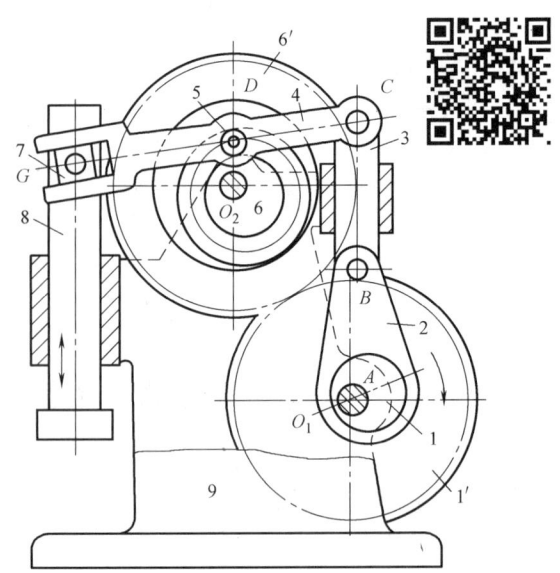

图 1-2 小型压力机
1—偏心轮　1′,6′—齿轮　2、3、4—连杆
5—滚子　6—槽凸轮　7—滑块
8—压杆　9—机座

轮 1′、齿轮 6′和机座 9 组成了齿轮机构，使轴之间保持一定的转速比。由此可见，机构是实现预期机械运动的实物组合体，而机器则是能实现预期的机械运动并完成有用的机械功或转换机械能的机构系统。机器包含机构，机构是机器的重要组成部分。仅从结构和运动的角度来看，机器与机构并无差别，故将机器和机构统称为机械。

1.1.2　机器的组成

机器的种类很多，各种机器的外形也不同，但就功能而言，机器主要由以下四部分组成：

（1）原动部分　是机器工作的动力源。最常见的动力源有电动机、内燃机等。

（2）传动部分　是将原动机的运动和动力传给工作部分的中间部分。它可以实现变速，变换运动形式等。例如图 1-3 自动洗衣机中带传动和减速器，减速器将高速转动变为低速转动，以满足自动洗衣机工作部分的要求。

（3）工作部分　是直接完成机器预定功能的部分。如图 1-3 自动洗衣机中的

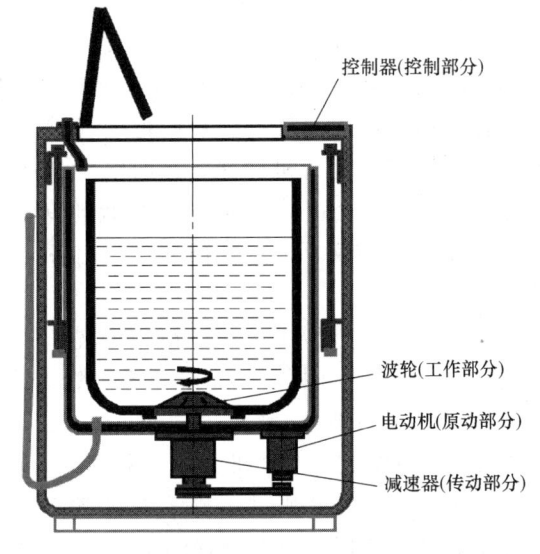

图 1-3　洗衣机

波轮。还有汽车的车轮系统、机床的刀架系统等。

（4）控制部分 是用来控制机器的启闭，实现机器的各种功能。如图1-3自动洗衣机的控制器，控制洗衣机的开启和关闭，出水量，洗衣时间等。

1.1.3 构件与零件

组成机械的各个相对运动的实物称为构件。构件是机械的运动单元，构件可以是单一的零件，如齿轮、凸轮、螺钉、螺母等；也可以是由多个零件组成的刚性结构，如图1-4所示的内燃机中的连杆，由连杆体1、螺栓2、螺母3及连杆盖4等零件组成。

零件是制造单元。零件可以分为两种类型，一种为通用零件，在机器中普遍使用，如齿轮、轴等；另一种为专用零件，只在某些机器中使用的零件，如内燃机中的活塞、汽轮机中的叶片、起重机中的吊钩等。

1.1.4 机械设计的一般过程

机械设计是指根据使用要求对机械的工作原理、结构、运动方式、力和能量的传递方式、各个零件的材料和形状尺寸等进行构思、分析和计算并将其转化为具体的描述以作为制造依据的工作过程。

机械设计并无通用和固定的程序，其设计过程通常分为三个阶段：

（1）明确设计任务 首先要对社会和市场进行充分的调查研究与分析，了解市场需求。根据市场需求，确定所要设计的机械系统的功能、各种经济和技术指标、预期的成本、工作条件等。

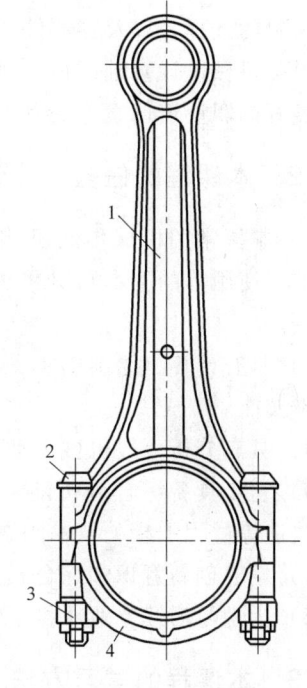

图1-4 连杆
1—连杆体 2—螺栓
3—螺母   4—连杆盖

（2）总体方案设计 总体方案设计是指在满足设计任务要求的前提下，根据机械系统的受力情况，选择合适的原动机种类和功率，选择传动系统，设计机械系统的工作部分和控制部分，确定总体方案。在这一阶段中，可以提出多个方案，然后从技术和经济方面进行综合评价，通过拟定合适的评定方法，选出一种在功能方面满足要求、技术方面可行且成本低廉的方案。

（3）技术设计 技术设计是机械设计中最重要的一个阶段。技术设计是根据总体方案设计的要求，对机械系统进行全面的技术规划，确定各零部件的材料、结构、尺寸、配合关系、加工和装配，并进行必要的强度、刚度、振动稳定性等设计。技术设计的任务是绘制总装配图、部件装配图、零件工作图和编制设计说明书等。

上述三个阶段关系密切，往往需要反复交替进行，不断地进行修改和完善。即使在机械制成后，尚需结合制造和使用中出现的问题，进一步修改，使设计更完善。

1.2 本课程的性质、任务和学习方法

1.2.1 本课程的性质

机械设计基础是一门技术基础课。本课程以机械设计为主线，主要介绍常用机构的组成、工作原理、运动特性、设计的基本理论和方法，一般尺寸和参数的通用零部件的工作原理、特点、选用、设计的基本理论和方法。其中涉及零件外形和尺寸的确定、标准件的选用、材料的选择，以及零部件使用与维护的一般知识。

学习机械设计基础课程，对学生建立工程思想、培养科学精神、树立严谨的工作作风、形成良好的职业道德素养等有促进作用。

1.2.2 本课程的任务

1）掌握常用机械传动机构和通用零部件的工作原理、结构特点、应用场合、技术规范、选择使用等的基本知识和基本理论；掌握一般机械设计计算方法；了解与现代有关的技术应用。

2）具有计算、绘图、实操、使用技术资料和基本工具（如计算器、基本测量仪器等）的基本技能。

3）具有分析一般机械传动装置的运动、结构、工作能力等的基本能力。

4）初步具备综合分析能力和解决实际生产中现有机械设备或产品在使用、维护、维修、改造等过程中相关技术问题的能力。

5）培养创新意识和综合素质，树立创业、敬业和团队合作精神。

6）为学习后续专业课打下坚实基础。

1.2.3 本课程的学习方法

本课程需要综合应用许多先修课程的知识，如数学、机械制图、工程材料等。涉及知识面广、实践性强，且重分析、重结论、重应用。

学习本课程时应注意以下几个问题：

1）学习知识与培养应用能力紧密结合，且更侧重于后者。在学习过程中，注意理论联系实际，随时注意观察和分析日常生活和生产中所遇到的各种机构和机器。

2）本课程虽涉及的知识不乏理论基础，但在学习过程中，应着重弄清基本概念、理解基本原理、掌握机械设计及分析的基本方法，着重理解重要结论或理论公式建立的前提、意义和应用，淡化系统的理论分析以及公式的推导过程。

3）本课程是以机器或机械传动系统所涉及的常用传动机构和通用零部件为研究对象，以培养学生能用整体、系统的观点分析实际的机械传动装置，并综合运用所学的知识和所掌握的技能来解决工程实际问题为目的。因此，本课程内容自成体系并有其规律性，各部分内容有其特性和共性，而且各种理论和方法与工程实际密切相关。在学习的过程中，应避免把各章节内容分割开来、孤立地学习，避免脱离实际地生搬硬套书本知识；应注重所学知识的内在联系，并将其与工程实际紧密联系起来，融会贯通、灵活运用以收到举一反三的效果。

与本课程有关的实验实训项目、课程综合实践等环节，均有助于学生将知识融会贯通并提高应用能力。

习　题

1-1　机器和机构的主要区别是什么？

1-2　电视机、汽车、自行车是机器还是机构？

1-3　根据机器的功能，分析机器由几个部分组成？

1-4　分析一种机器（如汽车、自行车、缝纫机等）的原动部分、传动部分、工作部分和控制部分。

1-5　齿轮、螺钉、汽轮机中的叶片、内燃机中的活塞、轴这些零件中，哪些属于通用零件？哪些属于专用零件？

 实验实训项目：认识机械。

第2章

平面机构及平面连杆机构

2.1 平面机构的组成和运动简图

机构是具有确定相对运动的构件的组合，能够传递运动和力。做无规则运动或不能产生运动的机件组合都不能称为机构。

如果机构中所有构件都在同一平面或相互平行的平面内运动，则称为平面机构；否则称为空间机构。目前，工程中常见的大多是平面机构，故本章主要讨论平面机构。

2.1.1 运动副

组成机构的所有构件都应具有确定的相对运动。因此，机构中每一构件都以一定方式与其他构件相互连接。机构中使两构件直接接触并能产生一定相对运动的连接称为运动副。例如轴与轴承的连接、活塞与气缸的连接、凸轮与顶杆的连接、两齿轮轮齿间的连接等，如图2-1所示，都构成运动副。

按照两构件的接触情况，通常把运动副分为低副和高副。

1. 低副

两构件以面接触构成的运动副称为低副。根据平面机构中两构件的相对运动形式，低副又分为转动副和移动副两种。

（1）转动副 构成运动副的两构件只能绕某一轴线做相对转动，这种运动副称为转动副，如图2-1a、b所示。

（2）移动副 构成运动副的两构件只能沿一个方向做相对移动，这种运动副称为移动副，如图2-1c、d所示。

2. 高副

两构件以点或线接触构成的运动副称为高副。如图2-1e、f所示，凸轮和顶杆间为点接触，构成凸轮高副；两齿轮轮齿间的啮合为线接触，构成齿轮高副。组成平面高副两构件间的相对运动是沿接触处切线 t 方向的相对移动和绕 A 点的相对转动。

上述各类运动副两构件均在同一平面内相对运动，属于平面运动副。

2.1.2 运动链与机构

1. 运动链

两个或两个以上的构件通过运动副连接而成的系统称为运动链。运动链可分为开式运动链（开链）和闭式运动链（闭链）两种。在运动链中，若各构件构成首末封闭的系统，称

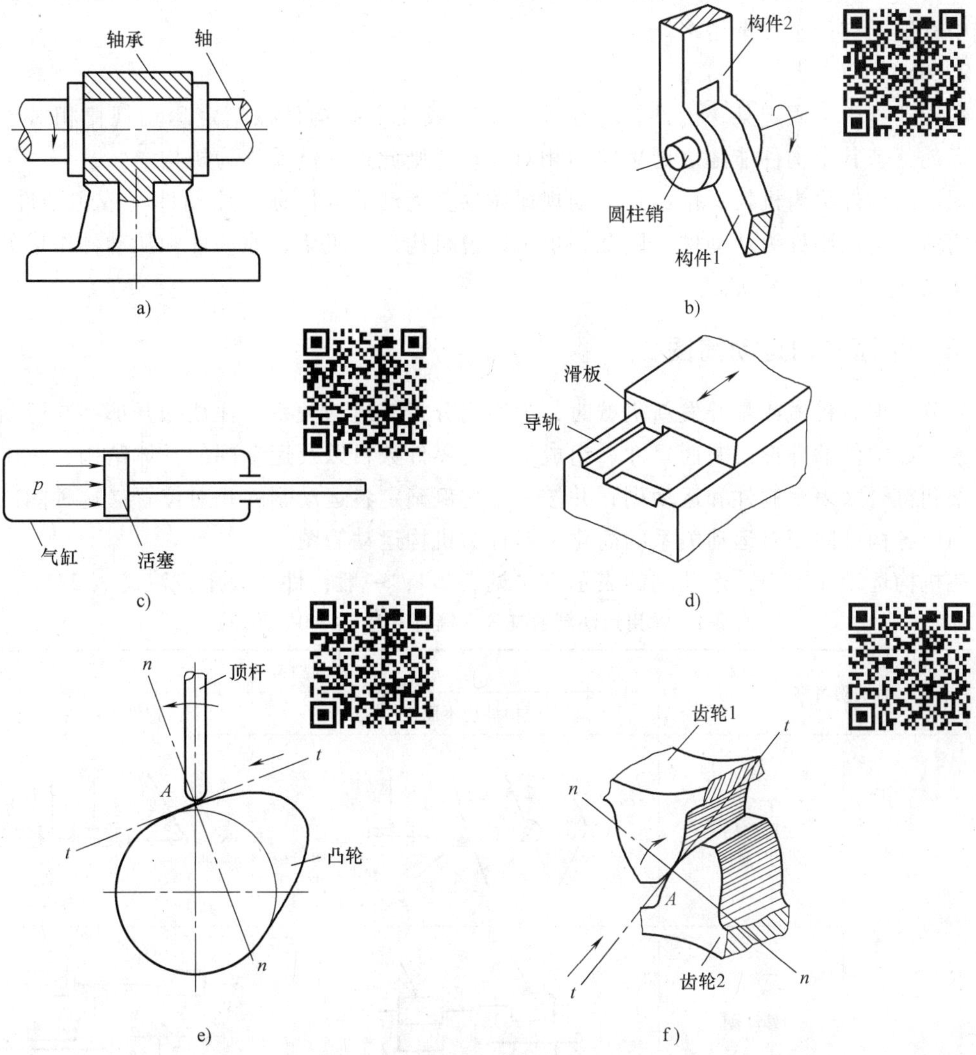

第2章　平面机构及平面连杆机构

图 2-1　运动副实例
a) 轴与轴承的联接　b) 圆柱销与销孔的联接　c) 活塞与气缸的连接
d) 滑板与导轨的连接　e) 凸轮与顶杆的连接　f) 两轮齿间的连接

为闭链，如图 2-2a 所示。若各构件未构成首末封闭的系统，称为开链，如图 2-2b 所示。

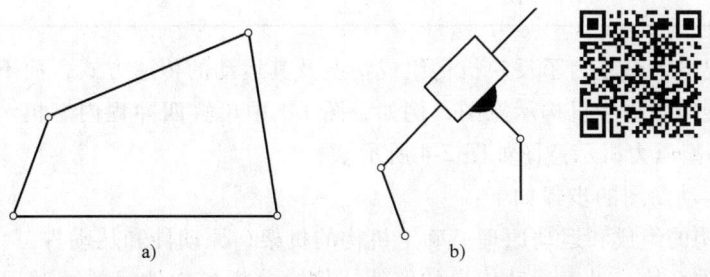

图 2-2　运动链

在传统的机械中，一般多采用闭链，但随着生产线中机械手和机器人的应用日趋普遍，机械中开链的应用也逐渐增多。

2. 机构

在运动链中，固定某一构件，并让另一个（或几个）构件按给定运动规律相对于固定构件运动，若其余构件能随之做确定的相对运动，则此运动链就称为机构。

固定的构件称为机架；按给定运动规律做独立运动的构件称为原动件（或主动件），而其余的活动构件则称为从动件。因此，也可以说机构是由机架、原动件和从动件组成的传递机械运动和力的构件系统。

2.1.3 平面机构运动简图

在分析现有机械或是开发新机械时，为突出分析其运动关系，往往撇开那些与运动无关的因素，如构件的外形、断面尺寸、组成构件的零件数目以及运动副的具体结构，仅用简单的线条和符号来表示构件和运动副，并按一定比例确定各运动副的相对位置。这种能准确表示机构中各构件间相对运动关系的简化图形称为机构运动简图。

在机构运动简图中，运动副的表示方法见表2-1；一般构件的表示方法见表2-2。

表 2-1 常用运动副的符号（摘自 GB/T 4460—2013）

运动副名称		运动副符号	
		两构件均不固定	两构件之一固定
低副	转动副	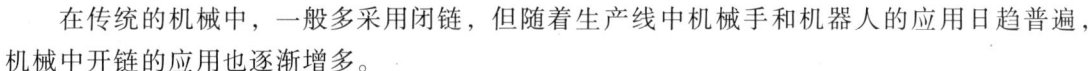	
	移动副		
高副			

在某些情况下，只是为了反映机构组成情况及其运动的传递方式，而不要求严格地按照比例绘图，这种简图称为机构示意图，例如，图1-1中单缸四冲程内燃机示意图如图2-3所示；图1-2中小型压力机示意图如图2-4所示。

绘制机构运动简图的步骤如下：

① 分析机构的组成和运动原理。确定机构的机架、原动件和从动件。

② 从原动件开始，沿着运动传递的路线，依次分析各构件间的相对运动形式，确定运动副的类型和数目。

第2章 平面机构及平面连杆机构

表 2-2 一般构件的表示符号（摘自 GB/T 4460—2013）

固定构件		杆、轴类构件	
固连构件		两副构件	
三副构件			

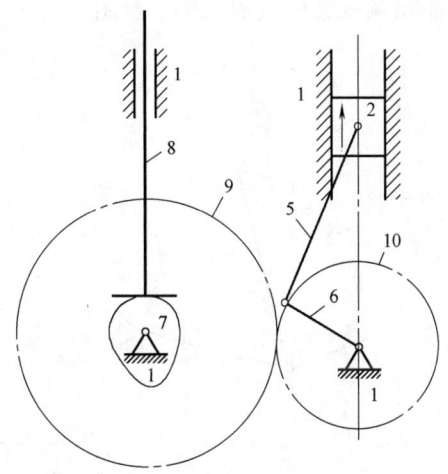

图 2-3 单缸四冲程内燃机示意图

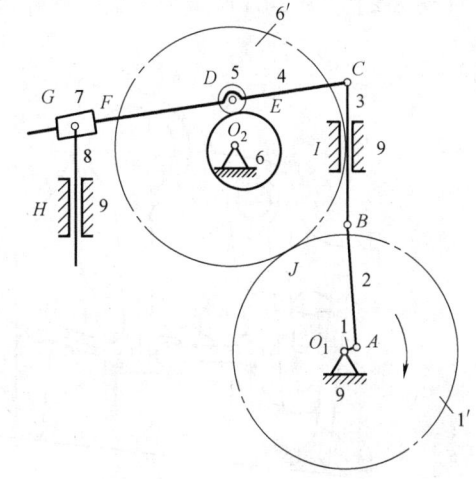

图 2-4 小型压力机示意图

③ 选择视图平面和机构运动的一般位置，测量确定各运动副相对位置的实际尺寸。

④ 选择合适的比例尺，按比例定出各运动副的相对位置，用构件和运动副的规定符号绘制出机构运动简图。并以箭头表示原动件的运动方向。常用的比例尺为

$$\mu_l = \frac{实际长度}{图示长度}$$

【例 2-1】 试绘制图 2-5a 所示偏心泵的运动简图。

解 （1）分析机构的组成和运动原理。该偏心泵运转时，偏心轮 1 转动，偏

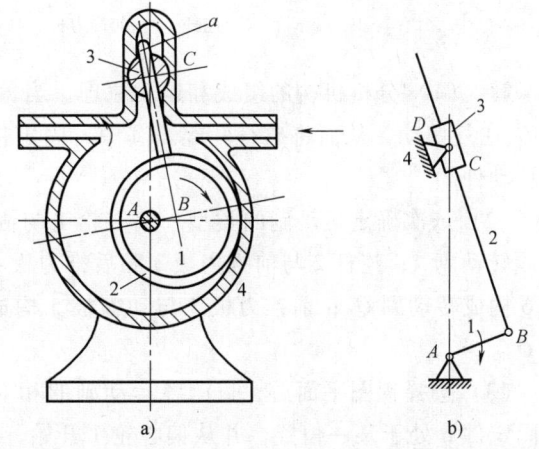

图 2-5 例 2-1 图
1—偏心轮 2—套环 3—圆柱状构件 4—泵体

心轮的几何轴线 B 绕固定轴线 A 做圆周运动。套环 2 套在偏心轮 1 上，可随之转动。套环 2 的上端叶片 a 相对绕定轴心 C 转动的圆柱状构件 3 滑动。泵内空间被套环 2 隔为左右两室，随着偏心泵的运转，左右两室的容积有规律地发生变化，从而形成吸液和排液过程。其中，泵体 4 为机架，偏心轮 1 为原动件，其余构件为从动件。

（2）依次确定运动副的类型。偏心轮 1 与泵体 4 构成转动副 A；套环 2 与偏心轮 1 构成转动副 B；套环 2 和圆柱状构件 3 构成移动副 C；圆柱状构件 3 与泵体 4 构成转动副 D。

（3）选择视图平面后，测量确定各运动副相对位置的实际尺寸。即以偏心泵的运动平面和图示运动位置为视图平面。

（4）根据偏心泵的真实尺寸和图幅大小，确定长度比例尺 $\mu_l = a$，并绘制机构运动简图。设偏心轮 1 相对泵体 4 处于某一位置，并从偏心轮 1 开始，沿着运动传递路线，用规定的符号依次画出各个构件和运动副，即得偏心泵的运动简图，如图 2-5b 所示。图中箭头表示原动件 1 的转动方向。

【例 2-2】 图 2-6a 所示为一颚式破碎机。试绘制该颚式破碎机的机构示意图。

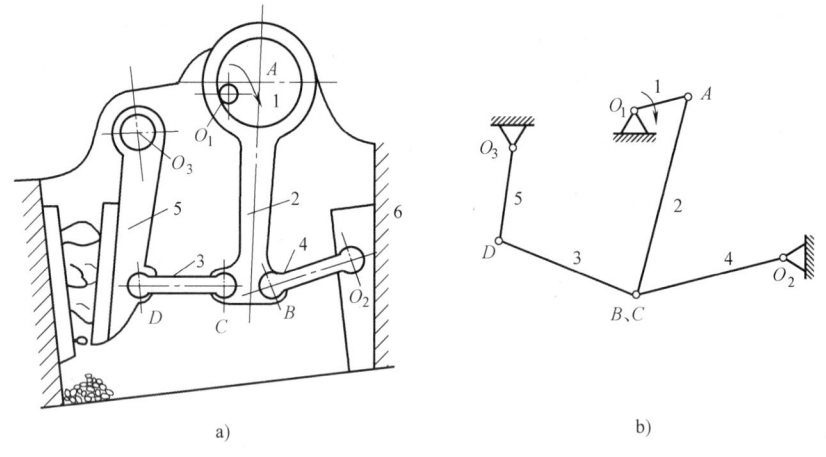

图 2-6 例 2-2 图
1—偏心轮 2—连杆 3—前推力板 4—后推力板 5—动颚板 6—固定件

解 （1）分析机构的组成和运动原理。当偏心轮 1 绕轴心 O_1 连续回转，动颚板 5 绕轴心 O_3 往复摆动，从而将矿石轧碎。其中，固定件 6 为机架，偏心轮 1 为原动件，其余构件为从动件。

（2）依次确定运动副的类型。偏心轮 1 与固定件 6 构成转动副 O_1；偏心轮 1 与连杆 2 构成转动副 A；连杆 2 与前推力板 3 和后推力板 4 分别构成转动副 B、C；后推力板 4 与固定件 6 构成转动副 O_2；前推力板 3 与动颚板 5 构成转动副 D；动颚板 5 与固定件 6 构成转动副 O_3。

（3）选择视图平面后，目测各运动副的相对位置，按大致比例绘图。设偏心轮 1 相对于固定件 6 处于某一位置，并从偏心轮 1 开始，沿着运动传递路线，用规定的符号依次画出各个构件和运动副，即得颚式破碎机的机构示意图，如图 2-6b 所示。图中箭头表示原动件 1 的转动方向。

2.2 平面机构具有确定运动的条件

2.2.1 构件的自由度

如图2-7所示,自由构件 S 做平面运动时,可有三个独立运动,即随其上任一点 A 沿 x 轴和 y 轴方向的移动以及绕 A 点转动。构件所具有的独立运动数目称为构件的自由度。显然,一个做平面运动的自由构件有三个自由度。

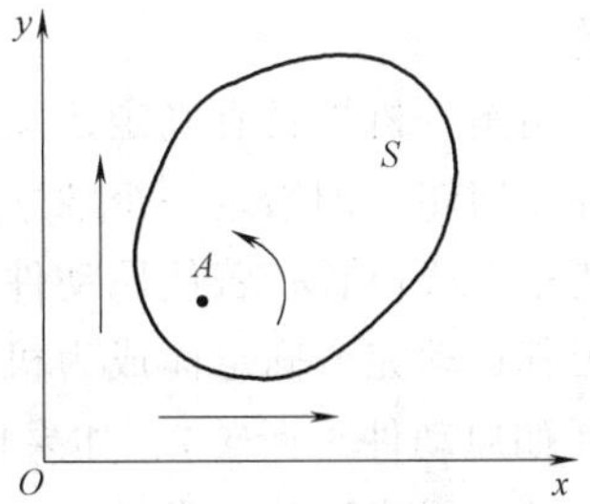

2.2.2 运动副对构件的约束

构件组成运动副后,使构件的某些独立运动受到限制,构件的自由度便随之减少。这种对构件独立运动的限制称为约束。显然,做平面运动的构件其约束不能超过2个,否则构件就不可能产生相对运动。

图2-7 平面运动构件的自由度

不同的运动副对构件自由度的约束是不同的。两构件组成转动副后,约束了沿两个轴方向的移动,即引入两个约束,只保留了一个转动自由度,如图2-1a、b所示;两构件组成移动副后,约束了沿一个轴方向的移动和在平面内的转动,即引入两个约束,只保留了沿另一轴线方向移动的自由度,如图2-1c、d所示;两构件组成高副后,只约束了沿接触处公法线方向的移动,保留了沿接触点(或接触线)的转动和沿接触处公法线方向的移动,如图2-1e、f所示。由此可知,在平面机构中,低副引入两个约束,高副引入一个约束。

2.2.3 平面机构自由度的计算

设在一个平面机构中有 n 个活动构件(机架不计入其内),P_L 个低副,P_H 个高副。如前所述,每一个自由运动的平面构件有3个自由度,则各构件在未用运动副相连时,n 个活动构件共有 $3n$ 个自由度。组成机构之后,机构中每一个低副具有两个约束,使机构失去2个自由度;每一个高副具有一个约束,使机构失去1个自由度。所以平面机构自由度 F 为

$$F = 3n - 2P_L - P_H \tag{2-1}$$

可见,平面机构自由度 F 取决于机构中活动构件的件数以及运动副的类型(高副或低副)和个数。

【例2-3】 计算图2-5a所示偏心泵机构的自由度。

解 该机构活动构件数 $n=3$,低副数 $P_L=4$(A、B、C、D),高副数 $P_H=0$,由式(2-1)得

$$F = 3n - 2P_L - P_H = 3 \times 3 - 2 \times 4 - 0 = 1$$

【例2-4】 计算图2-6a所示颚式破碎机主体机构的自由度。

解 该机构活动构件数 $n=5$,低副数 $P_L=7$(A、B、C、D、O_1、O_2、O_3),高副数 $P_H=0$,由式(2-1)得

$$F = 3n - 2P_L - P_H = 3 \times 5 - 2 \times 7 - 0 = 1$$

2.2.4 运动链的可动性及运动确定性条件

如前所述，各种机构均用来传递运动或动力，或改变运动形式。当机构按照一定的要求进行运动的传递和交换时，原动件按给定的运动规律运动，而其余构件的运动也应是完全确定的。

但是，机构具有确定运动是有条件的。例如，在图 2-8a 所示的五杆运动链中，若使原动件 1 回转，即给定一个独立运动，则构件 2、3、4 的运动并不确定，可能是实线位置，也可能是虚线位置；若使原动件 1 和 4 按各自运动规律回转，即给定两个独立运动，则该运动链因其运动完全确定而成为机构。在图 2-8b 所示的四杆运动链中，只允许给定一个独立运动（如原动件 1 回转），如果使 1 和 3 都为原动件按各自运动规律回转，除非损坏构件，否则运动链无法运动。可见，运动链成为机构时必定是可动并具有运动的确定性，其条件与机构的独立运动数目即自由度有关。

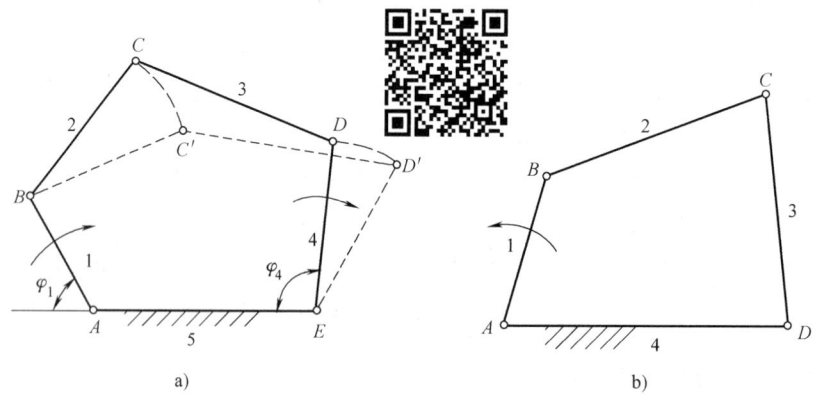

图 2-8 运动链

故运动链可动性的必要条件是其自由度 $F>0$；否则构件系统没有运动的可能性。例如，图 2-9a 所示运动链的自由度 $F=0$，该运动链不可动，工程上称为桁架。图 2-9b 所示运动链的自由度 $F=-1$，该运动链也不可动，工程上称为超静定桁架。

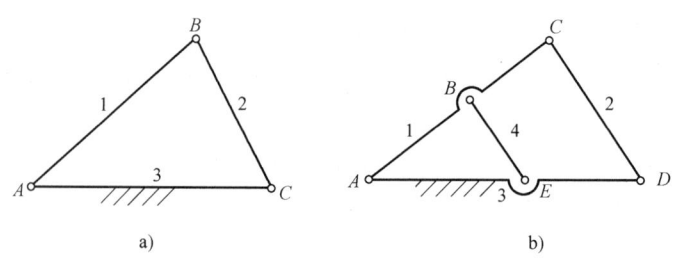

图 2-9 不具可动性的运动链
a) 桁架　b) 超静定桁架

综上分析可知，机构的自由度也就是机构具有的可独立运动的数目，因只有原动件才能独立运动，且通常每个原动件只具有一个独立运动（如驱动电动机的转动、驱动液压缸的移动等）。因此，机构的原动件数必定等于机构的自由度 F，如图 2-8a 中的五杆运动链必须给两个原动件，否则，该运动链做无规则运动或无法运动而不能成为机构。

综上所述可知，机构具有确定运动的条件是：$F>0$ 且等于原动件数。

2.2.5 计算平面机构的自由度时应注意的问题

应用式（2-1）计算平面机构自由度时，要注意以下问题。

1. 复合铰链

两个以上构件汇集在同一处以转动副相连接时构成复合铰链。图 2-10a 所示为三个构件汇集成的复合铰链，由其俯视图（图 2-10b）可见，这三个构件组成两个转动副。依此类推，K 个构件汇集而成的复合铰链应有 $(K-1)$ 个转动副。在计算平面机构自由度时应注意机构中是否存在复合铰链。

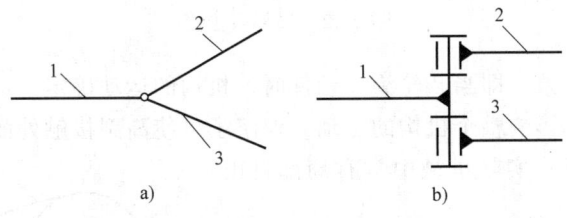

图 2-10 复合铰链

【**例 2-5**】 计算图 2-11 所示惯性筛机构的自由度，并判定其原动件数是否合适。

解 机构中活动构件数 $n=5$，在 C 处是汇集三构件的复合铰链，包含两个转动副，低副数 $P_L=7$，高副数 $P_H=0$。则

$$F=3n-2P_L-P_H=3\times5-2\times7-0=1$$

因该机构中的构件 1 为原动件，故原动件数等于自由度，合适。

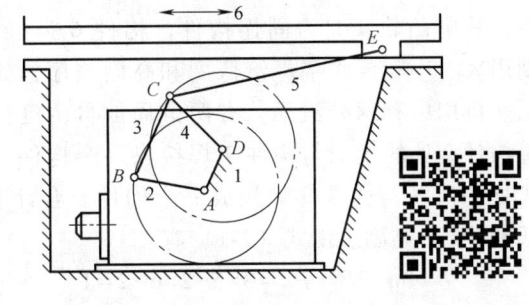

图 2-11 惯性筛机构

2. 局部自由度

机构中出现的与输出构件运动无关的自由度，称为局部自由度，在计算平面机构自由度时，局部自由度应除去不计。

在图 2-12a 所示的凸轮机构中，活动构件数 $n=3$，低副数 $P_L=3$（A、B、C），高副数 $P_H=1$（a），则自由度为

$$F=3n-2P_L-P_H=3\times3-2\times3-1=2$$

根据机构具有确定运动的条件，该凸轮机构应有两个原动件才有确定运动，但事实上只需凸轮一个原动件。其原因在于滚子 2 绕转动副 C 中心的转动不影响输出构件 3 的运动，故滚子 2 绕其中心的独立转动是局部自由度。在计算机构自由度时，可设想将滚子与从动件 3 焊接成一个构件，如图 2-12b 所示，这样就除去了局部自由度。此时，活动构件数 $n=2$，低副数 $P_L=2$（A、B），高副数 $P_H=1$（a），则自由度为

$$F=3n-2P_L-P_H=3\times2-2\times2-1=1$$

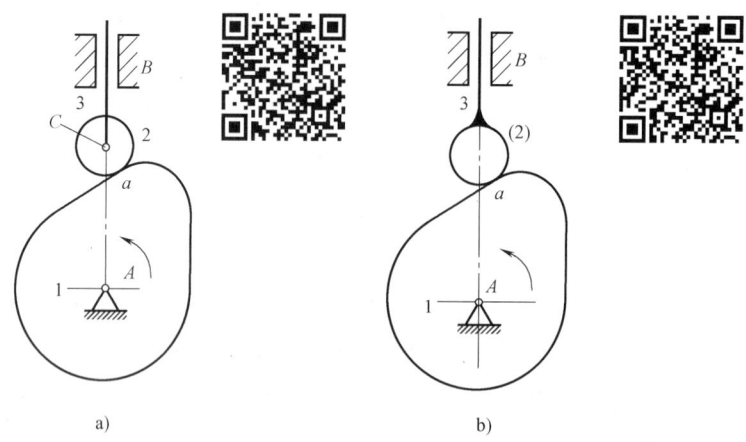

图 2-12 局部自由度

计算结果与实际一致,即当凸轮为原动件时,机构的运动确定。

虽然局部自由度不影响整个机构的运动,但滚子可使高副接触处的滑动摩擦变为滚动摩擦,以减小磨损。所以在实际机械中常有局部自由度结构。

【例 2-6】 计算图 2-13 所示平板印刷机吸纸机构的自由度,并判定其原动件数是否合适。

解 从凸轮 1 开始给每个构件编号,共有 6 个构件,其中凸轮 1-1′为固连构件,构件 6 为机架;分别用大、小写英文字母给低副和高副编序,如图所示。机构中有两处滚子,有两个局部自由度,故设想构件 2 处的滚子与构件 2 焊接成一个构件,构件 3 处的滚子与构件 3 焊接成一个构件。合计有 6 个低副、2 个高副。由式(2-1)有

$$F = 3n - 2P_L - P_H = 3 \times 5 - 2 \times 6 - 2 = 1$$

图 2-13 中弧线箭头表明机构中的凸轮 1-1′是原动件。故原动件数与机构自由度相等,原动件数恰当。

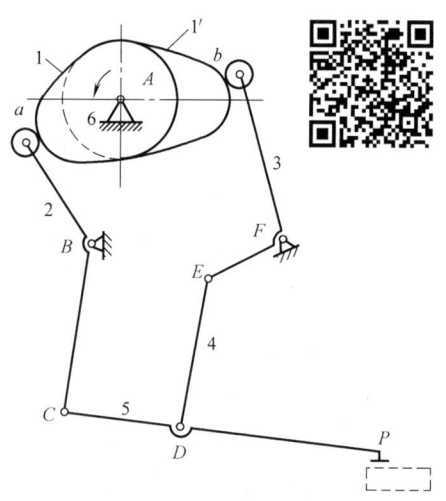

图 2-13 平板印刷机吸纸机构

3. 虚约束

在机构中,有些运动副引入的约束与其他约束的作用是重复的,对机构的运动实际上不起任何限制作用,这类约束称为虚约束。在计算机构的自由度时,虚约束应除去不计。

虚约束对机构的运动虽不起作用,但可以增加机构的刚度、改善受力情况、保持传动的可靠性等,因此,在机构中引入虚约束是工程实际中经常采用的主动措施。常见虚约束的引入情况见表 2-3。

由表 2-3 可见,机构中的虚约束都是在一些特定几何条件下出现的,这些几何条件给制造和装配提出了必要的精度要求。若这些几何条件不能满足,则引入的虚约束就成了真约束,"机构"将不能运动。

表 2-3 常见虚约束的引入情况

虚约束引入情况	实例简图	特征 / 特定几何条件	自由度计算及对虚约束处理措施
用转动副连接两构件上运动轨迹重合的点	机动车轮联动机构	重复轨迹 / 构件 EF、AB、CD 彼此平行且相等	$F = 3n - 2P_L - P_H$ $= 3 \times 3 - 2 \times 4 = 1$ 措施：拆去构件 5 及其引入的转动副 E、F
两构件组成多个转动副，且各转动副的轴线重合	齿轮轴轴承	重复转动副 / B、B′ 两轴承共轴线	$F = 3n - 2P_L - P_H$ $= 3 \times 1 - 2 \times 1 = 1$ 措施：只计算一个转动副（如 B），除去其余转动副（如 B′）
两构件组成多个移动副，且各移动副的导路平行或重合	气缸	重复移动副 / B、B′ 两导路移动方向彼此平行	$F = 3n - 2P_L - P_H$ $= 3 \times 1 - 2 \times 1 = 1$ 措施：只计算一个移动副（如 B），除去其余移动副（如 B′）
两构件组成多个平面高副，且各高副接触点处公法线重合	凸轮机构	重复高副 / 两接触点 B、B′ 处公法线重合	$F = 3n - 2P_L - P_H$ $= 3 \times 2 - 2 \times 2 - 1 = 1$ 措施：只计算一个高副（如 B），除去其余高副（如 B′）。另外，只计算一个移动副 C
对机构运动不起作用的对称部分	齿轮机构	重复结构 / 对称的三个小齿轮 2、2′、2″ 大小相同	$F = 3n - 2P_L - P_H$ $= 3 \times 4 - 2 \times 4 - 2 = 2$ 措施：只计算一个小齿轮（如 2），拆去其余小齿轮及其引入的运动副

【例 2-7】 试计算图 2-14 所示椭圆规机构的自由度，并判断原动件数目是否恰当。

解 在该机构中，构件 2 上的 C 点 C_2 与构件 3 上的 C 点 C_3 的运动轨迹重合，故为虚约束，拆去构件 3 及其引入的转动副 C 和移动副 E。同理，也可将构件 4 及其引入的转动副 D 和移动副 F 去掉来计算，结果一样。由式（2-1）有

$$F = 3n - 2P_L - P_H = 3\times3 - 2\times4 - 0 = 1$$

因该机构中的构件 1 为原动件，原动件数等于自由度，故合适。

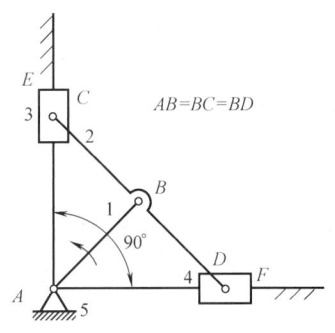

图 2-14 椭圆规机构（例 2-7 图）

2.3 平面四杆机构的基本形式及其演化

2.3.1 平面连杆机构

平面连杆机构是由若干构件通过低副（转动副或移动副）连接所组成的平面机构。平面连杆机构被广泛地使用在各种机器、仪表及操纵装置中。例如内燃机、牛头刨、钢窗启闭机构、自行车手闸机构等。

由于连杆机构的运动副都是面接触的低副，故承载能力强、耐磨损；且两构件的接触面为平面或回转面，易于制造和获得较高的精度。但低副内存在间隙，会导致运动误差；当构件数目较多时，会引起较大的累积运动误差，影响运动精度；一般只能近似地实现给定运动要求；机构运动时，有些构件产生的惯性力难以平衡，高速运转时将引起较大的振动和动载荷，故不适宜于高速的场合。

平面连杆机构的类型很多，单从组成机构的杆件数来看就有四杆、五杆或多杆机构。平面四杆机构结构最简单、应用最广泛，是连杆机构的基础，其他多杆机构可以看成是由几个四杆机构所组成。故本章主要介绍平面四杆机构。

2.3.2 铰链四杆机构的基本形式

全部用转动副相连的平面四杆机构称为平面铰链四杆机构，简称铰链四杆机构（图 2-15），它是工程上常用的平面四杆机构中最基本的形式。在图 2-15 中，固定不动的构件 4 为机架；与机架相连的构件 1、3 称为连架杆；不与机架相连的构件 2 称为连杆。在连架杆中，能做整周回转的连架杆称为曲柄，而只能在一定角度范围内往复摆动的连架杆称为摇杆。

按连架杆中有无曲柄或是摇杆，铰链四杆机构可分为三种基本形式：曲柄摇杆机构、双曲柄机构和双摇杆机构。

1. 曲柄摇杆机构

在铰链四杆机构中，若两连架杆分别为曲柄和摇杆，就组成了曲柄摇杆机构。如图 2-16 所示的雷达天线俯仰角调整机构，其中曲柄 1 为原动件，

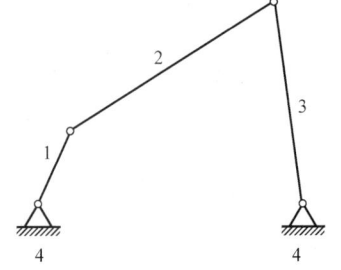

图 2-15 铰链四杆机构

曲柄 1 匀速转动，通过连杆 2 使摇杆 3（天线）变速摆动，从而调整天线仰俯角的大小。如图 2-17 所示的缝纫机脚踏驱动机构，其中摇杆 1 为原动件，摇杆 1 往复摆动，通过连杆 2 驱动曲柄 3 整周转动，再通过带传动使机头主轴转动。

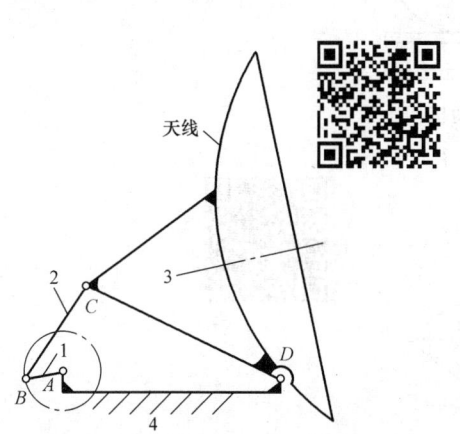

图 2-16 雷达天线俯仰角调整机构

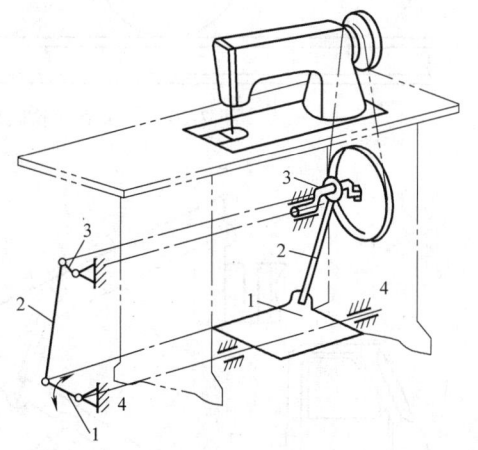

图 2-17 缝纫机脚踏驱动机构

2. 双曲柄机构

两连架杆均为曲柄的铰链四杆机构称为双曲柄机构。当原动曲柄等速转动时，从动曲柄可变速或等速转动。如图 2-18 所示的惯性筛驱动机构就是双曲柄机构，当主动曲柄 2 等速回转时，从动曲柄变速回转，从而使筛子 6 具有较大变化的加速度，提高筛子的筛分功能。

在双曲柄机构中，若其相对两杆平行且长度相等，则称为平行四边形机构，如图 2-19 所示，其特点是两曲柄做等速同向转动，连杆做平移运动，因此应用广泛。当曲柄和机架共线时，会处于运动不确定状态。当主动曲柄 AB 转至 AB_2 位置时，从动曲柄 DC 可能同向转到 DC_2；也可能反向转到 DC_2'。工程上常采取一些措施克服这种运动不确定性。如图 2-20 所示的机车驱动轮联动机构，构件 CD 带来了一个虚约束，使得机车各个车轮具有相同的速度，限制了机构的运动不确定性。如图 2-21 所示的摄影平台升降机构为平行四边形机构，利用连杆的平动特性，使平台任意平移。

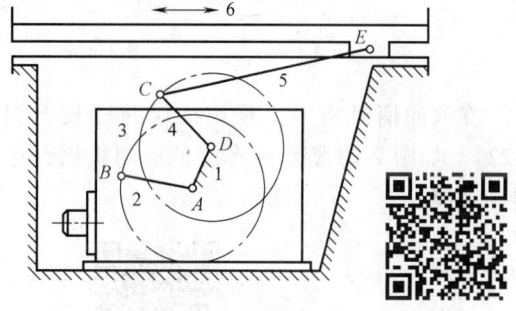

图 2-18 惯性筛驱动机构

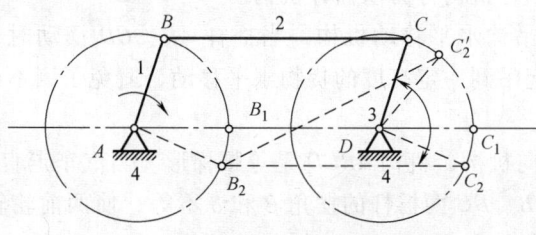

图 2-19 平行四边形机构

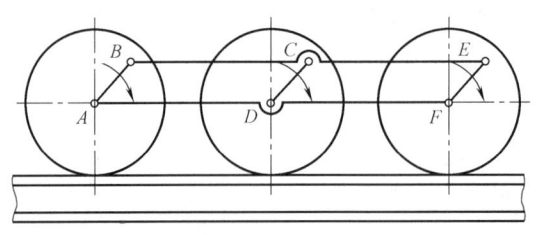

图 2-20　机车驱动轮联动机构

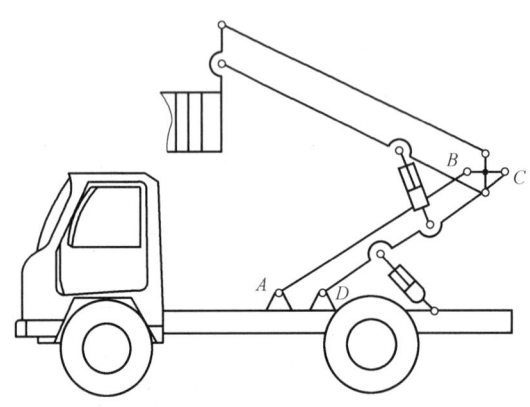

图 2-21　摄影车坐斗升降机构

在双曲柄机构中，若其相对两杆长度相等但不平行，则称为反平行四边形机构（图 2-22）。如图 2-23 所示为车门的启闭机构，是反平行四边形机构的实例，实现两扇门反向开启和关闭。

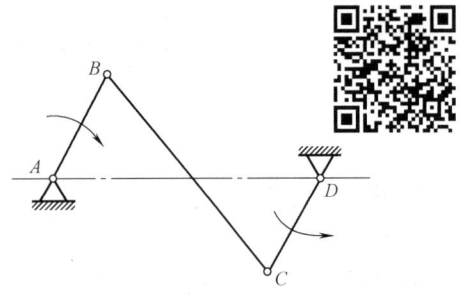
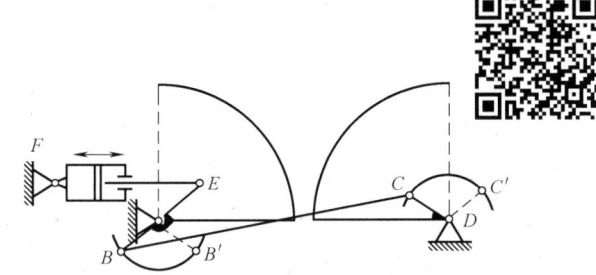

图 2-22　反平行四边形机构　　　　图 2-23　车门的启闭机构

3. 双摇杆机构

两连架杆均为摇杆的铰链四杆机构称为双摇杆机构。

图 2-24 所示为鹤式起重机吊钩水平移动机构，当摇杆 AB、CD 摆动时，连杆 BC 上 M 点的轨迹近似水平直线，将已起吊到一定高度的货物水平移动，避免了因不必要的升降而带来的能量消耗。

图 2-25 所示为汽车前轮转向机构，机构 ABCD 是等腰梯形。当汽车走直道时，ABCD 呈等腰梯形；当汽车走弯道时，AB、DC 两摇杆的摆角 β 和 δ 不等，使两前轮转动轴线汇交于后轮轴线上的 P 点，保证四个轮子绕 P 点做纯滚动。

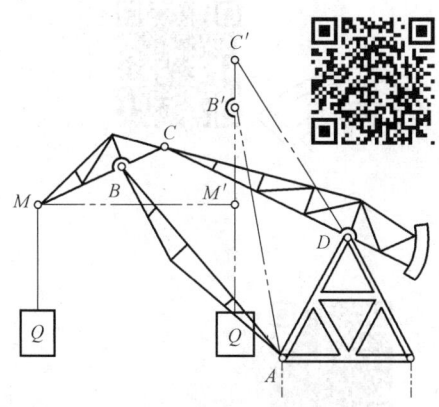

图 2-24 鹤式起重机吊钩水平移动机构

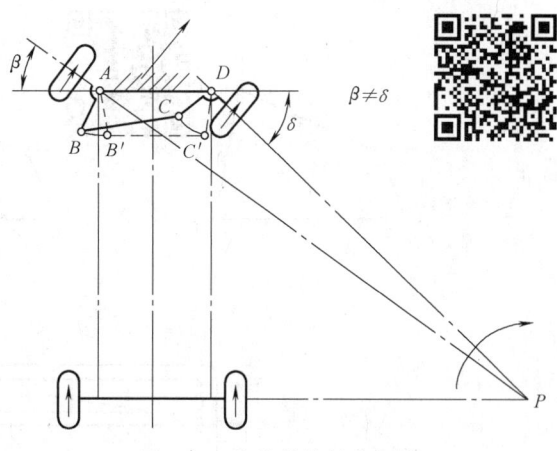

图 2-25 汽车前轮转向机构

图 2-26 所示为飞机起落架机构，原动摇杆 AB，通过连杆 BC 带动从动摇杆 CD 摆动，从而实现着陆轮在机翼中的推出和回收。

2.3.3 铰链四杆机构的演化

除了前述三种形式的铰链四杆机构外，在工程实际中还可以通过改变构件的形状和相对尺寸、取不同构件为机架以及扩大转动副等方法，将铰链四杆机构演化成其他形式的平面四杆机构。

1. 曲柄滑块机构

通过改变构件的形状和相对尺寸，将曲柄摇杆机构演化为曲柄滑块机构。如图 2-27a 所示的曲柄摇杆机构中，当曲柄 1 绕轴 A 回转时，摇杆上的点 C 的运动轨迹为圆弧 $m-m$。如图 2-27b 所示，改变摇杆 3 的形状，将摇杆 3 改变成弧面滑块，使其沿弧形导槽 $m-m$ 往复运动，显然各构件的运动特性未变，但曲柄摇杆机构已演化成曲柄弧形滑块机构。

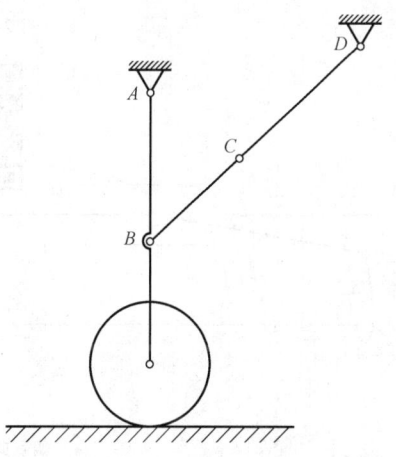

图 2-26 飞机起落架机构

如果再改变 2-27a 中摇杆 3 的长度，将摇杆 3 的长度增至无穷长（构件 4 也相应增至无穷长），则摇杆上点 C 的运动轨迹 $m-m$ 将变为直线，弧形导槽 $m-m$ 将变为直线导槽。此时，做往复摆动的摇杆 3 演化为做往复直线移动的滑块，转动副 D 演化为移动副，于是曲柄摇杆机构演化成常见的含有一个移动副的曲柄滑块机构（图 2-27c）。

在图 2-28a 中，导路中心线偏离曲柄的固定转动中心 A，称其为偏置曲柄滑块机构。滑块导路中心线与曲柄固定转动中心 A 之间的垂直距离，称为偏距 e。当 $e=0$ 时，该机构称为对心曲柄滑块机构（图 2-28b）。曲柄滑块机构广泛应用于活塞式内燃机、空气压缩机和冲床等各种机械中。

2. 取不同构件为机架

在同一低幅机构中，选取不同构件为机架，可得不同形式的机构，且机构中各构件间的相对运动不变。例如，铰链四杆机构的三种基本形式中，取曲柄摇杆机构的其他构件为机

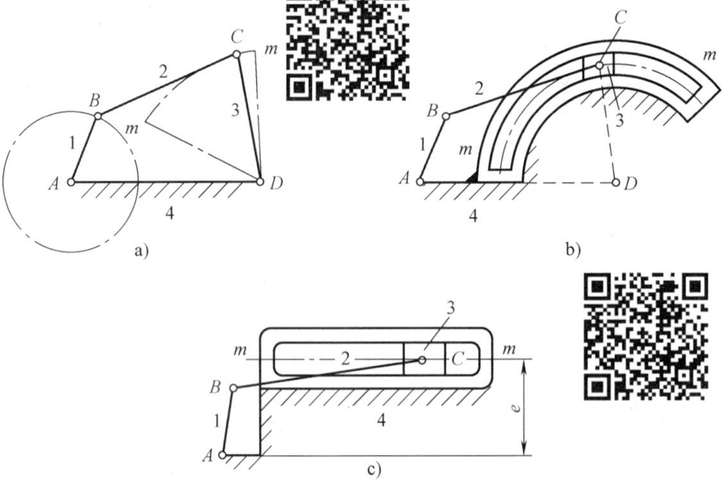

图 2-27 改变构件的形状和长度

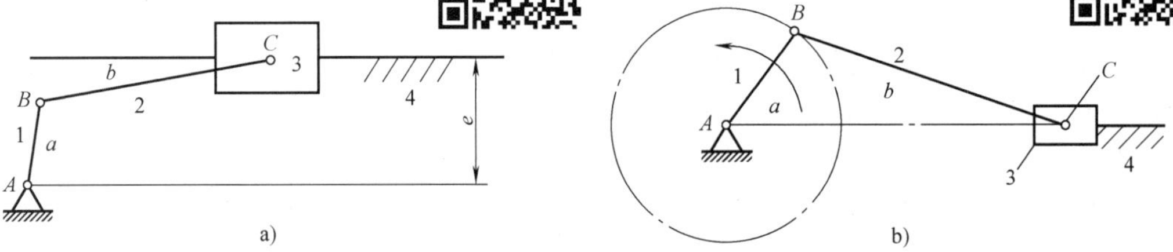

图 2-28 曲柄滑块机构
a) 偏置曲柄滑块机构　b) 对心曲柄滑块机构

架,可演变为双曲柄机构和双摇杆机构。

图 2-29 所示的对心曲柄滑块机构,取不同的构件为机架,便可得到含有一个移动副的其他形式的四杆机构。图 2-30 所示的搓丝机为对心曲柄滑块机构的应用实例。若取构件 1 为机架,则得到图 2-31 所示的转动导杆机构(杆件 2 的长度大于杆件 1 的长度)或图 2-33 所示的摆动导杆机构(杆件 1 的长度大于杆件 2 的长度)。六缸回转式油泵(图 2-32)、牛头刨床(图 2-34)为导杆机构的应用实例。若取构件 2 为机架,则得到图 2-35 所示的摇块机构。自动卸料卡车(图 2-36)为摇块机构的应用实例。若取构件 3 为机架,则得到图 2-37 所示的定块机构。手动唧筒(图 2-38)为定块机构的应用实例。

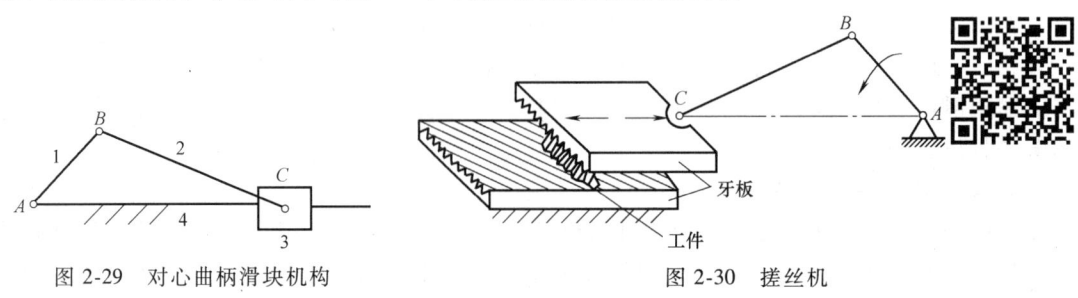

图 2-29 对心曲柄滑块机构　　　　图 2-30 搓丝机

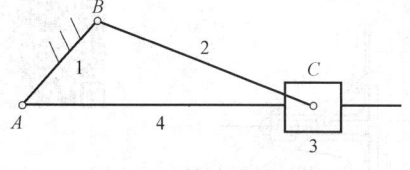

图 2-31 转动导杆机构

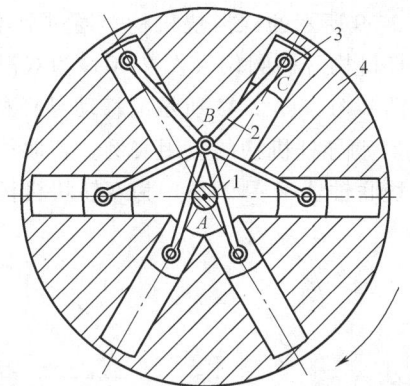

图 2-32 六缸回转式油泵

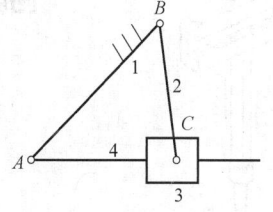

图 2-33 摆动导杆机构

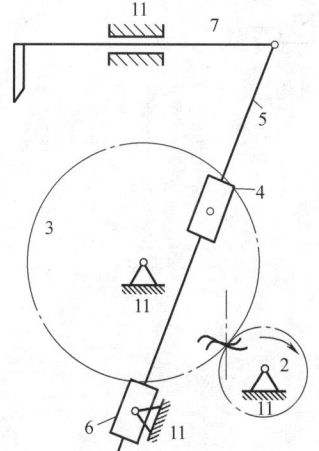

图 2-34 牛头刨床

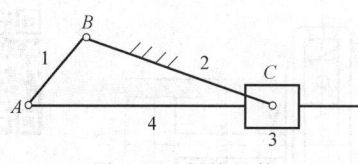

图 2-35 摇块机构

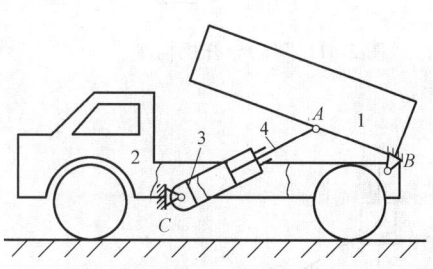

图 2-36 自动卸料卡车

图 2-37 定块机构

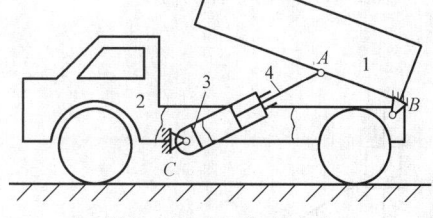

图 2-38 手动唧筒

同理，如图 2-39 所示的双滑块机构，通过取不同构件为机架，可得到含有两个移动副的其他形式的四杆机构。椭圆仪（图 2-40）为双滑块机构的应用实例。若取构件 1 或构件 3 为机架，则得到图 2-41、图 2-43 所示的移动导杆机构。缝纫机下针机构（图 2-42）和压缩机（图 2-44）为移动导杆机构的应用实例。若取构件 2 为机架，则得到图 2-45 所示的双转块机构。十字滑块联轴器（图 2-46）为双转块机构的应用实例。

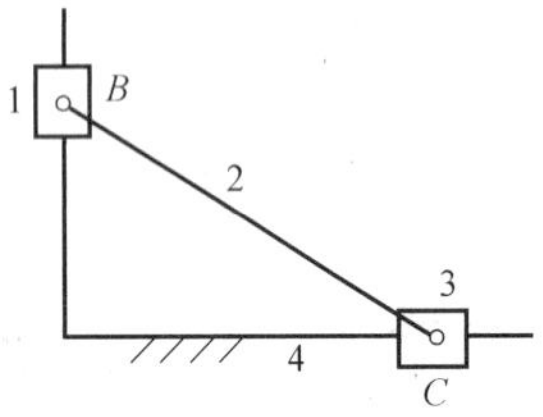

图 2-39 双滑块机构

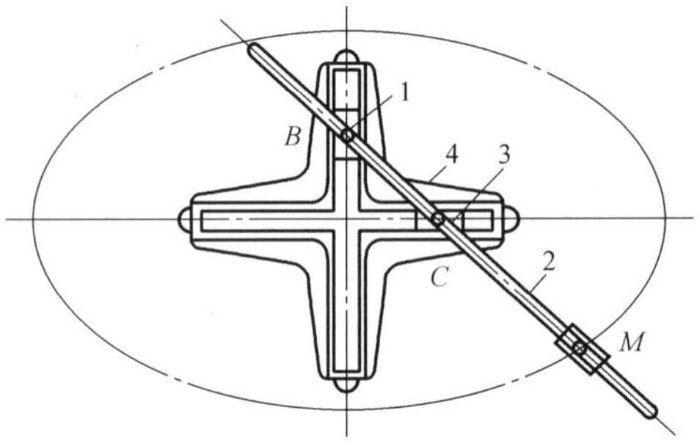

图 2-40 椭圆仪

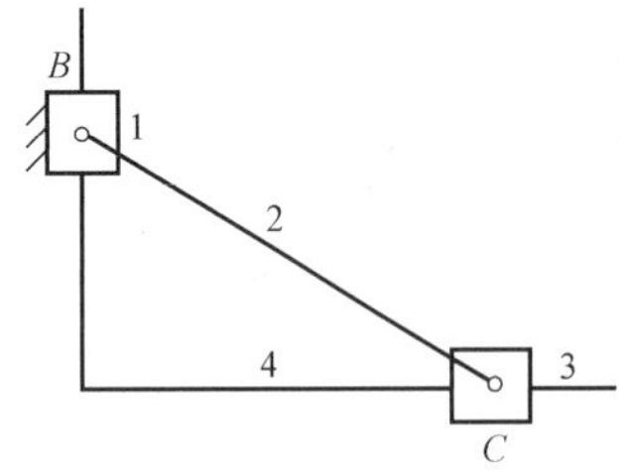

图 2-41 移动导杆机构 1

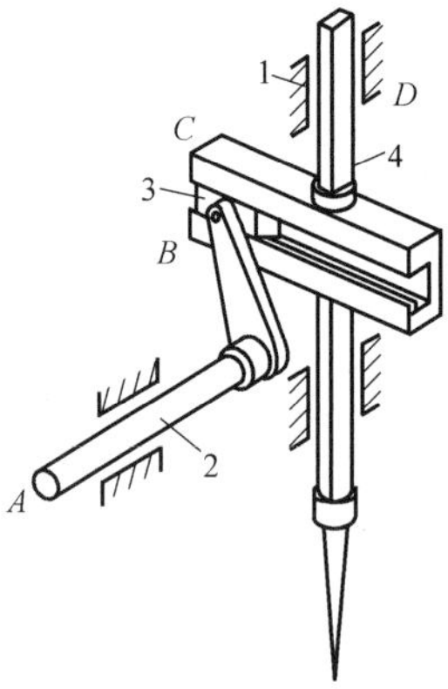

图 2-42 缝纫机下针机构

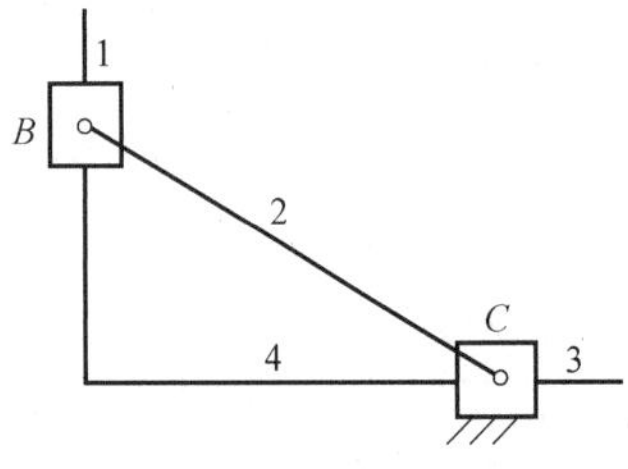

图 2-43 移动导杆机构 2

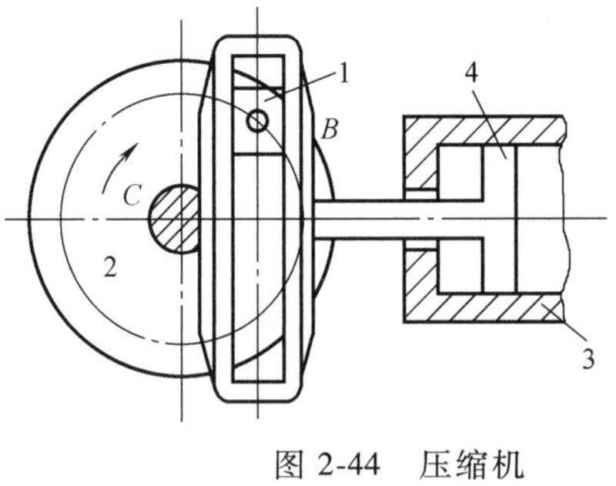

图 2-44 压缩机

3. 扩大转动副

扩大转动副可得到偏心轮机构。图 2-27a 所示曲柄摇杆机构中，当曲柄 1 的长度很短时，很难在曲柄两端做成两个转动副，若将转动副 B 的半径扩大，使其超过曲柄 1 的长度，则曲柄 1 演化为一个圆盘，如图 2-47 所示。该圆盘的几何中心 B 与转动中心 A 不相重合，故称其为偏心轮。两个中心 A、B 之间的距离 e 称为偏心距，其值等于曲柄的长度，故该机构被称为偏心轮机构。偏心轮机构广泛应用于冲床、剪床和颚式破碎机等机械中。

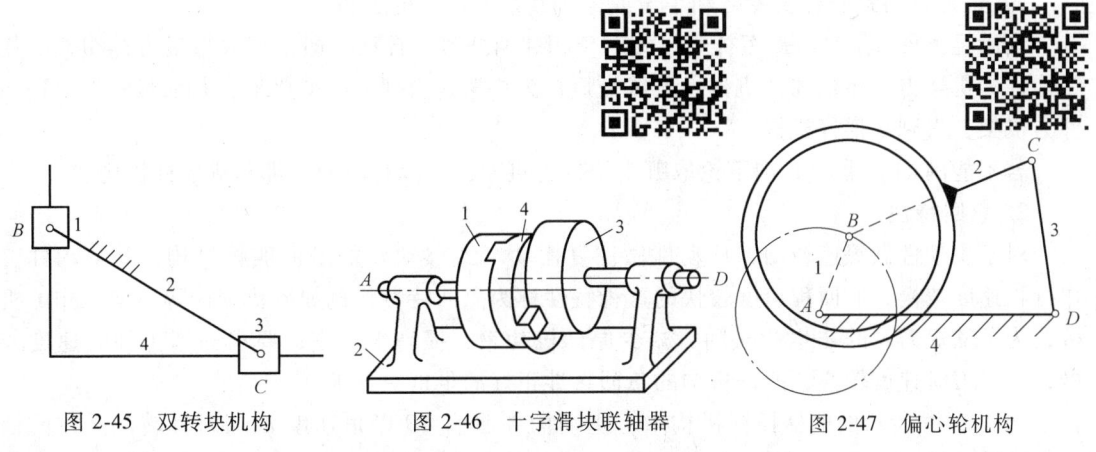

图 2-45　双转块机构　　　　图 2-46　十字滑块联轴器　　　　图 2-47　偏心轮机构

2.4　平面四杆机构的基本特性

2.4.1　运动特性

1. 曲柄存在的条件

铰链四杆机构三种基本形式的区别在于机构中的连架杆是否为曲柄。下面分析机构中曲柄存在的条件。

在图 2-48 所示的铰链四杆机构中，设各杆长度分别为 a、b、c、d。假设 AB 杆为曲柄，则 AB 杆只要能通过 AB_1（与机架拉直共线）、AB_2（与机架重叠共线）两特殊位置，就可以整周转动，即 AB 与其相邻的两构件 BC、AD 间均可相对整周转动，且构成两个三角形 $\triangle B_1C_1D$ 和 $\triangle B_2C_2D$。根据三角形两边和大于第三边的性质（极限情况下等于），由 $\triangle B_1C_1D$ 推导出

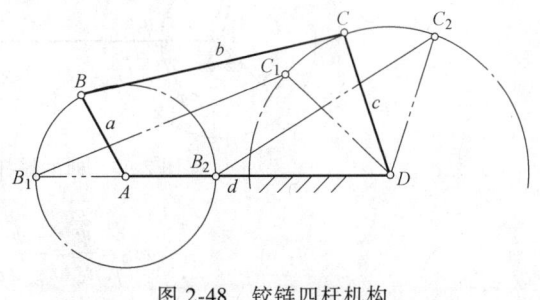

图 2-48　铰链四杆机构

$$a+d \leqslant b+c \tag{2-2}$$

由 $\triangle B_2C_2D$ 推导出

$$a+b \leqslant c+d \tag{2-3}$$
$$a+c \leqslant b+d \tag{2-4}$$

将以上三式的任意两式相加，化简得

$$a \leqslant b \tag{2-5}$$
$$a \leqslant c \tag{2-6}$$
$$a \leqslant d \tag{2-7}$$

由以上六式可得在铰链四杆机构中,曲柄存在的必要条件:

1) 曲柄是最短杆。
2) 最短杆与最长杆长度之和小于或等于其余两杆长度之和。

当满足条件2)时,最短杆可以相对于相邻两杆整周转动。即:若取与最短杆相邻的任一构件为机架得到曲柄摇杆机构;若取最短杆为机架,得到双曲柄机构;若取最短杆对边构件为机架,得到双摇杆机构。

若不能满足条件2),则不论取哪个构件为机架,都没有曲柄,都是双摇杆机构。

2. 急回特性

对于主动件做等速转动,从动件做往复摆动(或移动)的平面四杆机构,其从动件工作行程速度较慢,而回程速度较快的这种特性称为急回特性。例如牛头刨床等单向工作的机械,为了缩短刀具的非生产时间,减少原动机功率,提高生产率,要求刨削工件时速度较慢,而退刀时速度较快,四杆机构的急回特性正好满足这一要求。

如图2-49所示的曲柄摇杆机构中,主动构件曲柄 AB 以角速度 ω 顺时针转动。在曲柄 AB 转动一周的过程中,曲柄与连杆两次共线位置 B_1AC_1 和 AB_2C_2 与摇杆两极限位置 DC_1 和 DC_2 对应。AB_1 和 AB_2 之间所夹的锐角称为极位夹角,以 θ 表示。摇杆 DC 在两极限位置的夹角称为摆角,用 ψ 表示。由图2-49可知,在工作行程中,曲柄顺时针从 AB_1 转到 AB_2,转角 $\varphi_1 = 180° + \theta$,摇杆由 DC_1 摆到 DC_2,所需时间为 t_w,则摇杆的平均角速度 ω_w 为

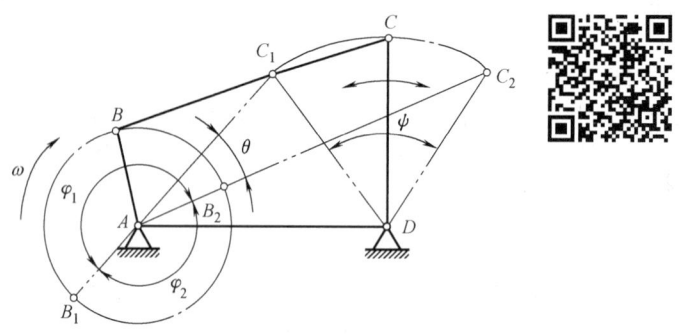

图2-49 曲柄摇杆机构急回特性

$$\omega_w = \frac{\psi}{t_w} = \frac{\psi}{\varphi_1/\omega} = \frac{\psi\omega}{180° + \theta}$$

曲柄继续顺时针转动,从 AB_2 转到 AB_1,转角 $\varphi_2 = 180° - \theta$,摇杆由 DC_2 摆到 DC_1,所需时间为 t_R,摇杆回程平均角速度 ω_R 为

$$\omega_R = \frac{\psi}{t_R} = \frac{\psi}{\varphi_2/\omega} = \frac{\psi\omega}{180° - \theta}$$

可见 $\omega_R > \omega_w$,即摇杆来回摆动的速度不同,摇杆具有急回特性。

通常用行程速比系数 K 来衡量机构的急回程度,即

$$K = \frac{\text{往复运动构件的回程平均速度}}{\text{往复运动构件工作平均速度}} = \frac{\omega_R}{\omega_w} = \frac{180° + \theta}{180° - \theta} \tag{2-8}$$

由式(2-8)可知,θ 角愈大,K 值就愈大,机构的急回特性就愈显著;当 $\theta = 0$ 时,$K = 1$,此时 $\omega_R = \omega_w$,机构无急回特性。

图 2-50a、b 所示的偏置曲柄滑块机构和摆动导杆机构，可用式（2-8）分析它们的急回特性。摆动导杆机构中 $\theta=\psi$。

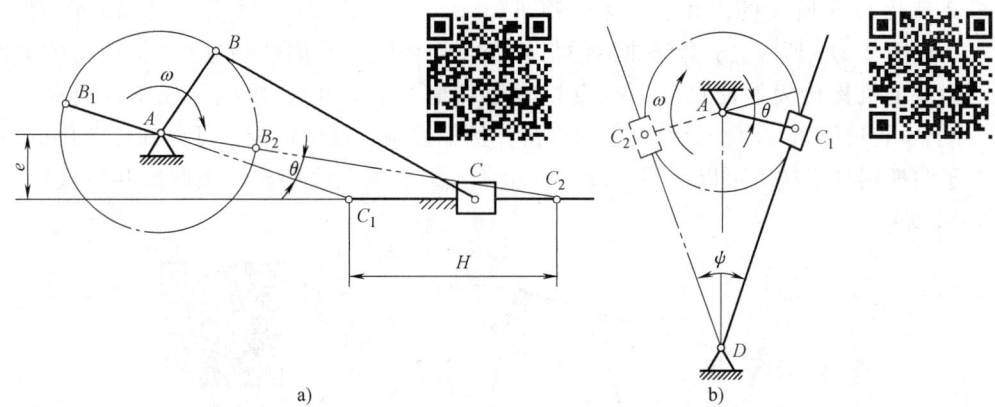

图 2-50 偏置曲柄滑块机构和摆动导杆机构的急回特性

对于具有急回特性的平面机构，常根据工作需求预先选定 K 值进行设计。设计时，需要根据式（2-8）计算出 θ 值，即

$$\theta = 180°\frac{K-1}{K+1} \tag{2-9}$$

2.4.2 传力特性

1. 压力角和传动角

如图 2-51a 所示的曲柄摇杆机构中，若不考虑构件的重力、惯性力和运动副的摩擦力的影响，且连杆 2 上不受其他外力，则连杆 2 是二力杆，因此通过连杆 2 作用到摇杆 3 上 C 点的力 F 将沿连杆 BC 方向。将力 F 分解为切向力 F_t 和法向力 F_n，切向力与 C 点速度 v_c 方向同向，法向力方向与 v_c 方向垂直。其中 F_t 是推动摇杆 3 运动的有效分力，而 F_n 则不能推动摇杆 3 运动，只能使 C、D 两处运动副产生径向压力，引起阻碍运动的摩擦力。由图可知

$$F_t = F\cos\alpha = F\sin\gamma$$
$$F_n = F\sin\alpha = F\cos\gamma$$

式中，α 称为压力角，它是作用力 F 的方向与其作用点 C 处速度 v_c 方向所夹的锐角。在机构运转过程中，曲柄的位置会不断变化，压力角 α 也会随之不断变化。若 F 不变，则 α 值愈小，F_t 愈大，机构传力性能越好。

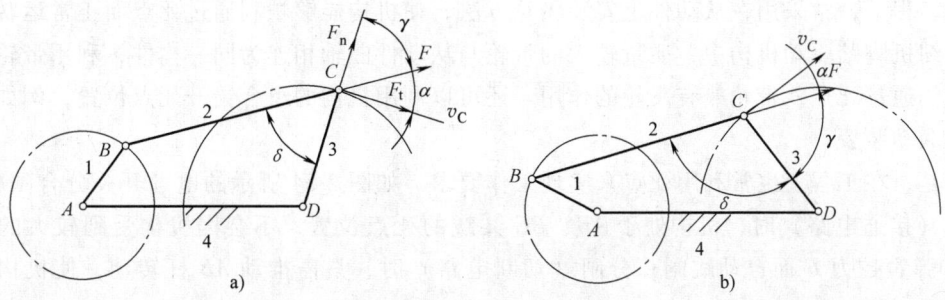

图 2-51 压力角与传动角

压力角的余角 γ 称为传动角，$\gamma=90°-\alpha$，是力 F 与力 F_n 之间所夹的锐角。由于传动角 γ 便于观察和测量，工程上常用传动角 γ 的大小及变化情况来分析机构传动性能的优劣。δ 为连杆 2 和摇杆 3 所夹的内角，当 $\delta \leq 90°$ 时，$\gamma=\delta$，如图 2-51a 所示；当 $\delta>90°$ 时，$\gamma=180°-\delta$，如图 2-51b 所示。γ 会随曲柄的位置变化而变化，其值越接近 90°，机构传力性能越好。为保证机构传力性能良好，在设计时通常取 $\gamma_{min} \geq 40°$；重载情况下，应取 $\gamma_{min} \geq 50°$。对于一些只传递运动，受力较小的机构，例如控制、仪表机构，可允许传动角小些。

对于曲柄摇杆机构，可以证明，最小传动角 γ_{min} 出现在曲柄与机架两次共线位置之一，如图 2-52 所示。

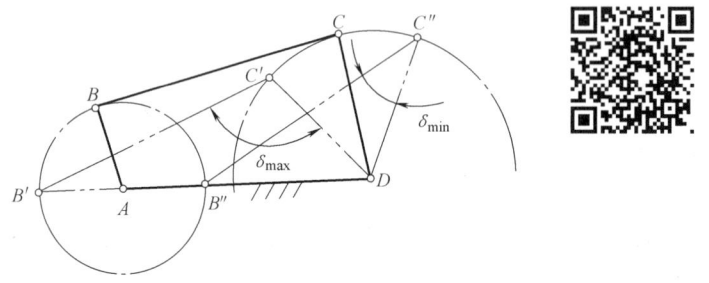

图 2-52　曲柄摇杆机构最小传动角位置

对于曲柄滑块机构，当曲柄为主动件时，最小传动角 γ_{min} 出现在曲柄与机架垂直位置，如图 2-53 所示。

2. 死点

对于某些机构，在运动时某个或某几个位置会出现 $\gamma=0°$，这种位置称为死点。当机构处于这种位置时，不管施加多大的力给原动件，机构都不能运动。

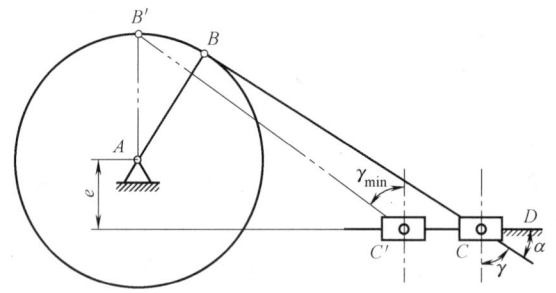

图 2-53　曲柄滑块机构最小传动角位置

图 2-49 所示的曲柄摇杆机构中，如果取摇杆 CD 为原动件，曲柄 AB 为从动件，在摇杆摆动至两极限位置（C_1D 和 C_2D）时，连杆与曲柄共线，此时传动角 $\gamma=0°$，摇杆通过连杆作用于曲柄上的力正好通过其回转中心 A，故这时无论施加多大的力给摇杆，也不能推动从动件曲柄回转。但是对于曲柄摇杆机构，如果取曲柄为主动件，摇杆为从动件，摇杆和连杆没有共线位置，不会出现死点。故，对于四杆机构而言，是否存在死点，取决于从动件是否与连杆共线。

在工程上，常采用在从动件上安装飞轮方法，使机构能够顺利通过死点而正常运转。例如在缝纫机脚踏驱动机构中，质量较大的带轮与从动件曲轴相连为同一构件，利用带轮的惯性使机构通过死点，带轮兼有飞轮的作用。还可以利用机构的组合错开死点位置，例如机车车轮的联动装置。

但是，在工程上也常利用死点来实现工作要求。如图 2-54 所示的电气开关分合闸机构，当合闸（接通电路）时，机构处于 AB、BC 共线的死点位置，不会因机构受到较大的接触力 Q 和弹簧拉力 F 而自动跳闸；分闸（切断电路）时，只需推动 AB 杆转动，使机构离开死点位置，如处于 $AB'C'D$ 位置。

如图 2-55 所示的飞机起落架机构，当机轮放下时，杆 BC 与 CD 共线，机构处于死点位置，故地面对机轮着地时所产生的巨大冲击力不会使起落架 CD 杆转动，起落可靠。

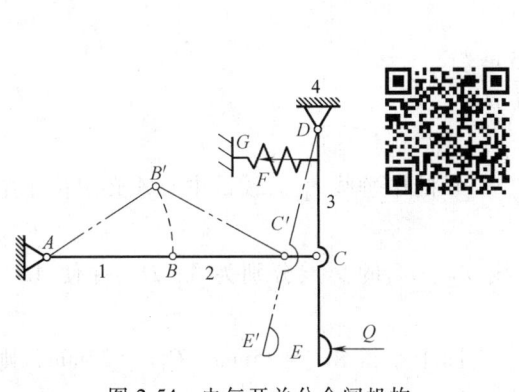

图 2-54　电气开关分合闸机构

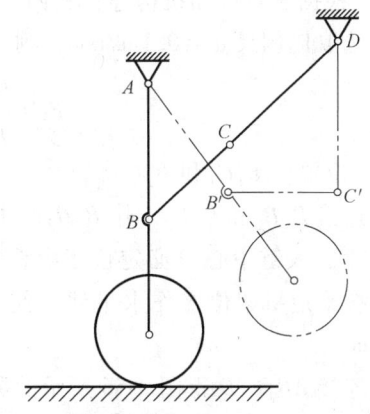

图 2-55　飞机起落架机构

2.5　平面四杆机构的运动设计

平面四杆机构的运动设计，可分为两类，一类是实现给定的运动规律，一类是实现给定的运动轨迹。其设计方法有图解法、解析法和实验法等。图解法比较直观，但精度受作图条件的限制；解析法精度高，但计算比较复杂；实验法常需要试凑，精度比较低。在设计时应根据具体情况选择合适的设计方法。本节介绍图解法。

2.5.1　按给定连杆位置设计四杆机构

【例 2-8】　如图 2-56 所示为铸造车间震实造型机工作台的翻转机构。当翻台 8 在震实台上震实造型时，连杆处于 B_1C_1 实线位置；需要起模时，要求翻台 8 能翻转 180°，以便托台 10 上升接触砂箱起模，此时连杆处于 B_2C_2 虚线位置。若已知连杆 BC 的长度 $l_{BC}=0.8m$ 及两

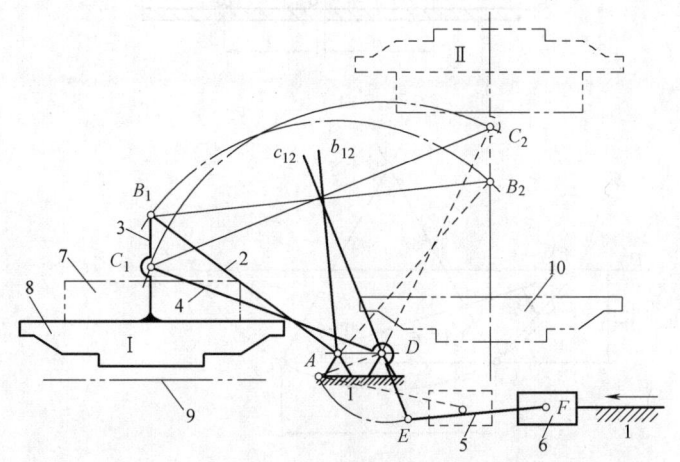

图 2-56　造型机的翻转机构（例 2-8 图）

1—机座　2、4—摇杆　3、5—连杆　6—活塞　7—砂箱　8—翻台　9—振实台　10—托台

位置 B_1C_1 和 B_2C_2，并要求机架 AD 在同一水平线上，机座 AD 的长度 $l_{AD}=l_{BC}$。试确定摇杆 AB、CD 的长度 l_{AB}、l_{CD}。

解 根据题意可知机构连杆的两个位置，其设计步骤如下：

① 选取比例尺 $\mu_l = 0.1\text{m/mm}$，则

$$BC = \frac{l_{BC}}{\mu_l} = \frac{0.5\text{m}}{0.1\text{m/mm}} = 5\text{mm}$$

并在给定位置作 B_1C_1 和 B_2C_2。

② 连接 B_1B_2 和 C_1C_2，作 B_1B_2 的中垂线 b_{12}，C_1C_2 的中垂线 c_{12}。铰链中心 A 必定位于中垂线 b_{12} 上，铰链中心 D 必定位于中垂线 c_{12} 上。

③ 按给定机架位置作水平线，使其与中垂线 b_{12}、c_{12} 的交点分别为 A、D，并使 $AD = BC = 5\text{mm}$。

④ 连接 AB_1C_1D 得图 2-56 所示的翻转机构。由图中量得 $AB_1 = 25\text{mm}$，$C_1D = 27\text{mm}$，则摇杆 AB、CD 的长度分别为

$$l_{AB} = \mu_l \cdot AB_1 = 0.1 \times 25\text{m} = 2.5\text{m}$$
$$l_{CD} = \mu_l \cdot C_1D = 0.1 \times 27\text{m} = 2.7\text{m}$$

2.5.2 按给定行程速比系数 K 设计四杆机构

【例 2-9】 图 2-57 所示为自动上料机偏置曲柄滑块机构。曲柄为主动件，给定行程速比系数 $K=1.4$，偏距 $e=12\text{mm}$，被推送的工件长度 $l=25\text{mm}$，要求滑块的行程 H 要比工件长度略大些，以便料斗上的工件能顺利下落。试确定曲柄和连杆的尺寸。

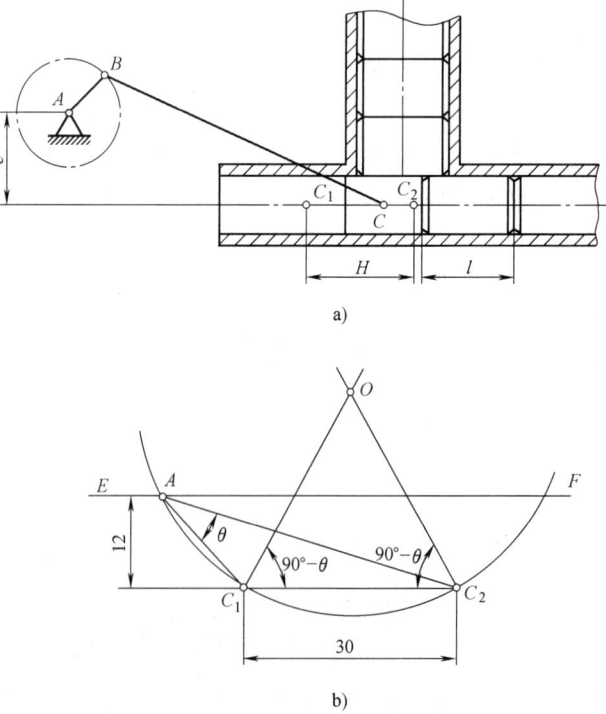

图 2-57 上料机偏置滑块机构的设计（例 2-9 图）

解 对于有急回运动的四杆机构,通常由行程速比系数 K 求得极位夹角 θ,再利用机构在极限位置的几何关系,结合其他辅助条件解题。

① 计算极位夹角 θ。由式(2-3)得

$$\theta = 180° \times \frac{1.4-1}{1.4+1} = 30°$$

② 选取合适的长度比例尺、作辅助圆。取比例尺 $\mu_l = 1\text{mm/mm}$,根据题目要求 H 略大于 l,作出滑块的行程线段 $C_1C_2 = H = 30\text{mm}$;作 $\angle C_1C_2O = \angle C_2C_1O = 90°-\theta = 60°$,直线 C_1O 和 C_2O 交于点 O;以点 O 为圆心、C_1O(或 C_2O)为半径作辅助圆(图 2-57b)。显然,圆心角 $\angle C_1OC_2 = 2\theta$。

③ 确定曲柄的转动中心 A。如图 2-57b 所示,作直线 $EF // C_1C_2$,且间距为 $e = 12\text{mm}$,交辅助圆于点 A(有两个交点,仅取一个),即为曲柄的转动中心。连接 AC_1 和 AC_2,此时必有 $\angle C_1AC_2 = \theta = 30°$(为圆心角 $\angle C_1OC_2$ 的一半),即 AC_1、AC_2 分别为曲柄与连杆重叠和拉直共线位置,由图中量得

$$AC_1 = 15\text{mm}; AC_2 = 40\text{mm}$$

④ 计算曲柄和连杆的长度 l_{AB}、l_{BC}。由曲柄滑块机构在极限位置的几何关系可得

$$l_{BC} + l_{AB} = \mu_l \cdot AC_2; l_{BC} - l_{AB} = \mu_l \cdot AC_1$$

由上式解得

曲柄长度 $\qquad l_{AB} = \mu_l \dfrac{(AC_2-AC_1)}{2} = 1 \times \dfrac{40-15}{2}\text{mm} = 12.5\text{mm}$

连杆长度 $\qquad l_{BC} = \mu_l \dfrac{(AC_2+AC_1)}{2} = 1 \times \dfrac{40+15}{2}\text{mm} = 27.5\text{mm}$

习 题

2-1 什么是运动副?平面机构中有几种运动副?它们各自有什么特点?

2-2 运动链与机构有什么区别?满足什么条件运动链能够成为机构?

2-3 图 2-58 所示为货车自动卸料机构。当活塞杆 3 移动时,撑起翻斗 2,使翻斗绕支点 B 翻转,物料便自动卸下。试绘出该机构的示意图。

2-4 试绘出图 2-59 所示各种机构的运动简图。

2-5 指出图 2-60 所示各机构的复合铰链、局部自由度和虚约束(如果存在),并判断它们是否具有确定的运动。

2-6 铰链四杆机构有哪几种基本形式?

2-7 铰链四杆机构中曲柄存在的必要条件是什么?

2-8 试根据图 2-61 中所标明的铰链四杆机构各机构的尺寸,判断它们各属于哪一种类型的铰链四杆机构。

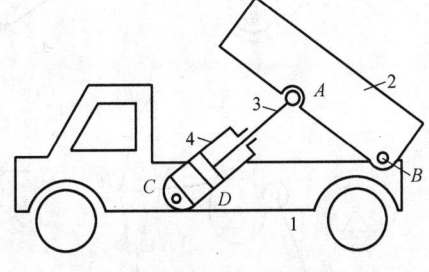

图 2-58 题 2-3 图
1—车体 2—翻斗 3—活塞杆 4—油缸体

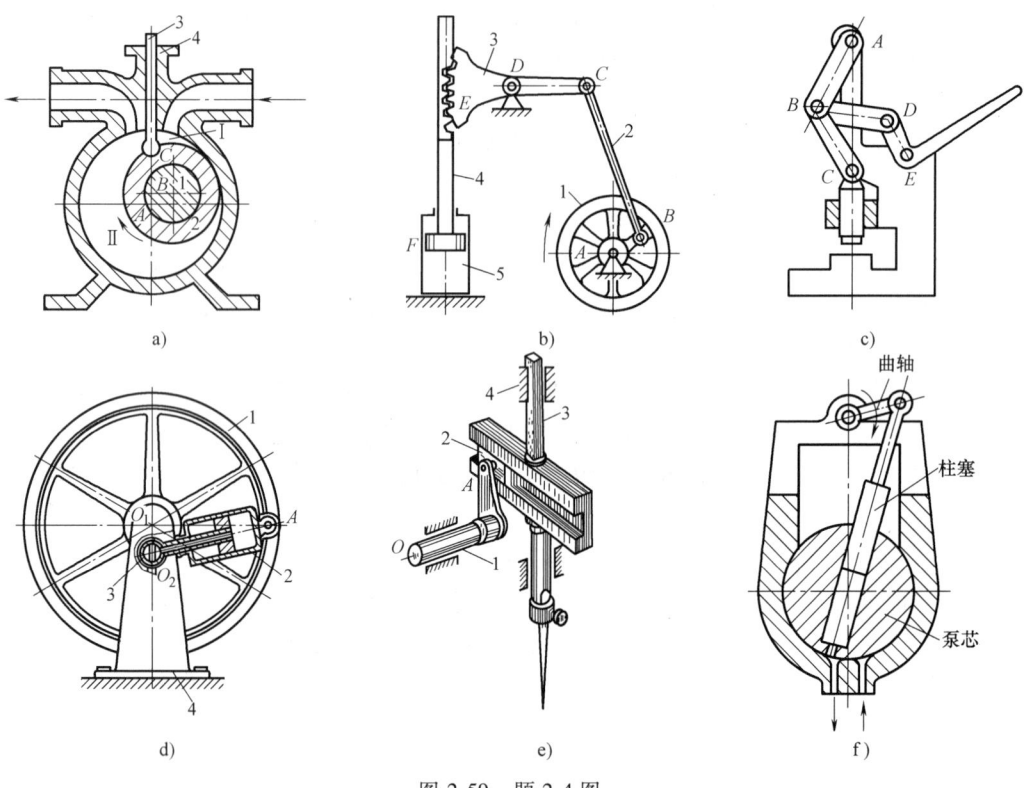

图 2-59 题 2-4 图

a）液压泵　b）活塞泵　c）手动压力机　d）回转柱塞泵　e）缝纫机下针机构　f）水泵

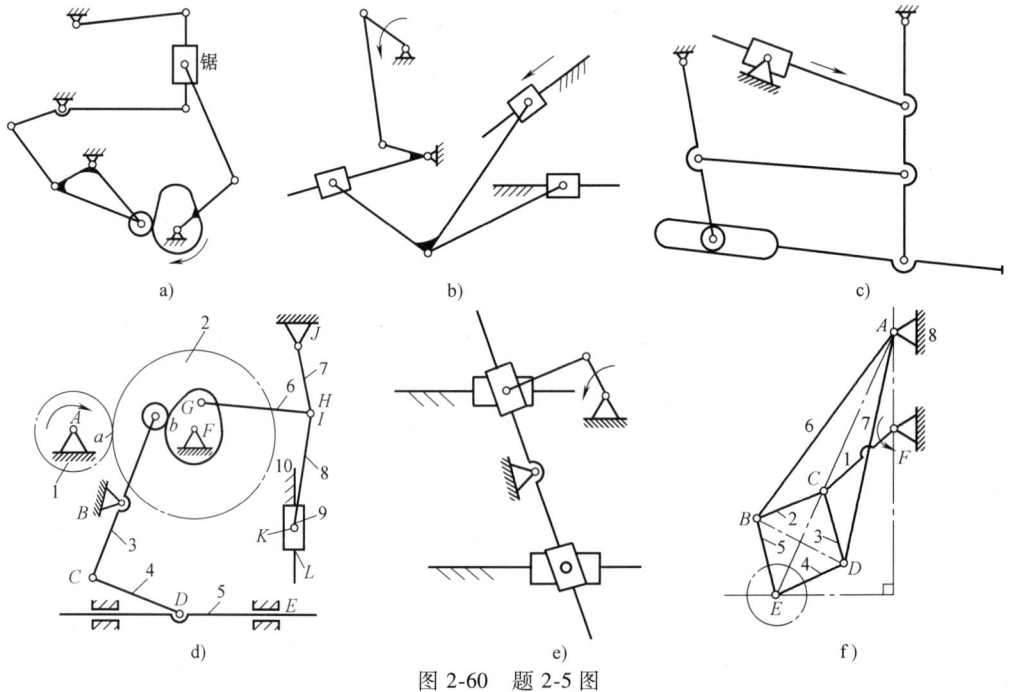

图 2-60 题 2-5 图

a）锯木机机构　b）加药泵加药机构　c）平口渣口堵塞机构　d）冲压机构　e）压缩机机构　f）圆盘锯机构

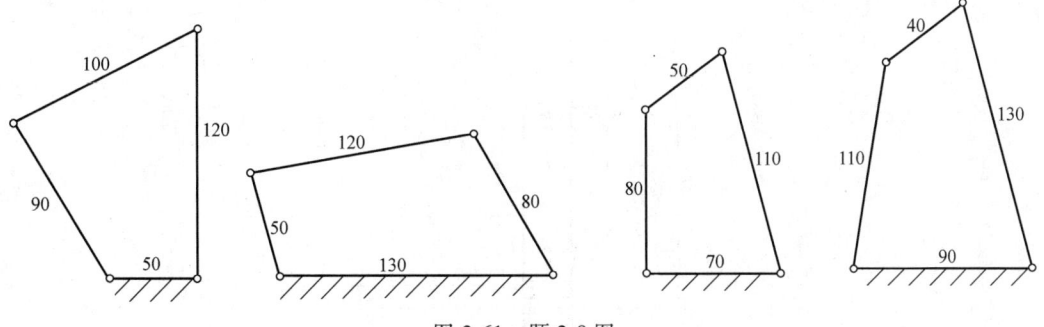

图 2-61 题 2-8 图

2-9 如图 2-62 所示,设铰链四杆机构杆长 $l_{AB}=40\text{mm}$,$l_{BC}=50\text{mm}$,$l_{AD}=35\text{mm}$,杆 AD 为机架。

(1) 如果该机构能成为曲柄摇杆机构,AB 是曲柄,求 l_{CD} 的取值范围;

(2) 如果该机构能成为双曲柄机构,求 l_{CD} 的取值范围;

(3) 如果该机构能成为双摇杆机构,求 l_{CD} 的取值范围。

2-10 平面机构中的急回特性和死点有什么含义?机构在什么条件下有急回特性和死点,试举例说明。

2-11 什么叫机构的压力角?什么叫机构的传动角?它们有何实际意义?

2-12 如图 2-63 所示的曲柄滑块机构,试通过作图回答以下问题:

(1) 该机构有没有急回特性?

(2) 该机构有没有死点?在什么位置?

(3) 当曲柄 AB 为主动件时,最小传动角在什么位置?

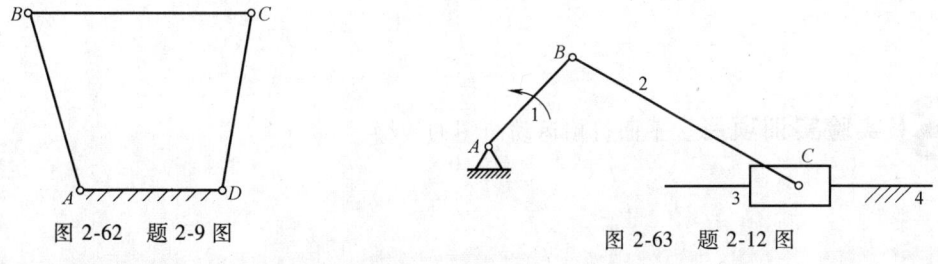

图 2-62 题 2-9 图　　　图 2-63 题 2-12 图

2-13 在一曲柄摇杆机构中,已知行程速比系数 $K=1.2$,摇杆的长度 $l_{CD}=50\text{mm}$,摆角 $\psi=45°$,试设计该曲柄摇杆机构。

2-14 在一摆动导杆机构中,已知导杆的行程速比系数 $K=1.4$,机架长度为 80mm,试设计该摆动导杆机构。

2-15 如图 2-64 所示的加热炉门启闭机构中,用四杆机构 $ABCD$ 进行控制。炉门关闭时处于 B_1C_1 位置(竖直位置),开启时处于 B_2C_2 位置(水平位置)。已知 $l_{BC}=200$,与机架连接的铰链 A、D 宜放置在 yy 轴线上;其他尺寸如图所示。试确定连架杆长度 l_{AB}、l_{CD} 及机架长度 l_{AD}。

2-16 如图 2-65 所示的曲柄滑块机构中,已知滑块的行程速比系数 $K=1.2$,滑块行程 $H=60\text{mm}$,偏距 $e=20\text{mm}$,试求曲柄长度 l_{AB} 和连杆长度 l_{BC}。

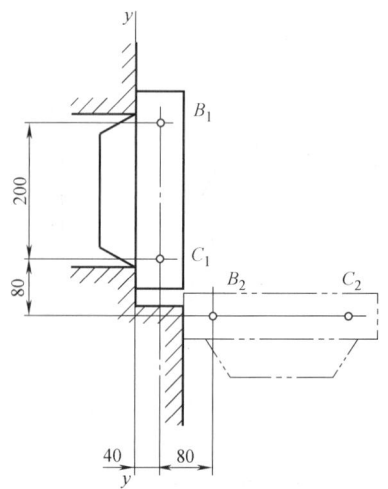

图 2-64　题 2-15 图

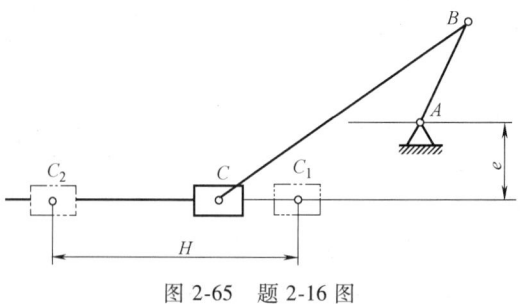

图 2-65　题 2-16 图

 实验实训项目：平面机构运动简图的测绘。

第3章 凸轮机构

3.1 凸轮机构的基本类型及其应用

3.1.1 凸轮机构的应用

凸轮机构主要由凸轮、从动件及机架三个基本构件组成。其中凸轮是一个具有曲线轮廓或沟槽的构件，在运动时，凸轮与从动件高副接触，用轮廓或沟槽驱动从动件获得预期的运动。

图 3-1 所示为内燃机配气凸轮机构。凸轮 1 以等角速度回转，用其曲线轮廓驱动气门 2 有规律地开启和关闭进气口或排气口。

图 3-2 所示为绕线机中用于排线的凸轮机构。凸轮 1 做等速回转，其曲线轮廓与从动件布线杆 2 顶尖 A 接触，驱动布线杆 2 往复摆动，从而使线均匀地缠绕在绕线轴 3 上。

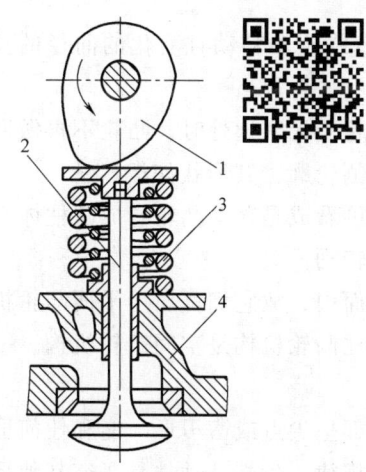
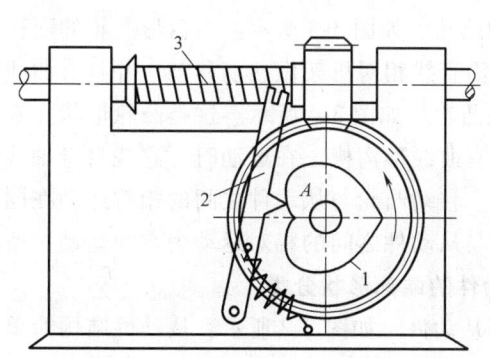

图 3-1 内燃机配气凸轮机构　　　　图 3-2 绕线机排线凸轮机构
1—凸轮　2—气门　3—弹簧　4—机架　　1—凸轮　2—布线杆　3—绕线轴

靠模法车削手柄的凸轮机构如图 3-3 所示。凸轮 1 作为靠模固定在机床床身上，借助辅助装置弹簧的作用，滚轮 2 与凸轮轮廓紧密接触，当工作时，拖板 3 横向移动，带动安装在滚轮 2 末端的刀头走出与凸轮轮廓相同的轨迹，从而切削出复杂的工件外形。

图 3-4 所示为机床自动进刀凸轮机构。在工作时，凸轮 1 等速回转，并用其曲线形沟槽驱动从动件 2 绕固定回转副 O 点做往复摆动，通过扇形齿轮驱动刀架 3，实现刀具的进刀和退刀运动。

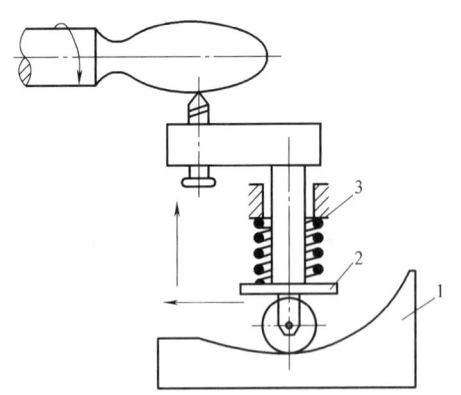
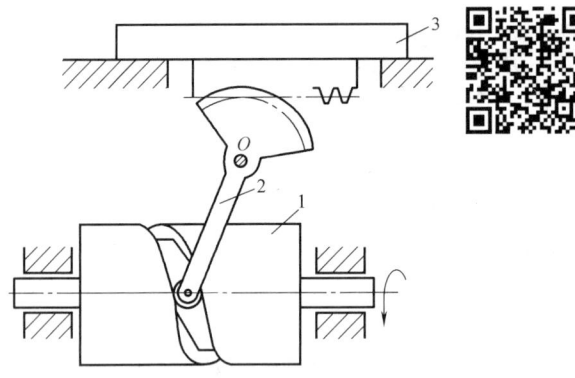

图 3-3 靠模法车削凸轮机构

1—凸轮 2—滚轮 3—拖板

图 3-4 机床自动进刀凸轮机构

1—凸轮 2—从动构件 3—刀架

凸轮机构结构简单、紧凑，工作可靠，只需合理设计凸轮轮廓，便可使从动件实现任何预期的运动。但凸轮与从动件间为点接触或线接触，易磨损。所以常用于传力不大的场合。例如自动机床、纺织机械、印刷机械、食品机械、包装机械、轻工机械等。

3.1.2 凸轮机构的分类

凸轮机构的种类繁多，常用凸轮机构分类如下。

1. 按凸轮的形状分类

（1）盘形凸轮 如图 3-1、图 3-2 所示。这类凸轮是具有绕定轴转动且变化的向径的盘形构件，它是凸轮的最基本的类型。

（2）移动凸轮 如图 3-3 所示。当盘形凸轮的回转中心趋于无穷远处时，凸轮不再做回转运动，而是沿直线相对机架做往复移动，并具有曲线形的侧轮廓，其形状如板。

（3）圆柱凸轮 如图 3-4 所示。这类凸轮形状如圆柱，可看成是移动凸轮卷成圆柱体而得，其表面具有曲线形沟槽。在运动时，它绕自身轴线定轴转动。

盘形凸轮、移动凸轮与从动件之间的相对运动在同一平面内，故它们都属于平面凸轮机构。圆柱凸轮与从动件之间的相对运动为空间运动，所以圆柱凸轮机构是空间凸轮机构。

2. 按从动件的端部形状分类

（1）尖端从动件 如图 3-2 所示。从动件结构简单，端部呈尖点或凿刃形，能和任何形状的凸轮廓线保持接触，因此从动件能实现任意复杂的运动规律。尖端从动件是研究其他形式从动件凸轮机构的基础。由于端部与凸轮是高副接触，接触应力大，易磨损，故只用于轻载低速的场合，如仪器、仪表等机构中。在实际应用中，尖端常做成半径不大的圆头形。

（2）滚子从动件 如图 3-3、图 3-4 所示。从动件一端装有可自由转动的滚子，减小了摩擦和磨损，能传递较大的动力。但端部结构复杂，零件多，质量较大，不易润滑，故仅适用于中低速场合。

（3）平底从动件 如图 3-1 所示。从动件端部为平底形状，平底与凸轮接触处易形成楔形油膜，有利于润滑。当不考虑摩擦时，凸轮对从动件的驱动力始终垂直于平底，从动件受力较平稳，有效作用力较大，故常用于高速凸轮。平底从动件的缺点是不能用于有内凹或直线轮廓的凸轮。

3. 按从动件运动形式分类

（1）直动从动件　如图3-1所示。从动件相对机架做往复直线移动，并可分为对心直动从动件和偏置直动从动件。对心直动从动件导路通过盘形凸轮回转中心；而偏置直动从动件导路不通过盘形凸轮回转中心。从动件导路与凸轮回转中心的距离称为偏距，用 e 表示。

（2）摆动从动件　如图3-4所示。从动件绕其自身的固定轴线做往复摆动。

4. 按锁合方式分类

为了保证凸轮机构正常工作，凸轮轮廓与从动件必须始终保持接触，即锁合。锁合的方式有力锁合和几何锁合两种。

（1）力锁合　靠重力、弹簧力或其他力使从动件与凸轮轮廓始终保持接触。图3-1所示的内燃机配气机构是靠弹簧力锁合。

（2）几何锁合　依靠凸轮和从动件本身的特殊几何形状始终保持接触。图3-4所示圆柱凸轮的凹槽两侧面间的距离处处与滚子直径相等，故能保证滚子与凸轮始终接触，以实现几何锁合。图3-5a所示的等径凸轮机构中，凸轮轮廓曲线沿直径方向上对应两点之间的距离处处相等，且等于从动件上两滚子之间的距离；图3-5b所示的等宽凸轮机构中，凸轮轮廓上任意两条平行切线之间的距离均相等，且等于从动件内框架两平底之间的距离；图3-5c所示的主回凸轮机构中，两固联在一起的盘形凸轮，主凸轮推动从动件完成推程运动，而回凸轮推动从动件完成回程运动。这些凸轮机构都是几何锁合。

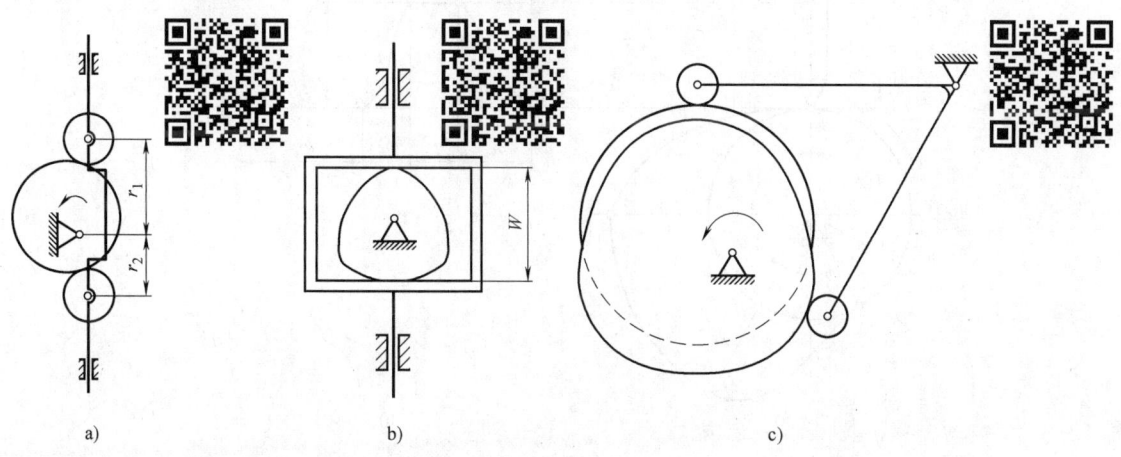

图3-5　几何锁合的凸轮机构
a）等径凸轮机构　b）等宽凸轮机构　c）主回凸轮机构

3.2　凸轮机构的运动过程和从动件的常用运动规律

从动件的运动规律是指从动件的位移 s，速度 v 和加速度 a 随转角 φ 或时间 t 的变化规律。在设计凸轮机构时，首先应根据凸轮机构的工作要求选择合适的从动件运动规律，然后再根据所选定的运动规律设计凸轮的轮廓曲线。凸轮的轮廓曲线形状取决于从动件的运动规律，从动件的运动规律不同，凸轮的轮廓曲线也不同。

3.2.1 凸轮机构的运动过程分析

图 3-6 所示为一对心尖端直动从动件盘形凸轮机构。图中,凸轮逆时针方向等速回转,从动件尖端在离轮心最近(低)位置 A 和最远(高)位置 B′ 之间往复移动。

以凸轮轮廓上最小向径 r_b 为半径的圆称为基圆,r_b 称为基圆半径。在图 3-6a 中,尖端与基圆上的点 A 接触,点 A 为从动件上升的起始位置,此时从动件处于最低位置。当凸轮以等角速度 ω 逆时针转过 Φ_t 角时,从动件尖端与凸轮轮廓 AB 段接触并以一定的运动规律上升 h 至最高位置 B′,h 称为升程,这个过程称为推程,Φ_t 称为推程运动角。当凸轮转过 Φ_s 角时,从动件与凸轮轮廓 BC 段接触,并且在最高处静止不动,这个过程为远程休止过程,Φ_s 称为远程休止角。当凸轮转过 Φ_h 角时,从动件尖端与凸轮轮廓上 CA′ 段接触,从动件按一定的运动规律下降 h,这个过程为回程,Φ_h 称为回程运动角。当凸轮转过角 Φ'_s 时,从动件尖端与凸轮轮廓上 A′A 段接触,从动件在最低处保持不动,为近程休止过程,Φ'_s 称为近程休止角。凸轮连续回转时,从动件重复上述升—停—降—停运动循环。如果以直角坐标系的纵坐标代表从动件的位移 s,横坐标代表凸轮转角 φ,则从动件的位移与凸轮转角(或时间)的关系可用位移线图表示(图 3-6b)。

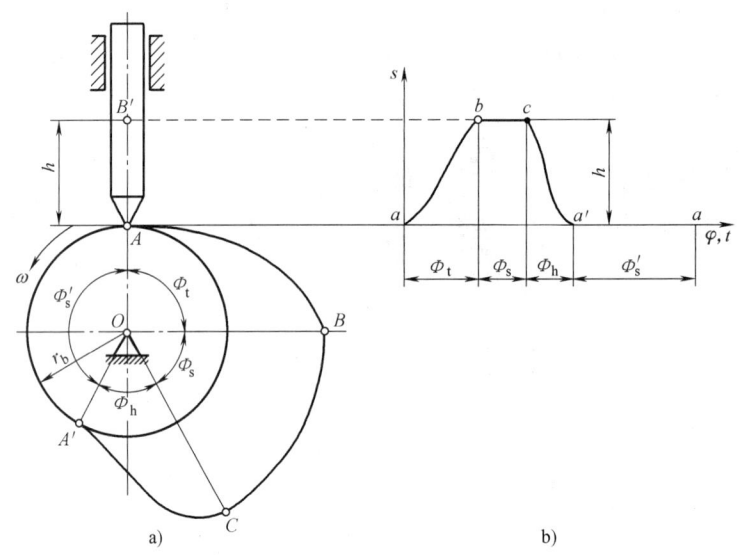

图 3-6 凸轮机构的运动过程

3.2.2 从动件的常用运动规律

在工程实际应用中,凸轮的轮廓曲线要根据从动件的运动规律确定,在选择从动件运动规律时,又要根据工作要求、动力特性和加工制造等因素来决定。下面以升—停—降—停运动过程的推程为例,介绍几种从动件常用运动规律的运动曲线及作图方法、特点及适用范围。

1. 等速运动规律

从动件运动时,其运动速度为常数的运动规律称为等速运动规律。图 3-7 为采用等速运动规律时,从动件的位移、速度和加速度随转角或时间的变化曲线。根据图 3-7a 可知,其

位移曲线是一条过原点的倾斜直线，解析式如下

$$v = \frac{d_s}{d_t} = \frac{h}{\Phi_t}\omega$$

由速度是位移的导数，加速度是速度的导数，有

$$s = \frac{h}{\Phi_t}\varphi$$

$$a = \frac{d_v}{d_t} = 0$$

式中，转角 φ 的变化范围为 $0 \leqslant \varphi \leqslant \Phi_t$。从动件在运动起始和终止的瞬时，速度有突变，其加速度趋于无穷大，产生刚性冲击。故等速运动规律只适用于低速、轻载的场合。

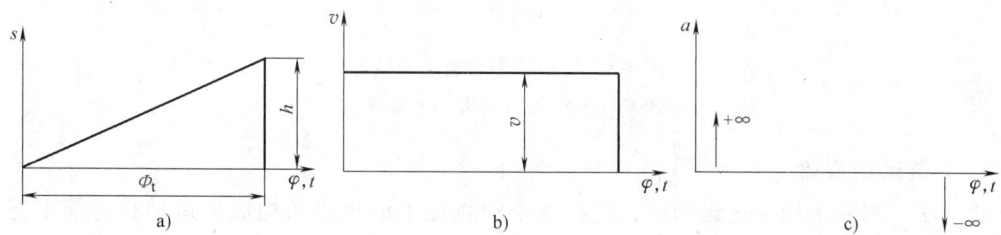

图 3-7　等速运动线图
a) 位移曲线　b) 速度曲线　c) 加速度曲线

2. 等加速等减速运动规律

从动件在一个行程中，前半段做等加速运动，后半段做等减速运动的运动规律，称为等加速等减速运动。图 3-8 为从动件采用等加速等减速运动规律运动时，其位移、速度和加速度随转角或时间的变化曲线。根据图可知，在运动时，从动件加速度的绝对值为常数。

可以证明，在等加速度段时，其位移、速度和加速度的解析式如下

$$s = \frac{2h}{\Phi_t^2}\varphi^2$$

$$v = \frac{4h\omega}{\Phi_t^2}\varphi$$

$$a = \frac{4h\omega^2}{\Phi_t^2}$$

式中，转角 φ 的变化范围为 $0 \leqslant \varphi \leqslant \Phi_t/2$。

在等减速度段时，其位移、速度和加速度的解析式如下

$$s = h - \frac{2h}{\Phi_t^2}(\Phi-\varphi)^2$$

$$v = \frac{4h\omega}{\Phi_t^2}(\Phi-\varphi)$$

$$a = -\frac{4h\omega^2}{\Phi_t^2}$$

式中，转角 φ 的变化范围为 $\varPhi_t/2 \leq \varphi \leq \varPhi_t$。

根据图 3-8 可知，从动件做等加速等速运动时，没有刚性冲击。但在起始、中点和终点三处存在有限值的加速度突变，导致机构产生柔性冲击，故适用于中速、轻载的场合。

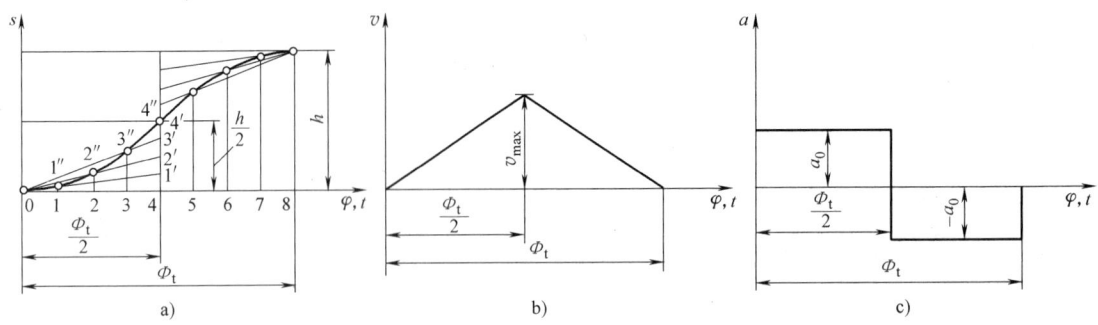

图 3-8 等加速等减速运动线图
a）位移曲线　b）速度曲线　c）加速度曲线

3. 简谐运动规律

动点在一圆周上做匀速运动时，它在这个圆直径上的投影所构成的运动称为简谐运动。当从动件采用简谐运动规律运动时，其位移、速度和加速度随转角或时间的变化曲线如图 3-9 所示。根据图可知，从动件的位移曲线方程为

$$s = R(1 - \cos\theta)$$

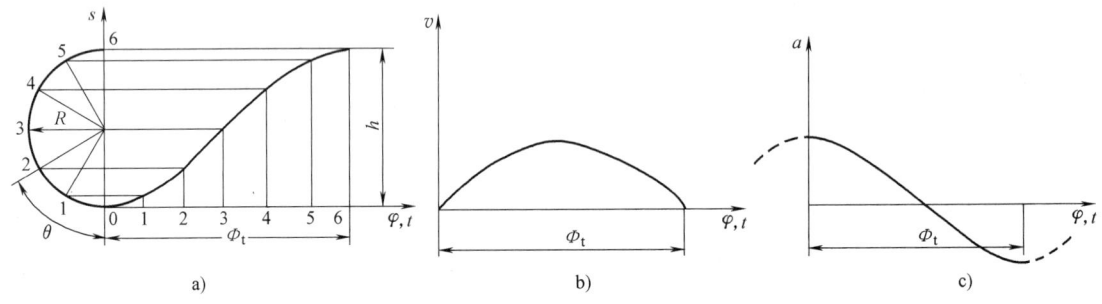

图 3-9 简谐运动线图
a）位移曲线　b）速度曲线　c）加速度曲线

又 $R = h/2$，$\theta/\pi = \varphi/\varPhi_t$，将它们带入上式，得位移线图的解析式

$$s = \frac{h}{2}\left(1 - \cos\frac{\pi}{\varPhi_t}\varphi\right)$$

由速度是位移的导数，加速度是速度的导数，有

$$v = \frac{h\pi\omega}{2\varPhi_t}\sin\frac{\pi}{\varPhi_t}\varphi$$

$$a = \frac{h\pi^2\omega^2}{2\varPhi_t^2}\cos\frac{\pi}{\varPhi_t}\varphi$$

式中，转角的变化 φ 范围为 $0 \leq \varphi \leq \varPhi_t$。

根据图 3-9 可知，从动件采用简谐运动规律运动时，没有刚性冲击。但在起点和终点两处存在有限值的加速度突变，产生柔性冲击，故适用于中速、中载的场合。若从动件仅做升—降连续运动，则无柔性冲击，可用于高速场合。

3.3 凸轮机构的图解法设计

在设计平面凸轮轮廓时，要根据给定的工作条件，选择合适的从动件运动规律和其他有关数据。凸轮轮廓的设计方法有图解法和解析法两种。图解法简单、直观，但误差较大，精度较低，多用于设计要求不高的凸轮机构，即使如此，但因为能满足普通机械的要求，因此应用广泛。解析法精度高，主要用于对精度要求高的高速凸轮、靠模凸轮等，需要用解析法列出凸轮轮廓曲线方程，计算工作量较大，可借助计算机辅助设计。本节主要介绍图解法。

3.3.1 反转法原理

如图 3-10a 所示为一对心尖端直动从动件盘形凸轮机构。当凸轮以角速度 ω 顺时针转动绕轴 O 转动时，从动件尖端在凸轮轮廓驱动下，按图 3-10b 所示位移线图规律，沿导路做往复移动。根据相对运动原理，如果给整个凸轮机构中每个构件加上与凸轮转动角速度 ω 大小相等、方向相反的 $-\omega$ 角速度，则凸轮与图纸相对静止，而从动件一方面随其导路以角速度 $-\omega$ 转动，另一方面相对导路按原运动规律做往复移动（图 3-10c）构件之间的相对运动不变。由于从动件的尖端始终与凸轮轮廓接触，故在从动件反转过程中，其尖端的运动轨迹即为凸轮轮廓，这种设计凸轮轮廓的方法称为反转法。用反转法可以很方便地在静止不动的纸上绘出凸轮轮廓。

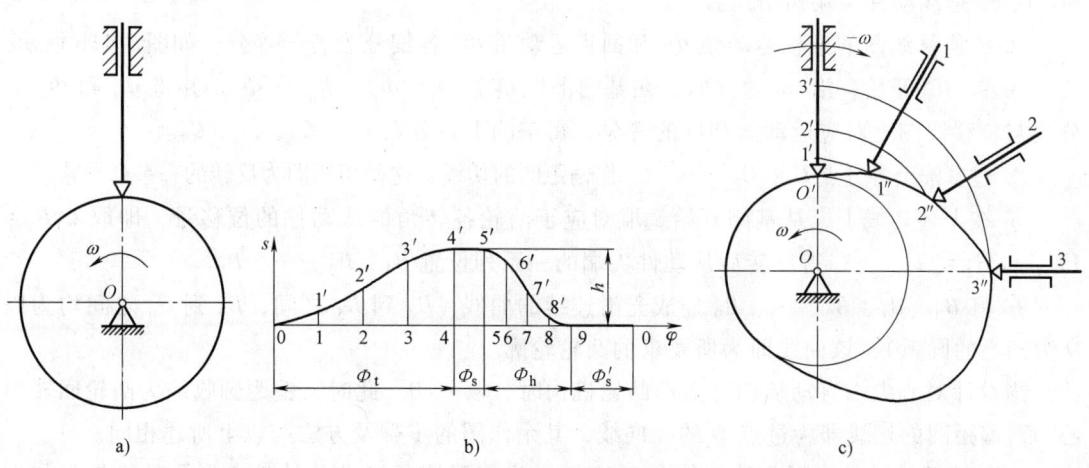

图 3-10 凸轮轮廓曲线设计的反转法原理

3.3.2 图解法设计凸轮轮廓

1. 直动从动件盘形凸轮轮廓设计

（1）尖端从动件盘形凸轮 如图 3-11a 所示为一偏置尖端直动从动件盘形凸轮，已知凸轮基圆半径 r_b，偏距 e 和偏置方位，凸轮以等角速度 ω 顺时针回转，从动件的位移线图

(图 3-11b)。试绘制凸轮轮廓。

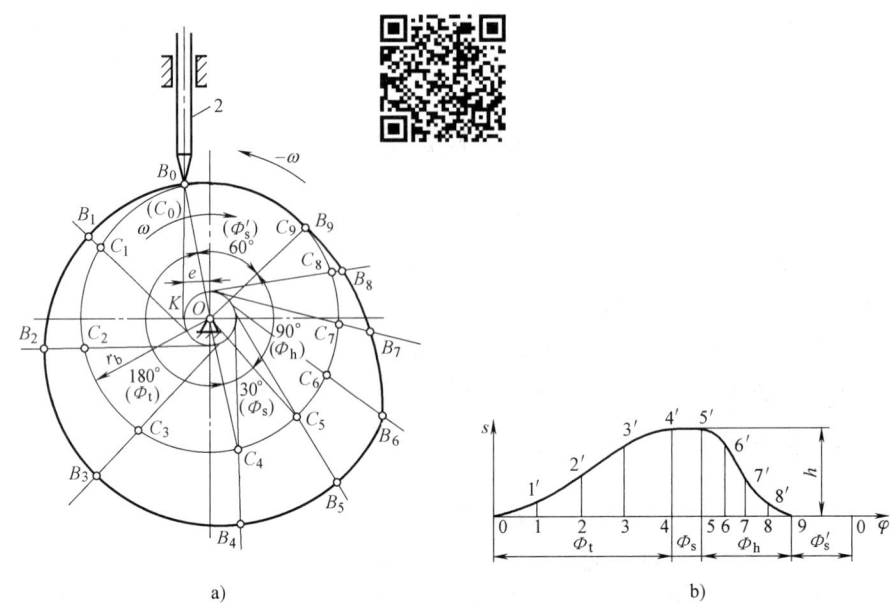

图 3-11 偏置尖端直动从动件盘形凸轮轮廓的绘制

根据反转法原理，作图步骤和方法如下（图 3-11）：

① 取与位移线图相同的比例尺 μ_l，以任意一点 O 为圆心，画出基圆和偏距圆。按给定导路偏置方位，过偏距圆上任一点 K，作偏距圆的切线，即导路，切线与基圆的交于点 B_0（C_0），便是从动件尖端初始位置。

② 将位移线图的推程运动角 Φ_t 和回程运动角 Φ_h 各细分为若干等分，如图 3-11b 所示。

③ 自 OC_0 开始，沿 $-\omega$ 的方向，在基圆上取角度 Φ_t、Φ_s、Φ_h 及 Φ_s'，并将 Φ_t 和 Φ_h 等分成与位移线图上对应运动角相同的等分，得基圆上各分点 C_1、C_2、…、C_9。

④ 过基圆上各分点 C_1、C_2、…、C_9 作偏距圆的切线，这些切线即为反转的一系列导路。

⑤ 在上述切线上，从基圆开始量取对应于凸轮各转角的从动件的位移量，即取 $C_1B_1 = 11'$，$C_2B_2 = 22'$，…，得反转后从动件尖端的一系列位置 B_1、B_2、…、B_9。

⑥ 将 B_0、B_1、B_2、…、B_9 连成光滑连续的曲线（B_4 到 B_5 之间，B_9 到 B_0 之间均为以 O 为圆心的圆弧），该曲线即为所求的凸轮轮廓。

当设计对心尖端直动从动件盘形凸轮机构时，取 $e=0$。此时，偏距圆收缩为凸轮回转中心 O，偏距圆的切线即为过点 O 的径向线，其余作图的步骤及方法与以上所述相同。

（2）滚子从动件盘形凸轮　如图 3-12 所示为偏置滚子直动从动件盘形凸轮机构，与尖端直动从动件盘形凸轮轮廓绘制相比，绘制此凸轮轮廓应增加一个已知条件，即滚子半径 r_T。将滚子中心看作从动件尖端，先按照绘制尖端从动件凸轮轮廓的步骤和方法绘出一条凸轮轮廓曲线 η（称为理论轮廓曲线）；再以 η 上各点为圆心，以滚子半径为半径，画一系列圆，最后作这些圆的内包络线 η'，η' 便是使用滚子从动件时凸轮的实际轮廓曲线。

由作图过程可知，凸轮的基圆应为理论轮廓曲线上半径最小的圆。

（3）平底从动件盘形凸轮　如图 3-13 所示为对心平底直动从动件盘形凸轮，其凸轮实际轮廓的绘制方法与滚子从动件相似。首先把平底与导路的交点 B_0 看作尖端从动件的尖端，按照尖端从动件凸轮轮廓的绘制方法，求出理论轮廓曲线上一系列点 B_1、B_2、B_3、…；再过这些点画出一系列代表平底的直线；最后，作这些平底的包络线，即得凸轮轮廓。

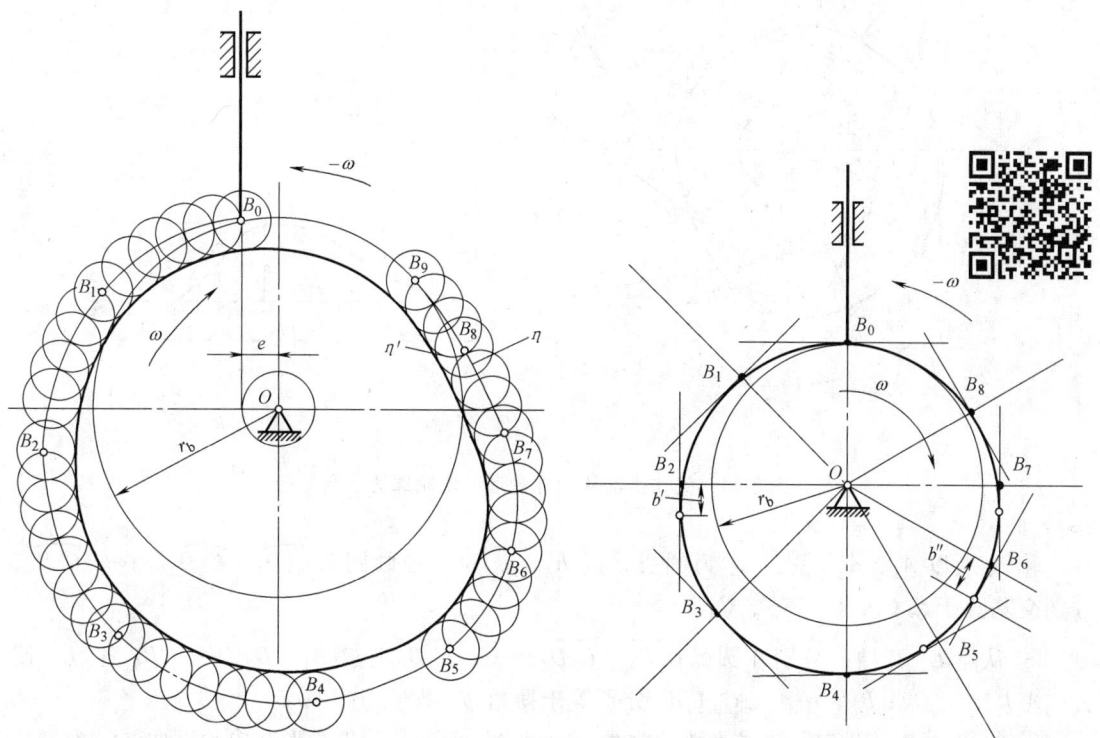

图 3-12　偏置滚子直动从动件盘形凸轮轮廓的绘制　　图 3-13　对心平底直动从动件盘形凸轮轮廓的绘制

由图 3-13 可知，凸轮机构在运动时，平底与凸轮轮廓相切的点会发生变化。为了保证平底与凸轮轮廓始终保持接触，平底左侧的宽度应大于 b'，右侧宽度应大于 b''。

2. 摆动从动件盘形凸轮轮廓设计

如图 3-14a 所示为一尖端摆动从动件盘形凸轮机构。已知凸轮以角速度 ω 顺时针转动，凸轮回转中心与摆动从动件的中心距为 L_{OA}，摆动从动件长度为 L_{AB}，凸轮基圆半径为 r_b，从动件的角位移线图（图 3-14b）及从动件推程摆动方向，试设计该凸轮轮廓。

绘制凸轮轮廓时仍用反转法。尖端摆动从动件盘形凸轮轮廓绘制的步骤及方法如下（图 3-14）：

① 将 $\psi\text{-}\varphi$ 线图的推程运动角 Φ_t 和回程运动角 Φ_h 分别分为若干等分（图 3-14b 中各分为四等分）。

② 选取长度比例尺 μ_l，确定 O 点和 A_0 点的位置。以 O 点圆心，以 r_b/μ_l 为半径画基圆；再以 A_0 为圆心，L_{AB}/μ_l 为半径画圆弧，与基圆交于点 B_0（C_0），该点即为从动件尖端的起始位置。注意，推程时，从动件逆时针摆动。

③ 以 O 点为圆心，以 OA_0 为半径画圆。从 OA_0 开始，沿 $-\omega$ 方向取角度 Φ_t、Φ_s、Φ_h 及 Φ'_s。将推程角 Φ_t 和回程角 Φ_h 各分为与图 3-14b 相对应的等分，得 A_1、A_2、…、A_9，这些点代表反转过程中，从动件轴心依次占据的位置。

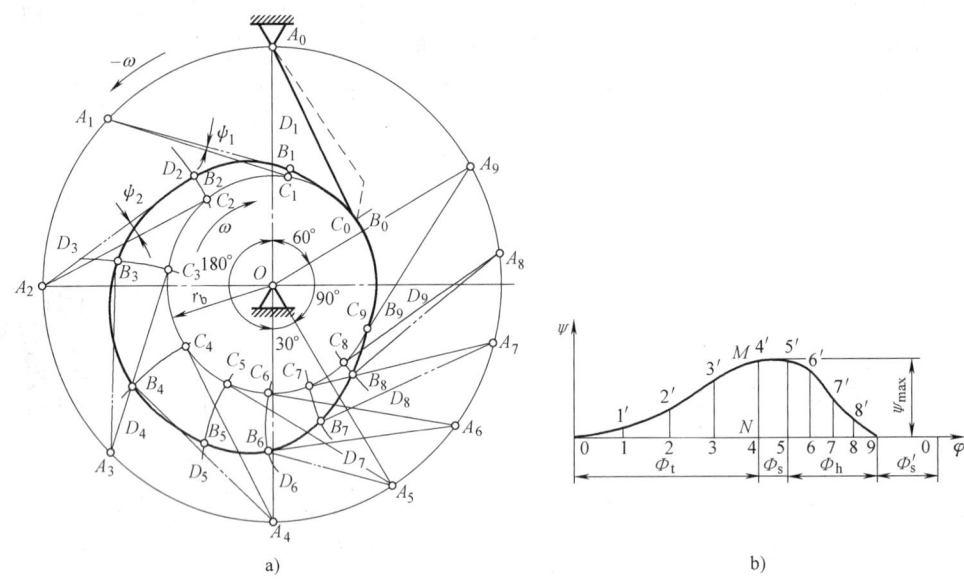

图 3-14 尖端摆动从动件盘形凸轮轮廓的绘制

④ 分别以 A_1、A_2、…、A_9 为圆心，以 L_{AB}/μ_1 为半径画圆弧 $\overparen{C_1D_1}$、$\overparen{C_2D_2}$、…、$\overparen{C_9D_9}$，分别交基圆于点 C_1、C_2、…、C_9。

⑤ 从点 C_1 开始，分别在圆弧 $\overparen{C_1D_1}$、$\overparen{C_2D_2}$、…、$\overparen{C_9D_9}$ 上求 B_1、B_2、…、B_9 各点，使 $\angle C_1A_1B_1$、$\angle C_2A_2B_2$、…、$\angle C_9A_9B_9$ 分别等于摆角 ψ_1、ψ_2、…、ψ_9。

⑥ 将 B_0、B_1、B_2、…连成光滑的曲线，即得尖端摆动从动件盘形凸轮轮廓曲线。为避免直线状的摆动从动件与凸轮干涉，可将摆动从动件做成曲线相连的形式（图中虚线所示）。

若采用滚子或平底从动件，与直动从动件作法相似，先作理论轮廓线，再在理论轮廓线的基础上绘一系列滚子或平底，最后绘制包络线便可求得实际轮廓。

3.4　凸轮机构基本尺寸的确定

在设计凸轮机构时，不仅要保证从动件能实现预期的运动规律，还要求凸轮机构传力性能良好、结构紧凑。传力性能直接影响机构的摩擦、磨损、效率和自锁，且与机构压力角、基圆半径、偏距、滚子半径等有关。

3.4.1　凸轮机构的压力角

如图 3-15 所示为偏置尖端直动从动件盘形凸轮机构在推程中某一位置的受力情况，F_Q 为从动件所受的外载荷，若不计摩擦，则凸轮对从动件的作用力 F 沿着接触处的公法线方向。力 F 可以分解为两个分力，即沿着从动件运动方向的分力 F_1 和与运动方向垂直的分力 F_2。由图 3-15 可知

$$F_1 = F\cos\alpha$$
$$F_2 = F\sin\alpha$$

式中，α 称为压力角，它是从动件在接触点所受力的方向与该点速度方向所夹的锐角。显然，F_1 是推动从动件运动的有效分力；而 F_2 使从动件压紧导路，是产生摩擦阻力的有害分力。若 F 不变，α 值越大，有效分力 F_1 越小，而有害分力 F_2 越大。当 α 值增加到一定值时，由有害分力 F_2 引起的摩擦阻力将超过有效分力 F_1，此时，不管凸轮施加给从动件的力 F 有多大，都不能推动从动件运动，即机构发生自锁。由此可知，α 值越小，机构的传力性能越好。一般设计中，应使最大压力角 $α_{max}$ 不能超过许用压力角 [α]，即 $α_{max} ≤ [α]$。许用压力角 [α] 的数值推荐如下：

推程时，对于直动从动件，其许用压力角 [α] = 30°~40°；对于摆动从动件，其许用压力角 [α] = 35°~45°。回程时，由于受力较小，发生自锁的可能性很小，故许用压力角可取大些，通常可取许用压力角 [α] = 70°~80°。

对于滚子从动件、润滑良好和支撑刚性较好时，取上述数据的上限，否则取下限。

凸轮轮廓上不同点处压力角一般是不同的，在绘出凸轮轮廓后，通常需对推程段轮廓上各处的压力角进行校核，防止压力角超过许用值。在用作图法（图3-17）校核压力角时，最大压力角 $α_{max}$ 一般出现在推程的起始位置、从动件具有最大速度的位置或凸轮轮廓曲线较陡处。若不能满足要求，则需重新设计。

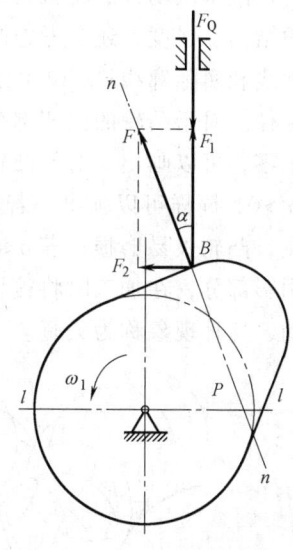

图 3-15 凸轮机构的压力角

3.4.2 凸轮机构的基圆半径

在凸轮机构中，基圆半径的大小除了直接影响到凸轮机构的压力角之外，还对整个机构的结构尺寸、受力状态、工作性能等产生影响。现以偏置尖端直动从动件盘形凸轮机构为例予以说明，如图 3-15 所示。先过从动件与凸轮接触点 B 作公法线 nn，再过凸轮回转中心点 O 作垂直于从动件导路的直线 ll，两直线交与点 P，点 P 即为凸轮和从动件的相对速度瞬心。

若从动件的运动规律为 $s=f(\varphi)$，可得（推导略）

$$\tan\alpha = \frac{ds/d\varphi \pm e}{\sqrt{r_b^2 - e^2} + s} \tag{3-1}$$

由式（3-1）可知，当 $s=f(\varphi)$、偏距 e 确定后，基圆半径 r_b 越大，压力角 α 就越小，机构总体尺寸会增大。欲使机构传力性能良好，结构紧凑，在设计时，通常在 $α_{max} ≤ [α]$ 前提下，尽量采用较小基圆半径。

此外，式（3-1）中的"±"号凸轮机构的偏置方位有关，如图 3-15 所示，从动件导路线与直线 ll 交与点 C，当点 C 与点 P 位于回转中心点 O 的同侧时，式（3-1）中取"-"号，反之，则取"+"号。

对于与轴分体的铸铁凸轮，基圆半径 r_b 的选择可参考下列经验数据

$$r_b \geq r_h + (3\sim5) + r_T \tag{3-2}$$

或

$$r_b \geq 1.75 r_s + (3\sim5) + r_T \tag{3-3}$$

式中，r_h 是凸轮轮毂半径，r_s 是装凸轮处轴的半径。

若为钢凸轮，r_b 值可略减小。若为轴凸轮，r_b 可取略大于 (r_s+r_T)。

3.4.3 从动件滚子半径

在滚子从动件凸轮机构中，需合理地选择滚子的半径。滚子半径的选取，不仅要考虑滚子的结构、强度，还要考虑凸轮轮廓曲线形状等因素。图 3-16 中，η、η' 分别表示凸轮的理论廓线和实际廓线；ρ 和 ρ' 分别表示凸轮的理论廓线曲率半径和实际廓线曲率半径；r_T 是滚子半径。对于凸轮的内凹部分，$\rho'=\rho+r_T$，如图 3-17a 所示，无论 r_T 大小如何，实际廓线总大于零，可以画出。对于凸轮的外凸部分，$\rho'=\rho-r_T$。若 $\rho>r_T$，如图 3-16b 所示，实际廓线的 $\rho'>0$，同样可以画出；若 $\rho=r_T$，如图 3-16c 所示，实际廓线的 $\rho'=0$，此处实际轮廓出现尖点，凸轮极易磨损；若 $\rho<r_T$，如图 3-16d 所示，实际廓线的 $\rho'<0$，此处实际轮廓相交，图中阴影部分，在加工时将被切去，使从动件不能与被切去廓线接触，因而不能按预定的规律运动，这种现象称为失真。

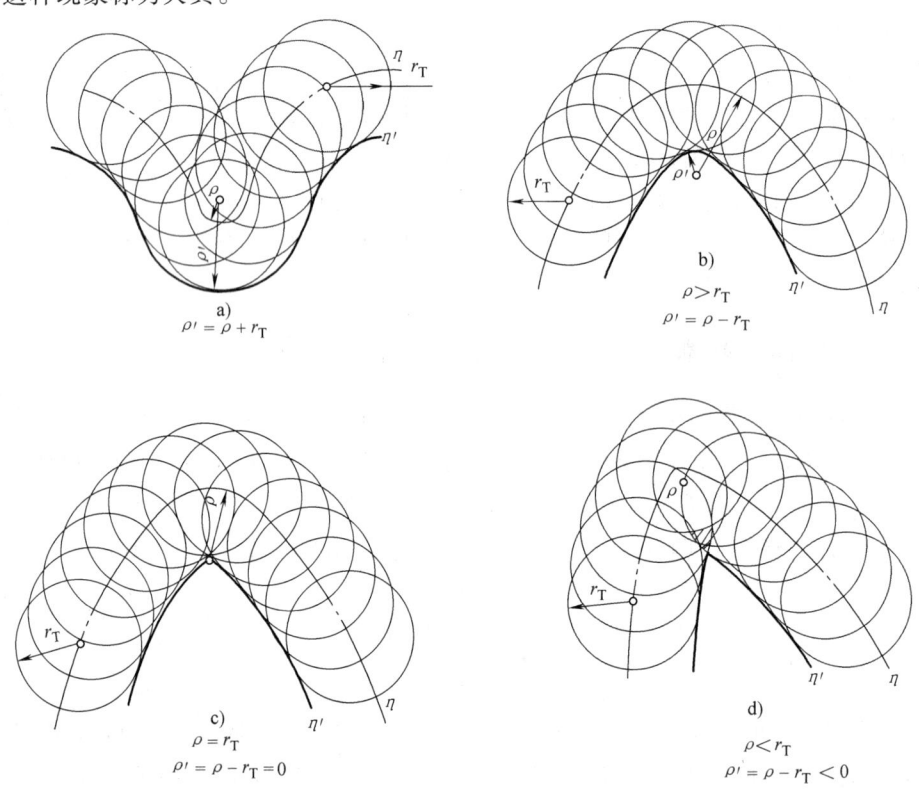

图 3-16 滚子半径与凸轮轮廓

根据以上分析可知，为避免运动失真，对于外凸凸轮，应使理论廓线的最小曲率半径 ρ' 大于滚子半径 r_T，通常取 $r_T \leq 0.8\rho'_{min}$。实际设计中，在满足结构和强度要求的前提下，滚子半径通常按经验公式 $r_T=(0.1\sim0.5)r_b$ 取值，再按 $r_T \leq 0.8\rho'_{min}$ 进行校核。

凸轮轮廓曲线上各点的 ρ' 可用作图法求，如图 3-17 中点 A 的曲率 ρ'_A。

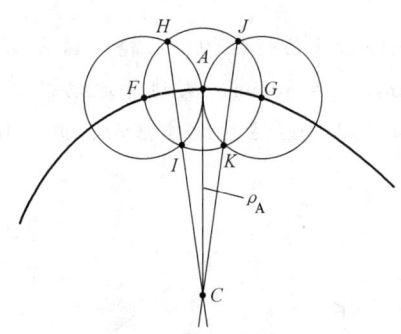

图 3-17 作图法求曲率半径

习 题

3-1 凸轮机构如何进行分类？若按从动件的端部形状来分可分为哪几种类型？

3-2 凸轮机构常用的从动件运动规律有哪些？各自有什么特点？

3-3 两个不同轮廓曲线的凸轮，能否使从动件实现同样的运动规律？为什么？

3-4 什么是凸轮轮廓设计的反转法原理？

3-5 如何定义凸轮机构的压力角？压力角对凸轮机构有何影响？当凸轮机构的压力角过大时，机构容易出现什么现象？

3-6 何谓基圆？基圆与压力角有什么关系？

3-7 如图 3-18 所示为一偏置尖端直动从动件凸轮机构，凸轮几何中心与其回转中心的距离 $a=30\text{mm}$，偏心轮半径 $R=60\text{mm}$，凸轮以等角速度 ω 逆时针转动，试用图解法画出该凸轮机构从动件位移线图。

3-8 设计一偏置直动滚子从动件盘形凸轮机构。凸轮回转方向及从动件导路位置如图 3-19 所示。已知偏距 $e=10\text{mm}$，基圆半径 $r_b=40\text{mm}$，滚子半径 $r_T=10\text{mm}$，从动件运动规律如下：$\Phi_t=120°$，$\Phi_s=60°$，$\Phi_h=150°$，$\Phi_{s'}=30°$，从动件在推程以等加速等减速上升，在回程以简谐运动下降，升程 $h=30\text{mm}$。试绘制凸轮轮廓。

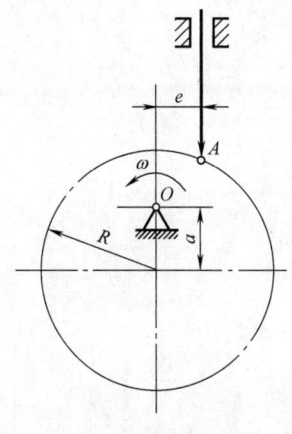

图 3-18 题 3-7 图

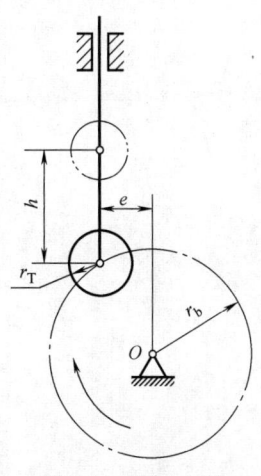

图 3-19 题 3-8 图

3-9 设计一尖端摆动从动件盘状凸轮机构，凸轮回转方向及从动件初始位置如图 3-20 所示，$L_{OA} = 75$mm，$L_{AB} = 60$mm，$r_b = 30$mm，从动件运动规律如下：$\Phi_t = 120°$，$\Phi_s = 60°$，$\Phi_h = 180°$，$\Phi_{s'} = 0°$，从动件推程以简谐运动规律摆动，最大摆角 $\psi_{max} = 15°$。试绘制凸轮轮廓。

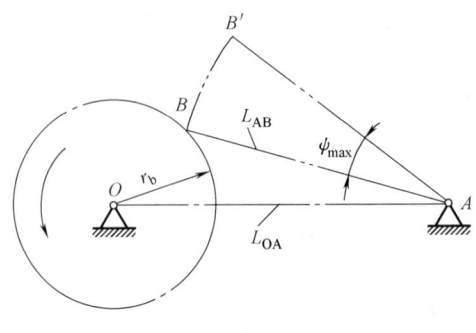

图 3-20 题 3-9 图

 实验实训项目：凸轮机构的测试、仿真及设计。

第4章

间歇运动机构

在实际工作中，除了常用的平面连杆机构和凸轮机构之外，还有将主动件的连续运动转换为从动件周期性运动和停歇的机构，即间歇运动机构。

4.1 棘轮机构

4.1.1 棘轮机构的类型及工作原理

根据工作原理，棘轮机构可分为齿式棘轮机构和摩擦式棘轮机构两大类。

1. 齿式棘轮机构

齿式棘轮机构按啮合方式分类，可分为外啮合齿式棘轮机构（图4-1a）和内啮合齿式棘轮机构（图4-1b）。

如图4-1a所示的外啮合齿式棘轮机构由棘轮1、驱动棘爪2、摇杆3、止回棘爪4、扭簧5、轴6、机架7组成，其中棘轮1固联在轴6上，摇杆3空套在轴6上。当摇杆3逆时针方向摆动时，铰接在摇杆3上的驱动棘爪将插入齿槽推动棘轮转过一定角度。当摇杆顺时针方向摆动时，驱动棘爪2在棘轮齿顶上滑过，在扭簧5的作用下，与棘轮1始终接触的止回棘爪4将阻止棘轮作逆时针方向转动。因此，当摇杆做往复摆动时，棘轮便单向间歇转动。

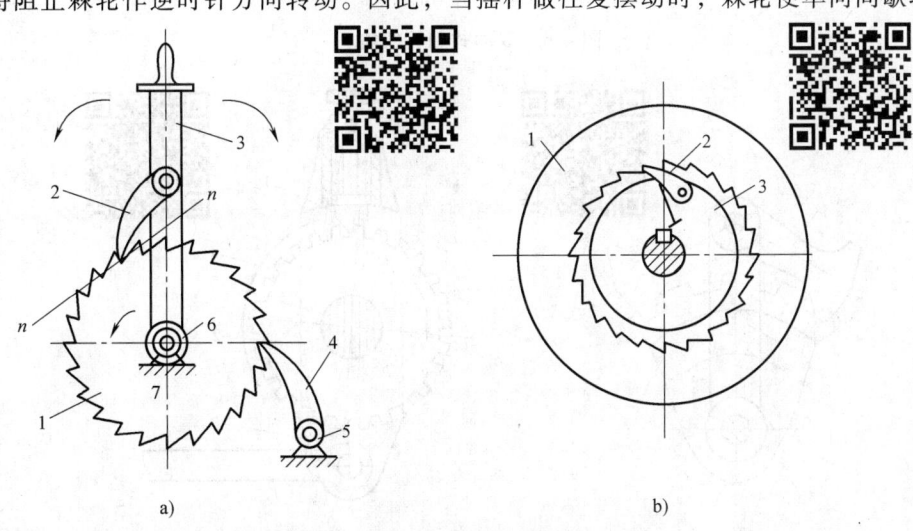

图4-1 齿式棘轮机构
a）外啮合齿式棘轮机构 b）内啮合齿式棘轮机构
1—棘轮 2—驱动棘爪 3—摇杆 4—止回棘爪 5—扭簧 6—轴 7—机架

按从动件的间歇运动形式，又可分为单向单动式、单向双动式和可变向单动式三种。

（1）单向单动式棘轮机构　从动件可做单向间歇转动（图 4-1a、b）或单向间歇移动。棘轮机构中，当棘轮半径趋于无穷大时，便演化成棘条机构（图 4-2），从动件棘条的运动为单向间歇移动。

（2）单向双动式棘轮机构　当摇杆往复摆动时都能使棘轮沿同一方向间歇转动。如图 4-3a、b 所示的棘爪分别为直头和钩头。

（3）可变向单动式棘轮机构　如图 4-4a 所示的可变向棘轮机构的棘轮轮齿为矩形，当棘爪 1 处于实线位置，摇杆 3 做往复摆动时，棘轮 2 逆时针方向间歇转动；当棘爪 1 处于虚线位置，摇杆 3 做往复摆动时，棘轮 2 顺时针方向间歇转动。图 4-4b 所示的可变向棘轮机构中，当棘爪 1 处于图示位置时，棘轮 2 逆时针方向间歇转动；若用手柄将棘爪 1 提起，并将其绕自身轴线旋转 180°后再插入到棘轮齿中，此时若摇杆 3 往复摆动，棘轮 2 将顺时针方向间歇转动。

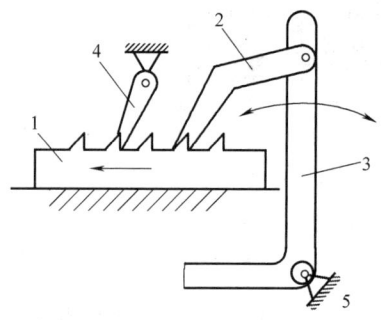

图 4-2　棘条机构
1—棘轮　2—驱动棘爪　3—摇杆
4—止回棘爪　5—机架

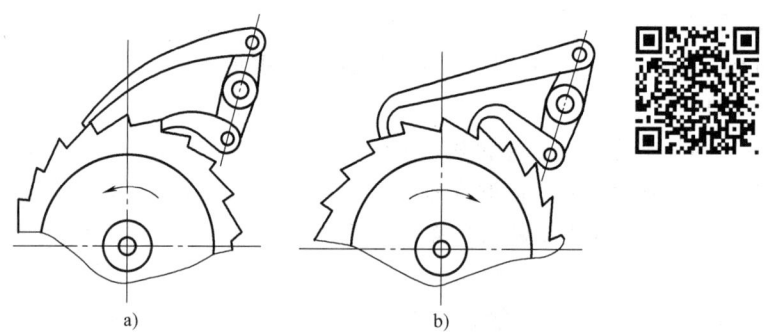

图 4-3　双动式棘轮机构

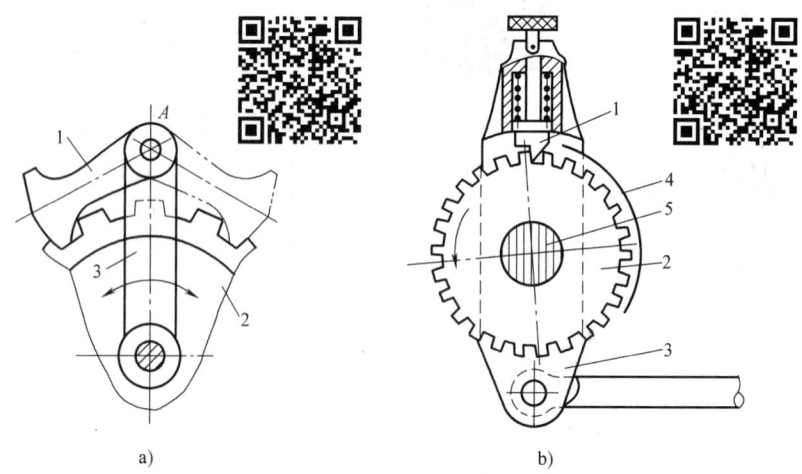

图 4-4　可变向棘轮机构
1—棘爪　2—棘轮　3—摇杆　4—遮板　5—丝杠

2. 摩擦式棘轮机构

摩擦式棘轮机构也有外啮合摩擦式棘轮机构（图 4-5）和内啮合摩擦式棘轮机构（图 4-6）两种形式。

图 4-5 所示的外啮合摩擦式棘轮机构由棘轮 1、驱动棘爪 2、摇杆 3、止回棘爪 4、机架 5、弹簧 6、7 组成。它靠驱动棘爪 2、止回棘爪 4 与棘轮 1 之间的摩擦力来传递运动。

图 4-6 所示的内啮合摩擦式棘轮机构，当内套筒 1 顺时针方向转动时，在摩擦力作用下弹簧推动滚子楔紧在内套筒 1 与外套筒 2 之间，外套筒 2 随内套筒 1 一起转动；若内套筒 1 逆时针方向转动，滚子在摩擦力作用下回至两套筒宽隙处，外套筒静止不动。

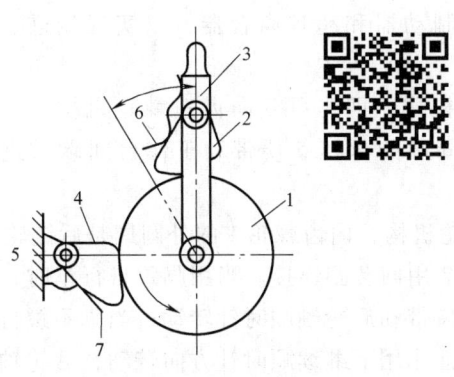

图 4-5 外啮合摩擦式棘轮机构
1—棘轮 2—驱动棘爪 3—摇杆 4—止回棘爪
5—机架 6、7—弹簧

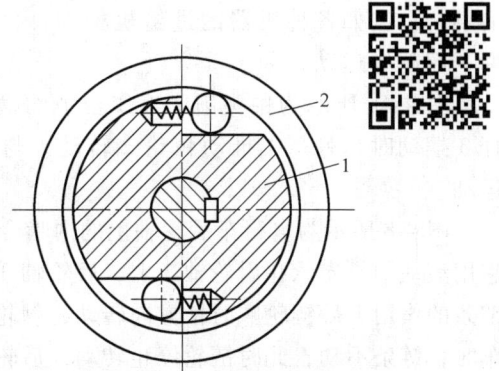

图 4-6 内啮合摩擦式棘轮机构
1—内套筒 2—外套筒

4.1.2 棘轮转角的调节

棘轮转角的调节方法有两种，一种是改变摇杆的摆角，另一种是在棘轮上安装遮板。

1. 改变摇杆的摆角

图 4-7a 中，曲柄摇杆机构带动棘轮机构做间歇运动，曲柄摇杆机构的摇杆即为棘轮机构的摇杆，通过利用调节螺钉改变曲柄、连杆或摇杆的长度可改变棘轮机构摇杆摆角的大

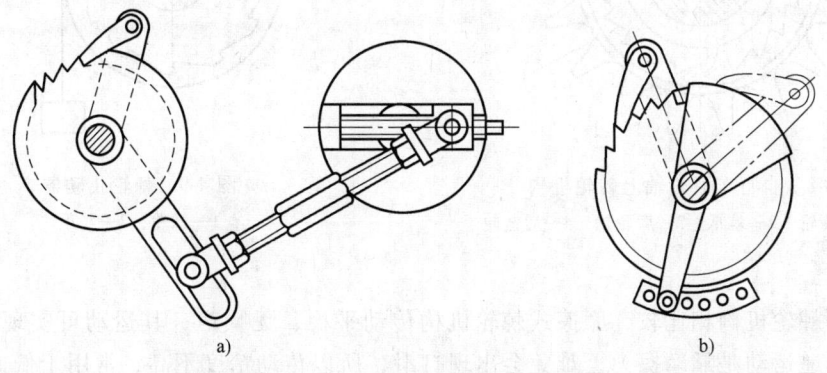

图 4-7 棘轮转角调节装置

小，从而实现调节棘轮的转角的目的。

2. 用遮板调节棘轮转角

图 4-7b 中，棘轮上安装了遮板，棘爪行程内的部分棘轮齿被遮住，使棘爪只能在遮板上滑过，不与这部分棘轮齿接触，从而调节了棘轮的转角。

4.1.3 棘轮机构的特点和应用

齿式棘轮机构具有结构简单、制造方便、运动可靠，容易实现小角度的间歇转动，棘轮的转角可调等优点。但其缺点是工作时冲击大，运动平稳性差，而且在摇杆回程时棘爪在棘轮齿上滑行会引起噪声和磨损，故不宜用于高速传动，只适合用于低速和轻载的场合。例如各种机器的进给机构中，也可用作制动器和超越离合器，以实现步进、分度、超越等运动。

图 4-4b 所示为牛头刨床工作台中的横向进给机构，即为可变向齿式棘轮机构。当摇杆 3 摆动时，棘爪 1 推动棘轮 2 转动，与棘轮 2 固联的丝杠 5 便带动工作台间歇做进给运动。

图 4-8 所示为自行车后轮轴上的内啮合齿式棘轮机构，内齿棘轮 1 的外圆周是后链轮 4，它用滚动轴承支承在后轮轴 3 上，后轮轴 3 与棘爪 2 用回转副连接。当用脚蹬自行车时，在链条的作用下后链轮顺时针方向转动，棘轮通过棘齿带动后轮轴顺时针转动；当脚不蹬自行车时，链条不动，此时链轮停止转动，后轮轴在惯性作用下继续顺时针方向转动，后轮轴上的棘爪将沿内齿棘轮齿面上滑过，自行车向前滑行，实现了后轮轴 3 超越主动内齿棘轮 1 的运动，即超越运动。

图 4-9 所示为起重设备中的棘轮止动器，在吊起重物后，棘爪 2 能防止与卷筒固联的棘轮 1 反转，可避免重物意外下落，实现制动。

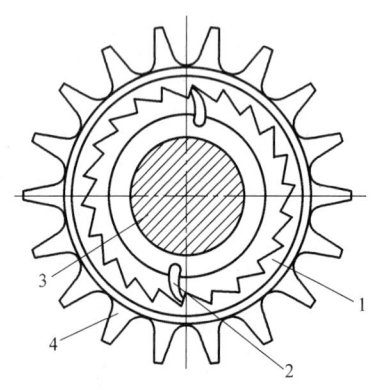

图 4-8 自行车后轮轴上棘轮机构
1—内齿棘轮 2—棘爪 3—后轮轴 4—后链轮

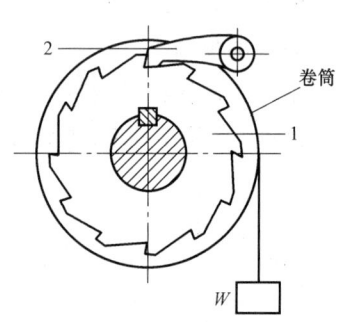

图 4-9 棘轮止动器
1—棘轮 2—棘爪

与齿式棘轮机构相比较，摩擦式棘轮机构传动平稳，无噪声，其运动可实现无级调节；但因为它传递运动是靠摩擦力，难免会出现打滑，所以传动精度不高，常用于低速和轻载的场合，例如常用作超越离合器，在多种机械中实现进给和传递运动。

4.2 槽轮机构

4.2.1 槽轮机构的类型及工作原理

槽轮机构有外啮合槽轮机构（图 4-10a）和内啮合槽轮机构（图 4-10b）两种类型，用于传递平行轴间的间歇运动，它们都属于平面槽轮机构。此外，还有空间槽轮机构，如图 4-11 所示的球面槽轮机构，用于传递两交错轴间的间歇运动。

如图 4-10a 所示的外啮合槽轮机构，由带有圆销 A 的主动拨盘 1、开有径向槽的从动槽轮 2 和机架组成。当主动拨盘 1 以等角速度 ω_1 顺时针连续回转时，从动槽轮 2 做间歇运动。当拨盘 1 上的圆销没有进入槽轮 2 的径向槽时，槽轮 2 的内凹锁止弧面 α_1 被拨盘 1 上的外凸锁止弧面 α_2 锁住静止不动。图示为圆销 A 刚进入槽轮 2 的径向槽时，锁止弧面正好被松开，则圆销 A 驱动槽轮 2 逆时针转动。在拨盘 1 上的圆销 A 离开径向槽的同时，槽轮 2 又被下一个锁止弧面锁住静止不动，直到圆销 A 进入槽轮 2 的另一个径向槽时，两者又重复上述运动循环，将主动拨盘的连续转动转换为从动件槽轮的间歇转动。

图 4-10b 的内啮合槽轮机构，其带圆销的拨盘在槽轮内部，工作原理与外啮合槽轮机构相似，但槽轮转动方向与拨盘转动方向相同。

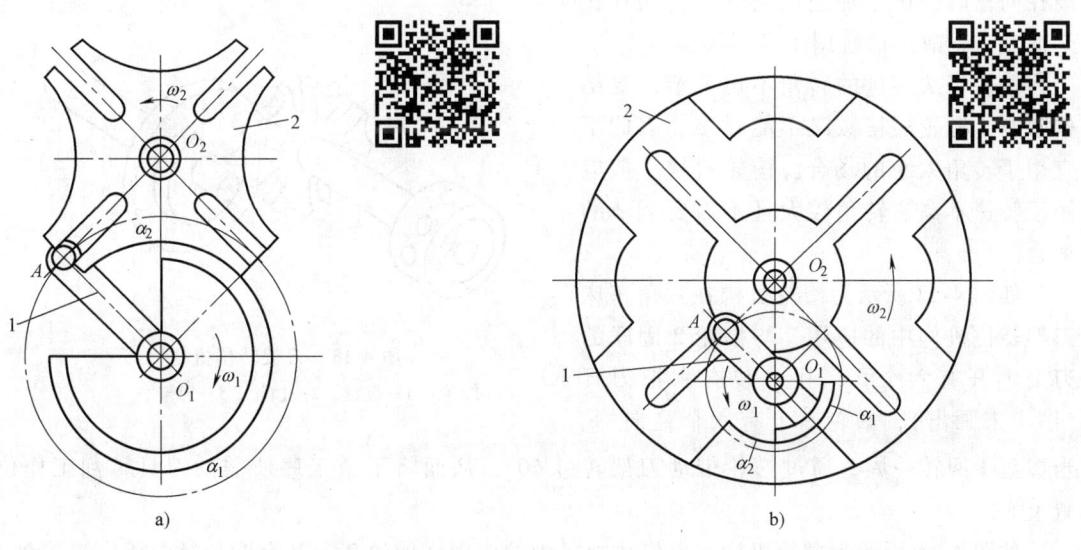

图 4-10 槽轮机构
a）外槽轮机构 b）内槽轮机构
1—拨盘 2—槽轮

按照槽轮机构中拨盘上圆销的数目，槽轮可分为单销槽轮机构、双销槽轮机构和多销槽轮机构。图 4-12 所示的双销外啮合槽轮机构，在工作时，拨盘转一周，槽轮反向转动两次。

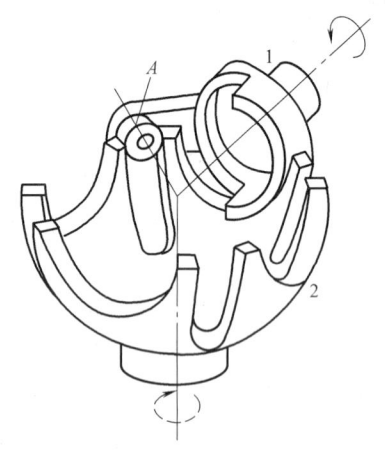

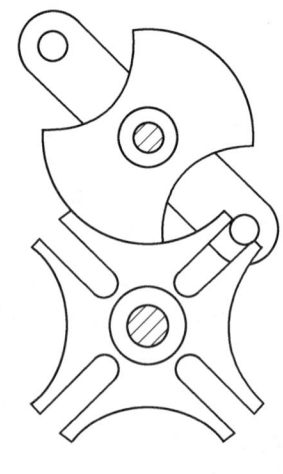

图 4-11 球面槽轮机构
1—拨盘　2—槽轮

图 4-12 双销外槽轮机构

4.2.2 槽轮机构的特点和应用

槽轮机构具有结构简单、工作可靠、转角准确、机械效率高等优点。但在圆销进入和脱离径向槽时，由于加速度突变，传动存在柔性冲击，故不适合用于高速场合。

槽轮每次转过的转角不可调节，受结构限制，槽轮的槽数又不能过多，因此不宜用于转角太小的场合。槽轮机构一般应用于转速不高、转角较大且不需要调节的场合。

如图 4-13 所示为槽轮机构在六角车床刀架转位机构中的应用，与槽轮 2 固联的刀架上开有六个孔，孔中装有六把刀具（图中未画出），槽轮 2 上有六个径向槽。

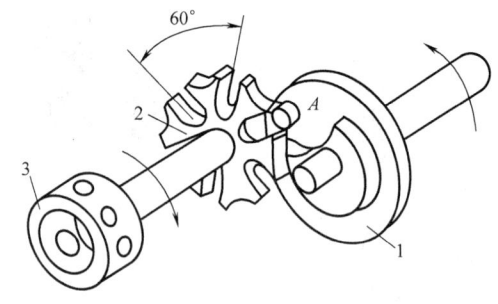

图 4-13 刀架转位机构
1—拨盘　2—槽轮　3—刀架

当拨盘 1 回转一周，通过槽轮带动刀架转过 60°，从而将下道工序所需的刀具转到工作位置上。

如图 4-14 所示为槽轮机构在电影放映机中的应用，槽轮 2 上开有四个径向槽，当拨盘 1 回转一周，圆销 A 将拨动槽轮 2 转过 90°，电影胶片移过一张底片，并停留一定的时间，以适应人眼的视觉暂留特点。

4.2.3 槽轮机构的主要参数

槽轮机构的主要参数是槽轮槽数 z 和拨盘圆销数 k。

1. 槽轮槽数 z 的选择

如图 4-10a 所示，为了使槽轮 2 在开始转动和终止转动时的瞬时角速度为零，以避免产

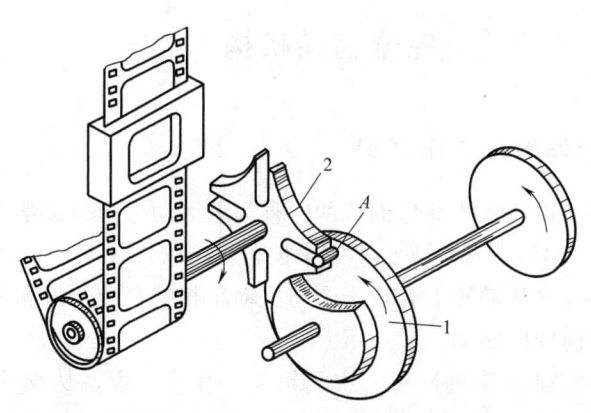

图 4-14 电影放映机中的槽轮机构
1—拨盘 2—槽轮

生刚性冲击,在圆销进入或脱离径向槽时,其线速度方向应与径向槽的中心线重合,即径向槽的中心线 O_2A 垂直于圆销的中心线 O_1A。设 z 为均匀分布的径向槽数目,根据图 4-10a 可知,当槽轮 2 转过 φ_2 角时,拨盘 1 转过的角度为

$$\varphi_1 = \pi - \varphi_2 = \pi - 2\pi/z \tag{4-1}$$

在一个运动循环内,槽轮 2 运动的时间 t_c 与拨盘 1 运动所用时间 t_b 比 τ 称为运动系数。当拨盘 1 等速转动时,运动系数 τ 也可用转角之比来表示。对于只有一个圆销的槽轮机构,t_c、t_b 分别对应拨盘 1 的转过角度 φ_2 和 2π 所用的时间,因此其运动系数 τ 为

$$\tau = \frac{t_c}{t_b} = \frac{\varphi_1}{2\pi} = \frac{\pi - 2\pi/z}{2\pi} = \frac{z-2}{2z} \tag{4-2}$$

当运动系数 τ 等于零时,槽轮机构不动,为使槽轮机构运动,其运动系数 τ 必须大于零,由式(4-2)可知,槽轮径向槽的数目应大于或等于 3。当取槽轮径向槽数目为 3 时,在槽轮转动过程中,其角速度和角加速度变化较大,容易引起槽轮机构的振动和冲击,故槽轮的槽数一般取 $z = 4 \sim 8$。

2. 拨盘圆销数 k 的选择

对于单圆销槽轮机构,其运动系数 τ 恒小于 0.5,即槽轮的运动时间总是小于其静止时间。

若要槽轮机构的运动系数 τ 大于 0.5,则可以在拨盘上均匀安装多个圆销。设拨盘上安装的圆销数目为 k,则在一个运动循环内,槽轮的运动时间是只有一个圆销时的 k 倍,此时槽轮的运动系数为

$$\tau = k\left(\frac{z-2}{2z}\right) \tag{4-3}$$

由于槽轮机构的运动系数应小于 1,故由上式可得圆销数为

$$k < \frac{2z}{z-2} \tag{4-4}$$

由上式可知,当取 $z = 3$ 时,圆销数 k 可取 $1 \sim 5$;当取 $z = 4$ 或 5 时,圆销数 k 可取 $1 \sim 3$;当取 $z \geq 6$ 时,圆销数 k 可取 1 或 2。

4.3 不完全齿轮机构

4.3.1 不完全齿轮机构的类型及工作原理

不完全齿轮机构是由渐开线齿轮机构演化而成的一种间歇运动机构，按啮合情况，可分为外啮合不完全齿轮机构（图4-15a）和内啮合不完全齿轮机构（图4-15b）。不完全齿轮机构的主动轮上只有一个或几个齿，从动轮上有若干个与主动轮相啮合的轮齿和锁止弧。当主动轮连续转动时，从动轮做单向间歇转动。

图4-15a所示的外啮合不完全齿轮机构中，主动轮1上有5个齿，从动轮2的圆周上有4个运动段和停歇段，当主动轮1逆时针转动一周时，从动轮顺时针转动1/4周。从动轮停歇时，其上的锁止弧 S_2 被主动轮的锁止弧 S_1 锁住，保证了从动轮停在确定的位置而不运动。图4-15b所示的内啮合不完全齿轮机构在工作时，其主动轮和从动轮的转向相同。

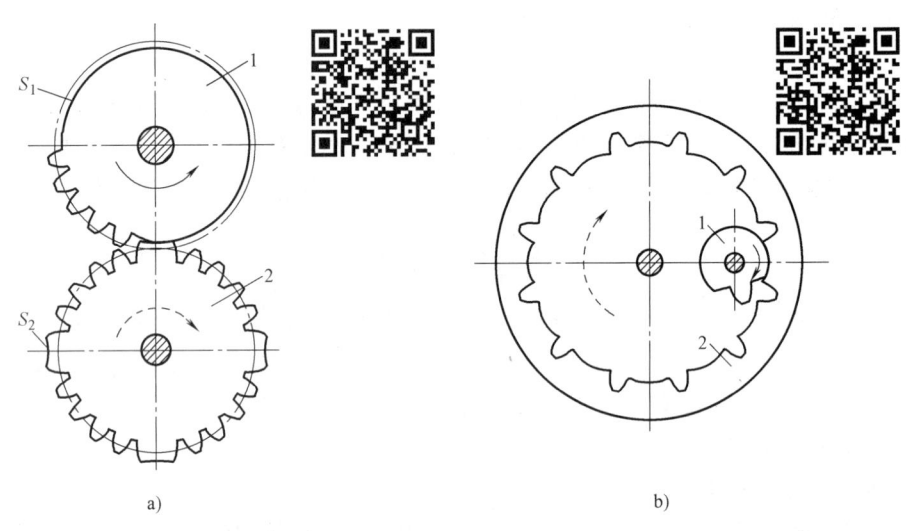

图 4-15 不完全齿轮机构
a）外啮合 b）内啮合
1—主动轮 2—从动轮

4.3.2 不完全齿轮机构的特点和应用

与其他间歇运动机构相比较，不完全齿轮机构结构简单，制造方便，从动轮的运动时间和静止时间的比例可在较大范围内变化。虽然不完全齿轮机构在工作时，其从动轮在进入和退出啮合时角速度发生突变，有较大的冲击，但在运动过程中比较平稳。

不完全齿轮机构一般应用于低速、轻载的场合，如计数机构和多工位自动或半自动机械工作台的间歇转位机构等。

4.4 凸轮式间歇运动机构

4.4.1 凸轮式间歇运动机构的类型和工作原理

凸轮式间歇运动机构主要由主动凸轮、从动转盘和机架组成。下面以目前在工程上应用较多的两种凸轮式间歇运动机构为例介绍。

1. 圆柱凸轮间歇运动机构

如图 4-16a 所示为圆柱凸轮间歇运动机构，由单槽圆柱凸轮 1、端面带均布圆柱销的圆盘 2 及其他辅助构件组成，其中圆柱凸轮 1 为主动件，圆盘 2 为从动件，两构件在空间内交错成 90°。机构工作时，圆柱凸轮 1 上的沟槽驱动圆盘 2 上的圆柱销，从而使圆盘做时停时歇的转动。图 4-16b 为圆柱凸轮 1 与圆盘 2 运动关系图，当圆柱凸轮 1 上的直线部分与圆盘 2 的圆柱销啮合时，圆盘 2 静止不动；当圆柱凸轮 1 上的曲线部分与圆盘 2 上的圆柱销啮合时，圆盘 2 转动，其转角为相邻两圆柱销所夹的中心角 $2\pi/z$。

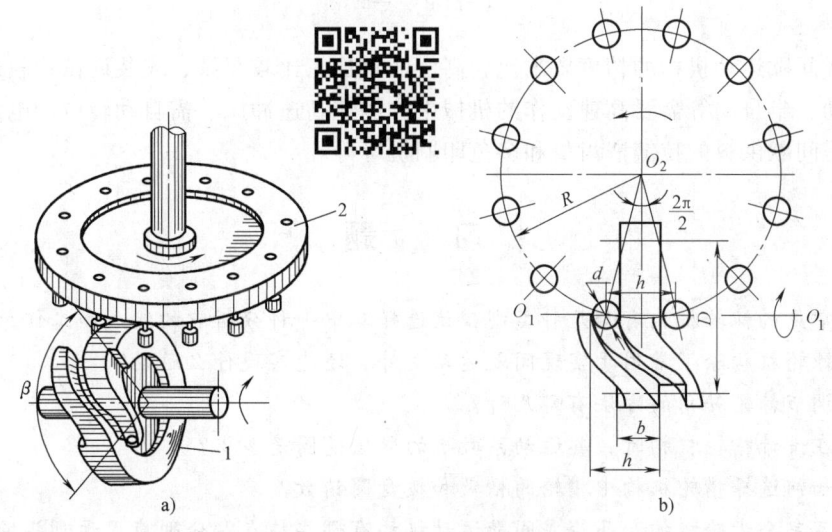

图 4-16 圆柱凸轮间歇运动机构
1—凸轮 2—圆盘

2. 蜗杆凸轮间歇运动机构

如图 4-17 所示为蜗杆凸轮间歇运动机构，由单头弧面蜗杆凸轮 1, 圆柱面上带均布圆柱销的圆盘 2 及其他辅助构件组成，其中蜗杆凸轮 1 为主动件，圆盘 2 为从动件，两构件在空间内交错成 90°。蜗杆凸轮间歇运动机构工作时，其工作原理与圆柱凸轮间歇运动机构相似，即主动蜗杆凸轮 1 转动时，推动从动圆盘 2 做间歇转动。

4.4.2 凸轮式间歇运动机构的特点和应用

凸轮式间歇运动机构结构简单、运动可靠，只要选择合适的运动规律和合理设计凸轮轮廓，就可以减小动载荷和避免刚性冲击，甚至是柔性冲击。这是凸轮式间歇运动机构与其他间歇运动机构相比较的最突出的优点。

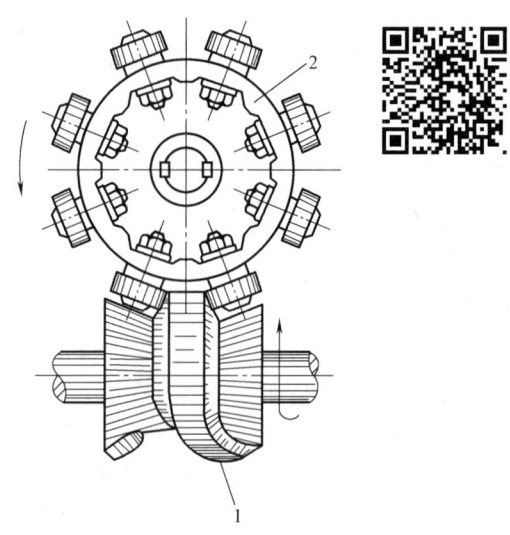

图 4-17 蜗杆凸轮间歇运动机构
1—凸轮 2—圆盘

凸轮式间歇运动机构的精度要求比较高，而且加工比较复杂，安装调试比较严格，故其常用于自动、半自动等需要高速动作的机械中。例如高速冲床、需自动转位的电动机硅钢片冲槽机、需间歇供料的拉链嵌齿机和多色印刷机等等。

习 题

4-1 常见的棘轮机构有哪几种类型，试选择其中一种分析它的组成和工作原理。

4-2 棘轮机构除了常用于实现间歇运动之外，还能实现什么运动？

4-3 调节棘轮转角的方法有哪几种？

4-4 在设计槽轮机构时，其运动系数 τ 的取值范围是多少？

4-5 如何选择槽轮机构中槽轮的槽数和拨盘圆销数？

4-6 不完全齿轮机构和凸轮式间歇运动机构有哪些特点？分别应用于哪些场合？

 实验实训项目：槽轮机构的测试、仿真及设计。

第5章

带传动与链传动

当主动轴和从动轴相距较远时，常采用带传动和链传动，它们都属于挠性传动，都是在主动轮和从动轮之间通过挠性曳引原件传递运动和动力。与其他传动相比较，带传动和链传动具有结构简单、成本低廉、适合中心距较大的场合等优点，故它们广泛应用于各种机械和运输设备上。例如，图5-1所示为带传动在拖拉机上的应用；图5-2所示为链传动在自行车上的应用。

图5-1　拖拉机上的带传动

图5-2　自行车上的链传动

5.1　带传动概述

5.1.1　带传动的组成及工作原理

按照工作原理不同，带传动可分为摩擦型带传动和啮合型带传动两种类型。本节主要介绍摩擦型带传动。带传动是由主动轮、从动轮和张紧在两轮上的传动带组成。传动带张紧在两个带轮上，使带与带轮之间在接触面上产生正压力，当主动轮1回转时，带与带轮接触面间产生摩擦力，从而拖动从动轮一起回转，传递一定的运动和动力。对于啮合型带传动，它是靠带上的齿与带轮轮齿间的啮合来传递运动和动力。

5.1.2　摩擦型带传动的主要类型、特点及应用

对于摩擦型带传动，按照带的截面形状不同，可分为平带、V带、多楔带和圆带等类型，应用最广的是V带。

平带的横截面为扁平矩形，如图 5-3a 所示，其工作表面为内表面，带的质量较轻而且挠曲性好。常用的平带有橡胶帆布带、无接头的高速环形胶带、丝织带、皮革带和锦纶编制带等。平带传动结构简单，带轮制造方便，一般应用于中心距较大的场合。

V 带的横截面为等腰梯形，如图 5-3b 所示，其工作表面为两侧面。与平面相比，在带对带轮的压紧力 Q 相同的条件下，V 带产生的摩擦力约为平带产生的摩擦力的 3 倍，从而能传递较大的功率，V 带一般没有接头，且传动比较平稳，因此应用最广。V 带传动适用于传动比较大、中心距较小和外部轮廓尺寸小的场合。

多楔带是在平带基体上有若干纵向楔的环形传动带，如图 5-3c 所示，其工作面为楔的侧面。多楔带综合了平带和 V 带的优点，柔韧性好，传递的功率高，并且能克服多根 V 带传动受力不均匀的缺点，主要用于传递功率较大而结构要求紧凑的场合，特别是要求 V 带根数多或轮轴垂直于地面的场合。

圆带的横截面为圆形，如图 5-3d 所示，结构简单。圆带传动常用于低速、轻载和功率要求不高的场合，例如缝纫机、仪表仪器等。

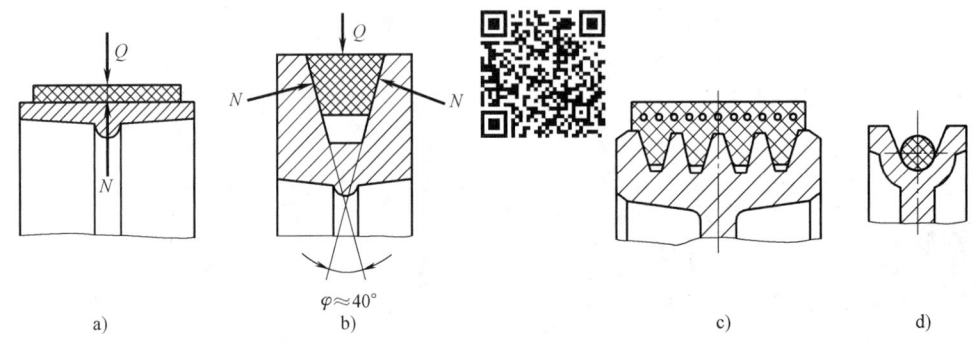

图 5-3 带的截面形状

摩擦型带传动具有以下特点：
① 传动带是弹性体，有良好的弹性，能缓冲吸振，传动平稳，噪声小。
② 适合于两轴中心距较大的场合。
③ 过载时，带在带轮上打滑，可防止其他零件损坏，起到安全保护作用。
④ 结构简单，制造容易，安装和维护方便。
⑤ 工作时带在带轮上有弹性滑动，瞬时传动比不恒定，带的寿命较短。
⑥ 因带需要张紧，故对轴和轴承的压力大，传动效率较低。
⑦ 外廓尺寸较大，不适用于高温、易燃、易爆的场合中。

因此，带传动多用于机械中要求传动平稳、两轴中心距较大、传动比要求不严格的中小功率的场合中，一般用于高速级。

5.2 带传动的工作情况分析

5.2.1 带传动的受力分析

为了使带传动能正常工作，传动带必须要以一定的预紧力 F_0 张紧在带轮上。当带传动未工作静止时，传动带上下两边的拉力相等，均为 F_0（图 5-4a）。带传动工作时，主动轮 1 在驱动力矩的作用下以转速 n_1 转动，带与带轮的接触面上产生摩擦力，由于摩擦力的作用，主动轮 1 拖动传动带，传动带又驱动从动轮 2 以转速 n_2 转动。主动轮 1 对带的摩擦力 F_f 与带的运动方向相同，从动轮 2 对带的摩擦力 F_f 与带的运动方向相反。此时，带绕进主动轮的一边被拉紧，拉力由 F_0 增至 F_1，称为紧边，F_1 称为紧边拉力；而绕出主动轮的一边被放松，拉力由 F_0 减至 F_2，称为松边，F_2 称为松边拉力，带两边的拉力不再相等。

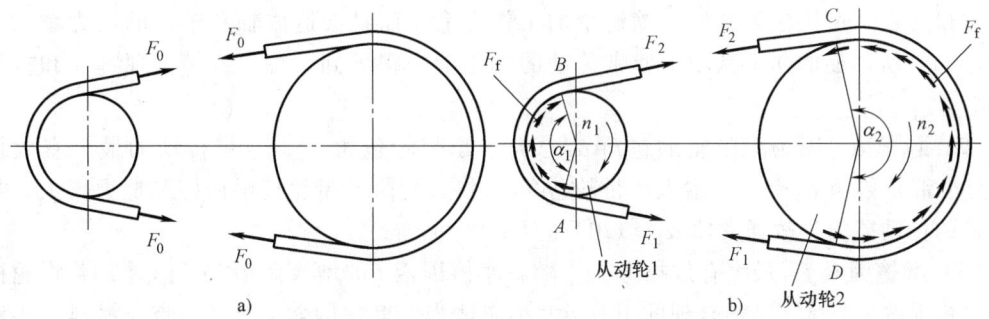

图 5-4 带传动的受力情况

紧边拉力与松边拉力差 F_1-F_2 即为带传动的有效拉力 F，它等于带与带轮接触面上所产生的摩擦力的总和 F_f，即：

$$F = F_1 - F_2 = F_f \tag{5-1}$$

通常认为传动带工作时总长度不变，则紧边拉力的增加量等于松边拉力的减少量，即

$$F_1 - F_0 = F_0 - F_2$$
$$F_1 + F_2 = 2F_0 \tag{5-2}$$

带所传递的功率 P 为

$$P = \frac{Fv}{1000} \tag{5-3}$$

式中，P 是带传动的功率（kW）；F 为带传动的有效拉力（N）；v 为带的线速度（m/s）。

由式（5-3）可知，有效拉力的大小与传递的功率 P 和带速 v 有关。当传递的功率 P 一定时，带速 v 越小，有效拉力 F 越大，因此通常把带传动布置在机械传动系统的高速级，以减小有效拉力 F；当带速 v 一定时，传递的功率 P 越大，有效拉力 F 越大，需要的带与带轮间的摩擦力也越大。在一定条件下，带与带轮接触面上的摩擦力的大小有一个极限值，即 F_{fmax}。当 F 超过极限值 F_{fmax} 时，带与带轮之间将产生显著的相对滑动，这种现象称为打滑。打滑将使带严重磨损，从动轮转速急剧下降，造成带传动失效。因此，在带传动过程中应该避免打滑。

带传动的传动能力受带与带轮间的极限摩擦力的影响。当带传动有打滑趋势时，有效拉力达到最大值 F_{max}。此时，紧边拉力 F_1 与松边拉力 F_2 之间的关系可用柔韧体摩擦的欧拉公式表示，即

$$F_1/F_2 = e^{f\alpha} \tag{5-4}$$

式中，e 为自然对数的底；f 为摩擦因素（对于 V 带，f 用当量摩擦因数 f_v 代替）；α 为在带

轮上的包角（rad），即带与带轮接触部分所对应的中心角，见图5-4b。

联立式（5-1）、式（5-2）、式（5-4）可得带与带轮之间的极限摩擦力 F_{fmax}，则带传动的最大有效拉力 F_{max} 为

$$F_{max} = F_{fmax} = 2F_0 \frac{e^{f\alpha}-1}{e^{f\alpha}+1} = 2F_0 \frac{1-1/e^{f\alpha}}{1+1/e^{f\alpha}} \tag{5-5}$$

由式（5-5）可知，带传动的最大有效拉力 F_{max} 与预紧力 F_0、包角 α、摩擦因数 f 有关。

（1）预紧力 F_0　最大有效拉力 F_{max} 随着预紧力 F_0 的增大而增大，但当 F_0 过大时，将使带的磨损加剧，过快松弛，从而缩短带的工作寿命，而且会造成轴和轴承的压力增加；若 F_0 过小，带所传递的功率减小，使带传动的工作能力得不到发挥，容易出现跳动和打滑的现象。

（2）包角 α　因为大带轮的包角 α_2 总大于小带轮包角 α_1，故带传动的最大有效拉力 F_{max} 与小带轮包角 α_1 有关。增大小带轮包角 α_1 将会使带与带轮接触面的摩擦力增大，从而提高带的传动能力，故通常使 $\alpha_1 \geq 120°$（至少 $90°$）。

（3）摩擦因素 f　最大有效拉力 F_{max} 随着摩擦因素 f 的增大而增大。但是，若将轮槽表面加工粗糙些来增大 f 是不合理的，故 f 大小应适当。摩擦因素 f 与带与带轮材料、接触表面状况和工作环境条件有关。

5.2.2　带的弹性滑动

带传动工作时，受到拉力的弹性带会产生弹性变形。由于带在紧边和松边所受的拉力不同，所产生的弹性变形也不同。如图5-4b所示，在带在主动轮上从A点运动到B点时，带所受的拉力由 F_1 减小到 F_2，带的弹性变形也逐渐减小，带随主动轮运动时要逐渐向后收缩，带的速度小于主动轮的圆周速度 v_1，此时，带与主动轮之间发生了微小的相对滑动；当带在从动轮上从点运动到点时，带所受的拉力由 F_2 增加到 F_1，带的弹性变形逐渐增加，带的运动超前于从动轮，带的速度大于从动轮的圆周速度 v_2。这种由于带的弹性变形所引起的滑动称为弹性滑动。

由于弹性滑动的存在，带的线速度发生变化，主动轮和从动轮的圆周速度也不相同。从动轮的圆周速度 v_2 低于主动轮的圆周速度 v_1，其降低程度称为带传动的滑动率，即 ε

$$\varepsilon = \frac{v_1 - v_2}{v_1} \times 100\% \tag{5-6}$$

设主动轮直径为 d_1（mm），从动轮直径为 d_2（mm），主动轮的转速为 n_1（r/min），从动轮的转速为 n_2（r/min），则两带轮的圆周速度分别为

$$v_1 = \frac{\pi d_1 n_1}{60 \times 1000} \quad v_2 = \frac{\pi d_2 n_2}{60 \times 1000}$$

将上两式带入式（5-6）中求得带传动的实际传动比为

$$i = \frac{n_1}{n_2} = \frac{d_2}{d_1(1-\varepsilon)} \tag{5-7}$$

由于滑动率 $\varepsilon \approx 1\% \sim 2\%$，在一般计算可以不考虑。若忽略弹性滑动率的影响，则带传动的理论传动比为 $i = n_1/n_2 = d_2/d_1$。

由上可知，弹性滑动是引起带传动中传动比不恒定的原因。弹性滑动和打滑是两个截然

不同的概念。弹性滑动是因为带两边的拉力差所引起的,是不可避免的,称为带传动的固有特性;而打滑是因为过载所引起的,是可以避免的。

5.2.3 带的应力分析

带传动在工作时,带中的应力有以下三种:

1. 拉力产生的拉应力

$$\begin{cases} 紧边拉应力 \quad \sigma_1 = F_1/A \\ 松边拉应力 \quad \sigma_2 = F_2/A \end{cases} \quad (5\text{-}8)$$

式中,A 为带的截面面积（mm^2）。

由于紧边拉力和松边拉力不同,因此沿着转动方向,绕过主动轮的带的拉应力由 σ_1 逐渐降为 σ_2;绕过从动轮的带的拉应力则由 σ_2 逐渐增加为 σ_1。

2. 带弯曲产生的弯曲应力

带绕过带轮时,带会发生弯曲变形,从而产生弯曲应力 σ_w。由材料力学可推得

$$\sigma_w \approx E \frac{h}{d} \quad (5\text{-}9)$$

式中,E 为带的弹性模量（MPa）;d 为带轮的基准直径（mm）,对于 V 带传动,d 应该为基准直径 d_d,见表 5-1;h 为带横截面的高度（mm）。

表 5-1 普通 V 带轮基准直径 d_d 系列及最小基准直径 d_{dmin}

（摘自 GB/T 10412—2002） 单位:mm

带型	Y	Z	A	B	C	D	E
d_{dmin}	20	50	75	125	200	355	500
d_d 系列	20,22.4,25,28,31.5,35.5,40,45,50,56,63,71,75,80,85,90,95,100,106,112,118,125,132,140,150,160,170,180,200,212,224,236,250,265,280,300,315,335,355,375,400,425,450,475,500,530,560,600,630,670,710,750,800,900,1000,1060,1120,1250,1400,1500,1600,1800,1900,2000,2240,2500							

由式(5-9)可知,带轮的直径越小,带的弯曲应力就越大,故带绕在小带轮上时的弯曲应力 σ_{w1} 大于绕在大带轮上时的弯曲应力 σ_{w2}。为了限制带传动的弯曲应力,故小带轮的直径不能过小,普通 V 带轮的最小直径 d_{dmin} 见表 5-1。

3. 离心力产生的离心拉应力

当带沿带轮轮缘作圆周运动时,带自身的质量将引起离心力,离心应力使带处于受拉的状态,它存在于全部带长的各个截面上,用 σ_c 表示。

$$\sigma_c = qv^2/A \quad (5\text{-}10)$$

式中,q 为每米带长的质量（kg/m）;v 为带的线速度（m/s）。

图 5-5 所示为带工作时应力分布情况,其中小带轮 1 为主动轮,

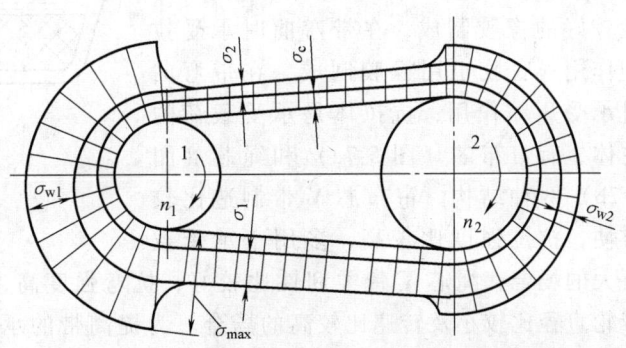

图 5-5 带工作时的应力分布示意图

大带轮 2 为从动轮，应力的大小用带在该处引出的法线长度表示，带所受的应力为变应力，随着带的运行位置作周期性变化，最大应力发生在紧边刚绕上小带轮处，其值为

$$\sigma_{max} \approx \sigma_1 + \sigma_{w1} + \sigma_c \tag{5-11}$$

带工作时，由于变应力的作用，当带的应力循环达到一定数值后，带会发生疲劳破坏，如脱层、松散、撕裂或拉断。

5.3 V 带传动的设计计算

5.3.1 V 带的结构和标准

V 带又分为普通 V 带、窄 V 带、齿形 V 带、联组 V 带、大楔角 V 带、宽 V 带等多种类型，如图 5-6 所示，其中普通 V 带应用最广。

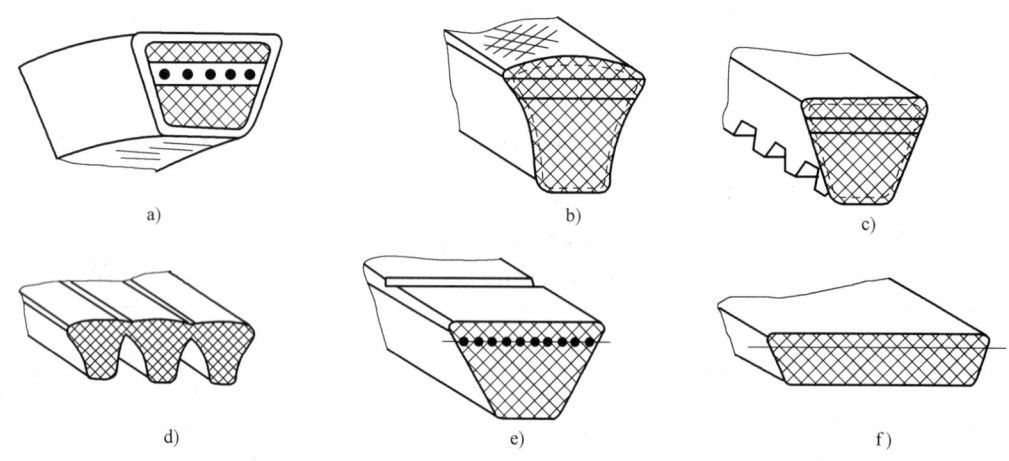

图 5-6 V 带的类型及结构

a) 普通 V 带 b) 窄 V 带 c) 齿形 V 带 d) 联组 V 带 e) 大楔角 V 带 f) 宽 V 带

标准普通 V 带为无接头的环形带，由胶帆布、顶胶、抗拉体、底胶组成，如图 5-7 所示。胶帆布与带轮接触，直接承受磨损，是 V 带的保护层；顶胶用弹性较好的橡胶制成，在带弯曲时承受拉伸作用；底胶也用橡胶制成，在带弯曲时承受压缩作用；抗拉体是承受载荷的主体，有帘布芯（图 5-7a）和绳芯（图 5-7b）两种结构。帘布芯 V 带制造比较方便，抗拉强度比较高，多用于承受载荷大的场合；绳芯 V 带柔韧性比较好，抗弯强度高，但抗拉强度低，适用于载荷不大、带轮直径比较小及转速比较高的场合。为提高带的承载能力，目前化学纤维是普遍采用的抗拉体材料。

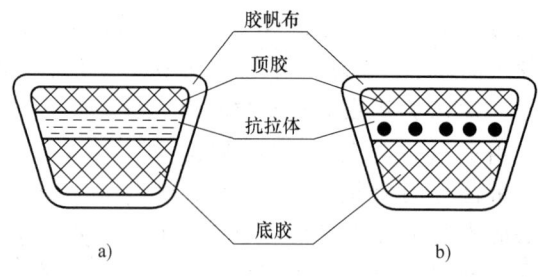

图 5-7 普通 V 带的结构
a) 帘布芯 b) 绳芯

普通V带可分为Y、Z、A、B、C、D、E七种类型，其截面尺寸见表5-2。

表 5-2　普通 V 带截面尺寸及单位长度质量（摘自 GB/T 13575.1—2008）

V带型号	Y	Z	A	B	C	D	E
节宽 b_p/mm	5.3	8.5	11.0	14.0	19.0	27.0	32.0
顶宽 b/mm	6.0	10.0	13.0	17.0	22.0	32.0	38.0
高度 h/mm	4.0	6.0	8.0	11.0	14.0	19.0	23.0
质量 q/(kg/m)	0.023	0.60	0.105	0.170	0.300	0.630	0.970
楔角 θ/(°)	40						

注：超出表列范围时可另查相关国家标准，下同。

V带弯曲时，顶胶层伸长，底胶层缩短，两者之间中性层既不受拉也不受压，长度和宽度保持不变，称为节面，其宽度称为节宽，用 b_p 表示，其长度称为V带的基准长度 L_d。各种型号普通V带的基准长度系列尺寸见表5-3。

表 5-3　普通 V 带基准长度系列（摘自 GB/T 13575.1—2008）　　（单位：mm）

Y	Z	A	B	C	D	E	Y	Z	A	B	C	D	E
基准长度 L_d							基准长度 L_d						
200	405	630	930	1565	2740	4660	200	1540	1750	2500	4600	9140	16800
224	475	700	1000	1760	3100	5040	224		1940	2700	5380	10700	
250	530	790	1100	1950	3330	5420	250		2050	2870	6100	12200	
280	625	890	1210	2195	3730	6100	280		2200	3200	6815	13700	
315	700	990	1370	2420	4080	6850	315		2300	3600	7600	15200	
355	780	1100	1560	2715	4620	7650	355		2480	4060	9100		
400	820	1250	1760	2880	5400	9150	400		2700	4430	10700		
450	1080	1430	1950	3080	6100	12230	450			4820			
500	1330	1550	2180	3520	6840	13750	500			5370			
	1420	1640	2300	4060	7620	15280				6070			

普通V带的标记是由型号、基准长度和国标号三个部分组成。例如：

A型普通V带、基准长度 L_d = 1100mm，标记为

$$A\ 1100\quad GB/T\ 1171$$

V带的标记通常压印在V带的外表面上。

5.3.2　V带轮

图5-8所示为V带轮的结构图，V带轮一般由轮缘、轮毂和轮辐三部分组成。带轮外圈

环形部分为轮缘，其上制有轮槽，普通 V 带轮轮槽截面尺寸可根据表 5-4 查得。带轮轮槽的基准宽度用 b_d 表示，工作时，与之相配的 V 带的截面宽度 b_p 应与 b_d 相等。基准直径 d_d 为带轮上轮槽宽度所在圆的直径。

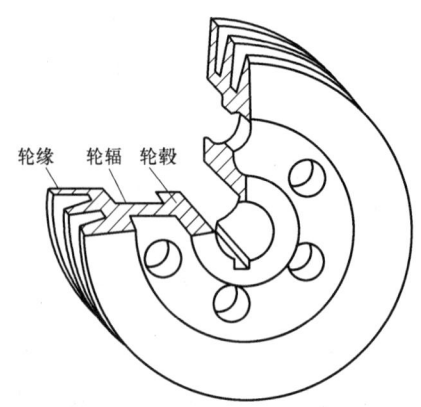

图 5-8　V 带轮结构

表 5-4　普通 V 带轮槽截面尺寸（摘自 GB/T 13575.1—2008）　　　（单位：mm）

		V 带型号	Y	Z	A	B	C	D	E
		基准宽度 b_d	5.3	8.5	11.0	14.0	19.0	27.0	32.0
		基准线上槽深 h_{amin}	1.6	2.0	2.75	3.5	4.8	8.1	9.6
		基准线下槽深 h_{fmin}	4.7	7.0	8.7	10.8	14.3	19.9	23.4
		槽间距 e	8±0.3	12±0.3	15±0.3	19±0.4	25.5±0.5	37±0.6	44.5±0.7
		槽边距 f_{min}	6	7	9	11.5	16	23	28
		外径 d_a				$d_a = d_d + 2h_a$			
轮槽角 φ	32°	基准直径 d_d	≤60						
	34°			≤80	≤118	≤190	≤315		
	36°		>60					≤475	≤600
	38°			>80	>118	>190	>315	>475	>600

普通 V 带的楔角为 40°，带绕过带轮时会弯曲，其截面发生横向变形，使楔角 θ 变小。为使带轮轮槽两侧工作面与 V 带两侧面紧贴，标准规定 V 带轮轮槽角 $\varphi<\theta$，带轮直径越小，轮槽角 φ 也越小。轮槽角的值有 32°、34°、36°、38°这几种。

轮毂是带轮与轴的配合部分，其孔径与支承轴的轴径相同。

轮辐是连接轮缘与轮毂的中间部分。按照轮辐的结构形式，带轮可分为实心式、腹板式、孔板式和椭圆轮辐式四种。对于直径较小的带轮，可采用实心式（图 5-9a）；带轮直径中等时，可采用腹板式（图 5-9b）或孔板式（图 5-9c）；当带轮直径较大时，可采用椭圆轮辐式（图 5-9d），具体可查阅有关机械工程手册。

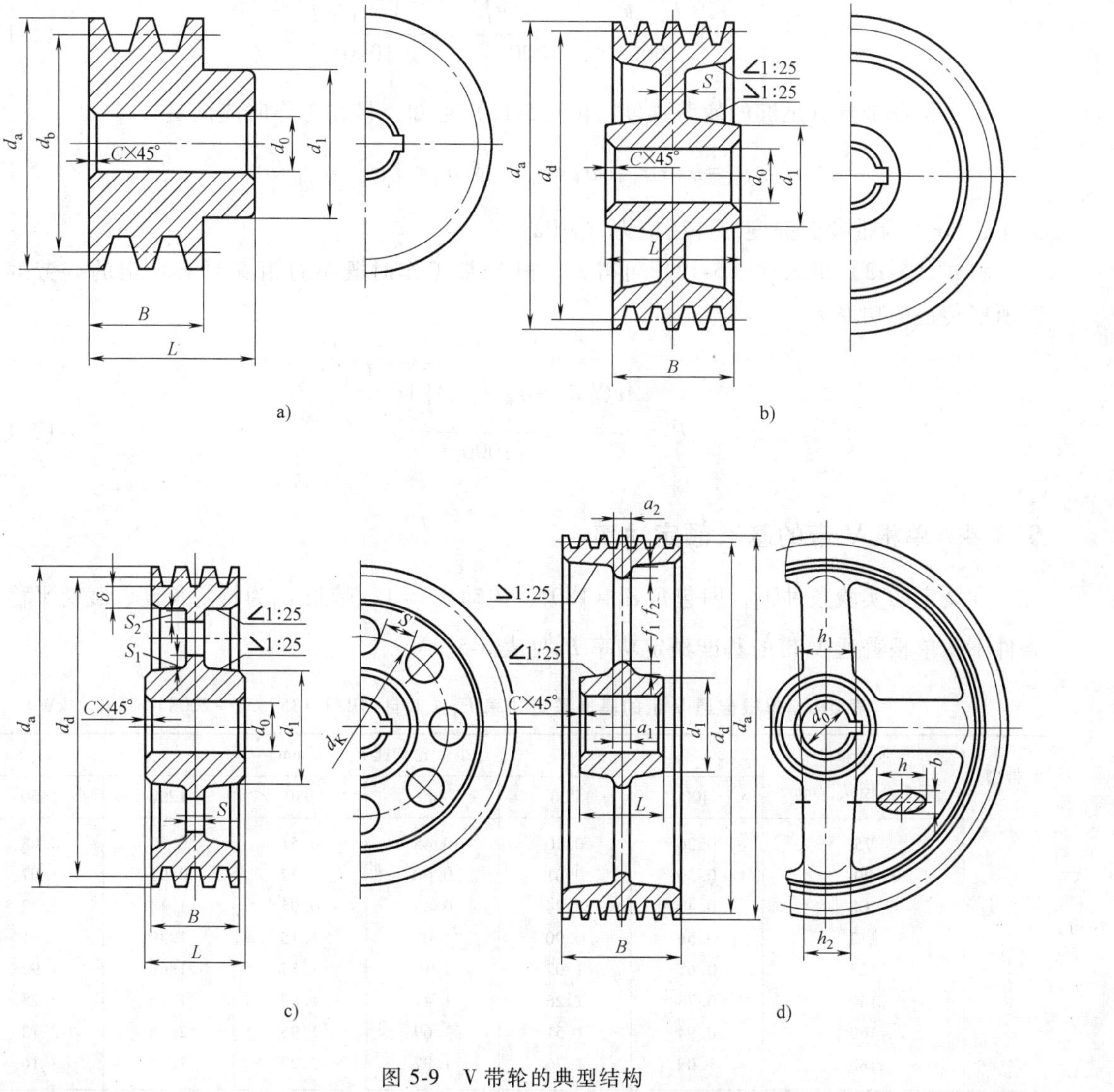

图 5-9 V 带轮的典型结构
a) 实心式 b) 腹板式 c) 孔板式 d) 椭圆轮辐式

带轮的常用材料为铸铁，例如 HT150 或 HT200，所允许的最大圆周速度为 25m/s；对于特别重要或要求速度较高的场合，可采用铸钢或钢板冲压后焊接；为了减轻带轮重量，小功率的场合也可选用铸铝或塑料。

5.3.3 V 带传动的失效形式和计算准则

如前所述，带传动的主要失效形式是打滑和疲劳破坏。因此，带传动的设计准则为：保证带传动不打滑，同时具有一定的疲劳强度和使用寿命。

联立式 (5-1)、(5-3)、(5-4) 和 (5-8) 可得，V 带传动在即将打滑时所能传递的功率为

$$P' = \frac{F_{\max}v}{1000} = \frac{F_1\left(1-\dfrac{1}{e^{f_v\alpha}}\right)v}{1000} = \frac{\sigma_1 A\left(1-\dfrac{1}{e^{f_v\alpha}}\right)v}{1000} \tag{5-12}$$

为了保证带具有足够的疲劳强度,由(5-11)可知,带在工作时应满足

$$\sigma_{\max} = \sigma_1 + \sigma_{w1} + \sigma_c \leqslant [\sigma] \text{ 或 } \sigma_1 \leqslant [\sigma] - \sigma_{w1} - \sigma_c \tag{5-13}$$

式中,$[\sigma]$为带疲劳强度的许用应力(MPa)。

将式(5-13)带入式(5-12)可得,单根 V 带工作时既不打滑又具有一定的疲劳寿命时所能传递的功率为

$$P_0 = \frac{Av([\sigma] - \sigma_{w1} - \sigma_c)\left(1 - \dfrac{1}{e^{f_v\alpha}}\right)}{1000} \tag{5-14}$$

5.3.4 单根 V 带的基准额定功率

在特定的实验条件下,即包角 $\alpha_1 = 180°$、传动比 $i=1$、带长 L_d 为特定长度、载荷平稳的条件下,单根普通 V 带的基准额定功率 P_0 见表 5-5。

表 5-5 单根普通 V 带的基准额定功率 P_0(摘自 GB/T 13575.1—2008)(单位:kW)

带型	小带轮基准直径 d_{d1}/mm	小带轮转速 n_1/(r/mm)					
		400	700	800	950	1200	1450
A	75	0.26	0.40	0.45	0.51	0.60	0.68
	90	0.39	0.61	0.68	0.77	0.93	1.07
	100	0.47	0.74	0.83	0.95	1.14	1.32
	112	0.56	0.90	1.00	1.15	1.39	1.61
	125	0.67	1.07	1.19	1.37	1.66	1.92
	140	0.78	1.26	1.41	1.62	1.96	2.28
	160	0.94	1.51	1.69	1.95	2.36	2.73
	180	1.09	1.76	1.97	2.27	2.74	3.16
B	125	0.84	1.30	1.44	1.64	1.93	2.19
	140	1.05	1.64	1.82	2.08	2.47	2.82
	160	1.32	2.09	2.32	2.66	3.17	3.62
	180	1.59	2.53	2.81	3.22	3.85	4.39
	200	1.85	2.96	3.30	3.77	4.50	5.13
	224	2.17	3.47	3.86	4.42	5.26	5.97
	250	2.50	4.00	4.46	5.10	6.04	6.82
	280	2.89	4.61	5.13	5.85	6.90	7.76

实际工作条件往往与上述实验条件不同,当实际传动比 $i \neq 1$,两带轮的直径不相等,带绕过大带轮的弯曲应力小于绕过小带轮的弯曲应力时,应力状况略有改善,传动能力有所提高,此时,需对基准额定功率进行修正,即在 P_0 的基础上附加一个增量 ΔP_0,单根普通 V 带 ΔP_0 值见表 5-6。

表 5-6 单根普通 V 带额定功率的增量 ΔP_0（摘自 GB/T 13575.1—2008）

(单位：kW)

带型	传动比 i	小带轮转速 $n_1/(\text{r/min})$					
		400	700	800	950	1200	1450
A	1.00~1.01	0.00	0.00	0.00	0.00	0.00	0.00
	1.02~1.04	0.01	0.01	0.01	0.01	0.02	0.02
	1.05~1.08	0.01	0.02	0.02	0.03	0.03	0.04
	1.09~1.12	0.02	0.03	0.03	0.04	0.05	0.06
	1.13~1.18	0.02	0.04	0.04	0.05	0.07	0.08
	1.19~1.24	0.03	0.05	0.05	0.06	0.08	0.09
	1.25~1.34	0.03	0.06	0.06	0.07	0.10	0.11
	1.35~1.51	0.04	0.07	0.08	0.08	0.11	0.13
	1.52~1.99	0.04	0.08	0.09	0.10	0.13	0.15
	≥2.00	0.05	0.09	0.10	0.11	0.15	0.17
B	1.00~1.01	0.00	0.00	0.00	0.00	0.00	0.00
	1.02~1.04	0.01	0.02	0.03	0.03	0.04	0.05
	1.05~1.08	0.03	0.05	0.06	0.07	0.08	0.10
	1.09~1.12	0.04	0.07	0.08	0.10	0.13	0.15
	1.13~1.18	0.06	0.10	0.11	0.13	0.17	0.20
	1.19~1.24	0.07	0.12	0.14	0.17	0.21	0.25
	1.25~1.34	0.08	0.15	0.17	0.20	0.25	0.31
	1.35~1.51	0.10	0.17	0.20	0.23	0.30	0.36
	1.52~1.99	0.11	0.20	0.23	0.26	0.34	0.40
	≥2.00	0.13	0.22	0.25	0.30	0.38	0.46

5.3.5 V 带传动的参数选择和设计步骤

1. 已知条件

传动用途、原动机种类、工作制度、传递功率、小带轮转速 n_1 和传动比 i（或大带轮转速 n_2）。

2. 设计任务

确定 V 带的型号、基准长度和根数，两带轮的中心距、基准直径、材料、结构和尺寸，作用在轴上的压力 F_q 等。

3. 设计步骤

① 确定计算功率 P_d。

计算功率 P_d 是由传递的额定功率 P、工作制度等因素确定，即

$$P_d = K_A P \text{ (kW)} \tag{5-15}$$

式中，P 为额定功率（kW）；K_A 为工作情况系数，见表 5-7。

② 确定 V 带的型号。

根据计算功率 P_d 和小带轮 n_1 的转速，由图 5-10 选定 V 带的型号，即由 P_d 和 n_1 所确定的坐标点所在位置进行选择。若坐标点（P_d，n_1）位于图中两种型号的分界线附近，可同时选择两种型号对比计算，择优选取。

③ 确定大、小带轮的基准直径 d_{d1}、d_{d2}。

表 5-7 工作情况系数 K_A（摘自 GB/T 13575.1—2008）

工 况		K_A					
		空、轻载启动			重载启动		
		每天工作小时数/h					
		<10	10~16	>16	<10	10~16	>16
载荷变动微小	液体搅拌机、通风机和鼓风机（≤7.5kW）、离心式水泵和压缩机、轻负荷输送机	1.0	1.1	1.2	1.1	1.2	1.3
载荷变动小	带式运输机（不均匀负荷）、通风机（>7.5kW）、旋转式水泵和压缩机（非离心式）、发电机、金属切削机床、印刷机、旋转筛、锯木机和木工机械	1.1	1.2	1.3	1.2	1.3	1.4
载荷变动较大	制砖机、斗式提升机、往复式水泵和压缩机、起重机、磨粉机、冲剪机床、橡胶机械、振动筛、纺织机械、重载输送机	1.2	1.3	1.4	1.4	1.5	1.6
载荷变动很大	破碎机（旋转式、颚式等）、磨碎机（球磨、棒磨、管磨）	1.3	1.4	1.5	1.5	1.6	1.8

注：1. 空、轻载启动——电动机（交流启动、三角启动、直流并励），四缸以上的内燃机，装有离心式离合器、液力联轴器的动力机。
2. 重载起动——电动机（联机交流启动、直流复励或串励），四缸以下的内燃机。
3. 反复启动，正反转频繁，工作条件恶劣等场合，K_A 应乘以 1.2。
4. 增速传动时，K_A 应乘以下列系数：

$1/i$	<1.25	1.25~1.74	1.75~2.49	2.5~3.49	≥3.5
系数	1.00	1.05	1.11	1.18	1.25

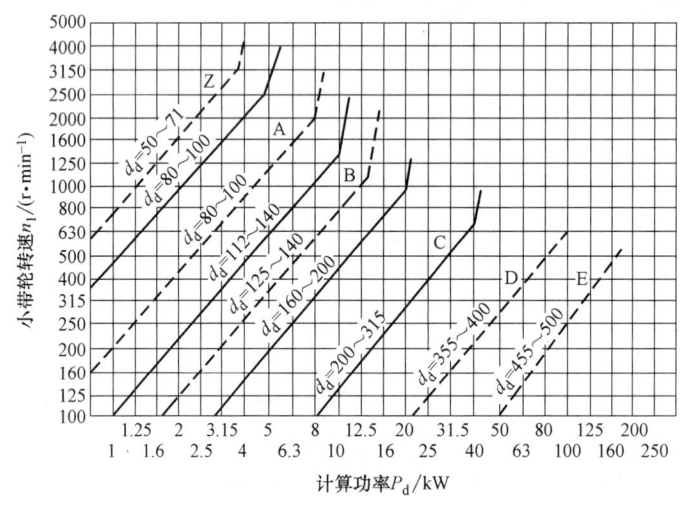

图 5-10 普通 V 带选型图

根据选定的 V 带的型号由表 5-1 选取小带轮的基准直径 $d_{d1} \geq d_{dmin}$。带轮直径越小，绕在带轮上的带的弯曲应力越大，带容易产生疲劳破坏，为了提高 V 带的使用寿命，在结构允许的条件下，宜选较大 d_{d1} 值。

考虑弹性滑动的影响，大带轮的基准直径 $d_{d2} = d_{d1}(1-\varepsilon) n_1/n_2$，通常 ε 在 $0.01\sim0.02$ 之间取值；对转速要求不高的场合，ε 可以忽略不计，故不考虑弹性滑动的影响，大带轮的基准直径 $d_{d2} = d_{d1} n_1/n_2$。

④ 验算带速 v。

$$v = \frac{\pi d_{d1} n_1}{60 \times 1000} \tag{5-16}$$

普通 V 带带速 v 的取值范围为 $25\sim30\text{m/s}$。如果 v 过小（小于 5m/s）时，由式（5-3）可知，在传递的功率 P 一定时，所需要的有效拉力太大，使所需要的带的根数过多，会出现结构增大、载荷分布严重不均的现象；如果 v 过大（大于 30m/s）时，则离心应力太大，使带传动能力降低，单位时间内带的应力循环次数增加，缩短带的使用寿命。

⑤ 确定传动中心距 a，确定带的基准长度 L_{d0}。

中心距 a 过小，传动带较短，在一定速度下，单位时间内带绕过带轮次数较多，容易发生疲劳破坏，而且会使包角减小，降低带传动能力；中心距 a 过大，传动带较长，在带速较高时会引起带的颤动。一般根据结构要求或下式初选传动中心距 a_0。

$$0.7(d_{d1}+d_{d2}) \leq a_0 \leq 2(d_{d1}+d_{d2}) \tag{5-17}$$

然后根据初选的中心距，按下式初算带的基准长度。

$$L_{d0} = 2a_0 + \frac{\pi}{2}(d_{d1}+d_{d2}) + \frac{(d_{d2}-d_{d1})^2}{4a_0} \tag{5-18}$$

再根据初算的 L_{d0} 值，由表 5-3 选取与之相近的带长作为带的基准长度 L_{d0}。

最后按下式计算实际中心距。

$$a = a_0 + \frac{L_d - L_{d0}}{2} \tag{5-19}$$

考虑到带安装和张紧的需要，应给定中心距适当的调整范围。

$$a_{\min} = a - (2b_d + 0.009L_d)$$
$$a_{\max} = a + 0.02L_d$$

⑥ 确定小带轮的包角 α_1。

$$\alpha_1 = 180° - \frac{d_{d2}-d_{d1}}{a} \times 57.3° \geq 120° \tag{5-20}$$

小带轮的包角 α_1 最小不低于 $90°$。如果较小，不满足使用要求，可通过增大中心距 a 或加装张紧轮等措施来增大小带轮包角 α_1。

⑦ 确定 V 带根数 z。

$$z = \frac{P_d}{(P_0 + \Delta P_0) K_\alpha K_L} \tag{5-21}$$

式中，K_α 为包角修正系数，考虑 $\alpha_1 \neq 180°$ 时对传动能力的影响，其取值见表 5-8；K_L 为带长修正系数，考虑带长不为特定长度时对传动能力的影响，其取值见表 5-9。其他符号的意义同前。

⑧ 确定单根 V 带的预紧力 F_0。

$$F_0 = 500\left(\frac{2.5}{K_\alpha} - 1\right)\frac{P_d}{zv} + qv^2 \tag{5-22}$$

表 5-8　小带轮包角修正系数 K_α（摘自 GB/T 13575.1—2008）

小带轮包角 α_1(°)	K_α	小带轮包角 α_1(°)	K_α	小带轮包角 α_1(°)	K_α
180	1	145	0.91	110	0.78
175	0.99	140	0.89	105	0.76
170	0.98	135	0.88	100	0.74
165	0.96	130	0.86	95	0.72
160	0.95	125	0.84	90	0.69
155	0.93	120	0.82		
150	0.92	115	0.80		

表 5-9　普通 V 带带长修正系数 K_L（摘自 GB/T 13575.1—2008）

A 型		B 型		A 型		B 型	
基准长度 L_d /mm	K_L	基准长度 L_d /mm	K_L	基准长度 L_d /mm	K_L	基准长度 L_d /mm	K_L
630	0.81	930	0.83	1750	1.00	2500	1.03
700	0.83	1000	0.84	1940	1.02	2700	1.04
790	0.85	1100	0.86	2050	1.04	2870	1.05
890	0.87	1210	0.87	2200	1.06	3200	1.07
990	0.89	1370	0.90	2300	1.07	3600	1.09
1100	0.91	1560	0.92	2480	1.09	4060	1.13
1250	0.93	1760	0.94	2700	1.10	4430	1.15
1430	0.96	1950	0.97			4820	1.17
1550	0.98	2180	0.99			5370	1.20
1640	0.99	2300	1.01			6070	1.24

式中，q 为 V 带单位长度质量（kg/m），见表 5-2。

⑨ 计算 V 带作用在轴上的压力 F_q。

为了设计安装带轮的轴和轴承，应该计算 V 带作用在轴上的压力 F_q。不考虑带两边的拉力差，按下式近似计算。

$$F_q = 2F_0 z \sin\frac{\alpha_1}{2} \tag{5-23}$$

⑩ 确定带轮的结构和尺寸（略）。

【例 5-1】　设计用电动机驱动带式运输机的普通 V 带传动。已知电动机额定功率 $P = 7.5\text{kW}$，转速 $n_1 = 1460\text{r/min}$，带式运输机输入轴的转速 $n_2 = 440\text{r/min}$，载荷变动微小，三班制工作，要求中心距小于 650mm。

解： ① 确定计算功率 P_d。

根据给定的工作时间、条件和载荷情况，查表 5-7 取 $K_A = 1.3$，则

$$P_d = K_A P = 1.3 \times 7.5\text{kW} = 9.75\text{kW}$$

② 确定 V 带的型号。

根据 $P_d = 7.5\text{kW}$，$n_1 = 1460\text{r/min}$，由图 5-10 可选择普通 B 型 V 带。

③ 确定大、小带轮的基准直径 d_{d1}、d_{d2}。

由图5-10可知，推荐的小带轮的基准直径为125~140mm，则取
$$d_{d1} = 140mm$$
考虑弹性滑动的影响，取 $\varepsilon = 0.02$，则从动轮基准直径为
$$d_{d2} = d_{d1}(1-\varepsilon)n_1/n_2 = 140 \times (1-0.02) \times 1460/440 mm = 455.3mm$$
根据表5-1，取 $d_{d2} = 475mm$。

实际传动比
$$i = \frac{d_{d2}}{d_{d1}(1-\varepsilon)} = \frac{475}{140(1-0.02)} \approx 3.46$$

从动轮的实际转速
$$n_2 = \frac{n_1}{i} = \frac{1460}{3.46} r/mim \approx 422.0 r/mim$$

从动轮转速符合要求。

④ 验算带速 v。
$$v = \frac{\pi d_{d1} n_1}{60 \times 1000} = \frac{\pi \times 140 \times 1460}{60 \times 1000} m/s = 10.7 m/s < v_{max} = 25 \sim 30 m/s$$

带的速度合适。

⑤ 确定传动中心距 a，确定带的基准长度 L_{d0}。

根据要求，由式（5-17）可得
$$0.7(140+475)mm \leq a_0 \leq 2(140+475)mm$$
$$430.5mm \leq a_0 \leq 1230mm$$

按题意初取中心距 $a_0 = 650mm$，由式（5-18）得带所需的基准长度为
$$L_{d0} \approx 2a_0 + \frac{\pi}{2}(d_{d1}+d_{d2}) + \frac{(d_{d2}-d_{d1})^2}{4a_0}$$
$$= \left[2 \times 650 + \frac{\pi}{2}(140+475) + \frac{(475-140)^2}{4 \times 650}\right]mm \approx 2309mm$$

查表5-3选取 $L_d = 2300mm$。

由式（5-19）计算实际中心距为
$$a \approx a_0 + \frac{L_d - L_{d0}}{2} = \left(650 + \frac{2300-2309}{2}\right)mm \approx 646mm$$

由表5-4查得普通V带轮基准宽度 $b_d = 14mm$，则中心距的调整范围为
$$a_{min} = a - (2b_d + 0.009L_d) = 646mm - (2 \times 14 + 0.009 \times 2300)mm = 597.3mm$$
$$a_{max} = a + 0.02L_d = 646mm + 0.02 \times 2300mm = 692mm$$

可满足中心距要求。

⑥ 确定小带轮包角 α_1。

由式（5-20）确定小带轮包角
$$\alpha_1 = 180° - \frac{d_{d2}-d_{d1}}{a} \times 57.3° = 180° - \frac{475-140}{646} \times 57.3° \approx 150.3° > 120°$$

即小带轮上的包角合适。

⑦ 确定V带的根数 z。

由表 5-5 用内插法得单根 B 型 V 带的基准额定功率 $P_0 = 2.83 \mathrm{kW}$。

由表 5-6 用内插法得 B 型 V 带额定功率的增量 $\Delta P_0 = 0.46 \mathrm{kW}$。

根据 $\alpha = 150.3°$，由表 5-8 用内插法得包角修正系数 $K_\alpha = 0.92$。

根据 $L_d = 2300 \mathrm{mm}$，查表 5-9，得带长修正系数 $K_L = 1.01$，则

$$z = \frac{P_d}{(P_0 + \Delta P_0) K_\alpha K_L} = \frac{9.75}{(2.83 + 0.46) \times 0.92 \times 1.01} = 3.19 \quad 取 \ z = 4$$

⑧ 确定单根 V 带的预紧力 F_0。

由表 5-2 查得 B 型 V 带单位长度的质量 $q = 0.17 \mathrm{kg/m}$，将其带入式（5-22）可得单根 V 带的预紧力 F_0 为

$$F_0 = 500 \left(\frac{2.5}{K_\alpha} - 1 \right) \frac{P_d}{zv} + qv^2 = \left(500 \times \left(\frac{2.5}{0.92} - 1 \right) \times \frac{9.75}{4 \times 10.7} + 0.17 \times 10.7^2 \right) \mathrm{N} = 215.1 \mathrm{N}$$

⑨ 计算 V 带作用在轴上的压力 F_q。

由式（5-23）得

$$F_q = 2 F_0 z \sin \frac{\alpha_1}{2} = \left(2 \times 215.1 \times 4 \times \sin \frac{150.3°}{2} \right) \mathrm{N} = 1663.3 \mathrm{N}$$

⑩ 确定带轮的结构和尺寸（略）。

5.4　V 带传动的张紧、安装与维护

5.4.1　V 带传动的张紧

V 带传动运转一段时间后，带会产生塑性变形和磨损，从而松弛，使预紧力 F_0 减小，传动能力下降。此时，为保证带传动正常工作，必须及时张紧，常用的张紧方法有以下几种。

1. 定期张紧

采用定期改变中心距的方法来调节带的预紧力，使带重新张紧。图 5-11a 所示是采用调节螺钉来调节电动机位置，以实现张紧，适用于水平或接近水平的传动。图 5-11b 所示是采

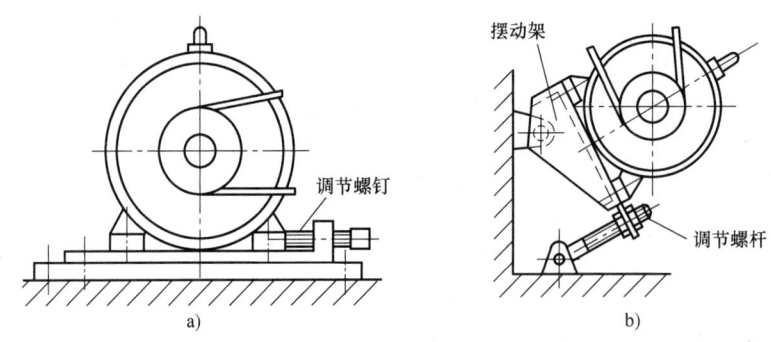

图 5-11　定期张紧
a）调节螺钉调整　b）调节螺杆调整

用调节螺杆来调节摆动架的位置,以实现张紧,适用于垂直或接近垂直的传动。

2. 自动张紧

如图 5-12 所示,将装有带轮的电动机安装在浮动摆动架上,靠电动机和摆动架自身的重量实现张紧,多用于小功率传动。

3. 采用张紧轮

当中心距不可调时,可以采用张紧轮实现张紧。图 5-13a 所示,将张紧轮安装在带的松边内侧靠近大带轮处,避免减小小带轮包角,使带只受单方向弯曲。图 5-13b 所示,利用悬重使张紧轮自动压在带松边外侧靠近小轮处,适用于传动比大而中心距小的场合,但会使带产生反向弯曲,降低带的疲劳强度。

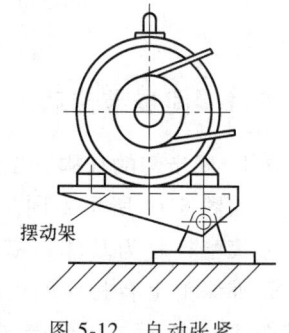

图 5-12　自动张紧

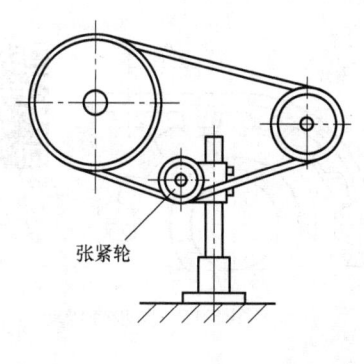 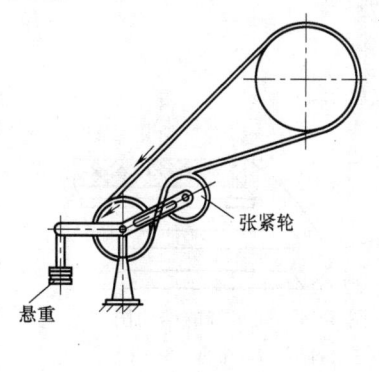

a)　　　　　　　　　　　　　　b)

图 5-13　采用张紧轮
a)张紧轮安装在内侧　b)张紧轮安装在外侧

5.4.2　V 带传动的安装与维护

为了延长 V 带的使用寿命,保证带传动正常工作,必须正确安装、使用和维护 V 带。一般应注意以下几点:

① 安装时两带轮轴的轴线必须相互平行,轮槽应对正,误差控制在 20′ 以内,以避免带扭曲和加剧磨损。

② 安装带时,应先缩小中心距,然后松开张紧轮,将带套入槽后再调整到合适的张紧程度。切忌将带强行撬入,以免损坏带,降低带的使用寿命。

③ 定期检查 V 带。当多根 V 带传动时,为避免受载不均,应采用配组带。若发现其中一根带松弛或损坏,应全部同时更换,避免加速新带的损坏。实际长度相同的旧带也可组合使用。

④ 严防 V 带与酸、碱、油类等介质接触,也不宜在阳光下暴晒,以免老化变质。

⑤ 应定期清洁 V 带和带轮,去除油污,以免打滑。

⑥ 带传动应加设防护罩。一方面为了安全生产,另一方面为了防止酸、碱等其他物质腐蚀带。

5.5 其他带传动简介

5.5.1 同步带传动

1. 同步带的结构、工作原理及类型

如图 5-14 所示,同步带是以钢丝绳、玻璃纤维绳或合成纤维绳为抗拉层,以氯丁橡胶或聚酯橡胶为基体,横截面为矩形,工作面上带齿的环状带。与同步带相配合的同步带轮外缘上也有相应的齿槽。工作时,带上的凸齿与带轮外缘上的齿槽啮合,传递运动,如图 5-15 所示。由于带与带轮之间无相对滑动,能保证两带轮的圆周速度同步,故称为同步带传动。

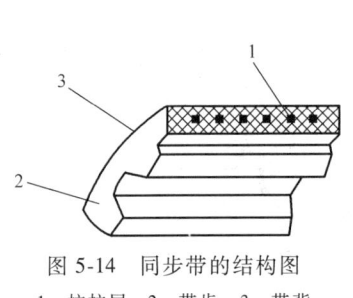

图 5-14 同步带的结构图
1—抗拉层 2—带齿 3—带背

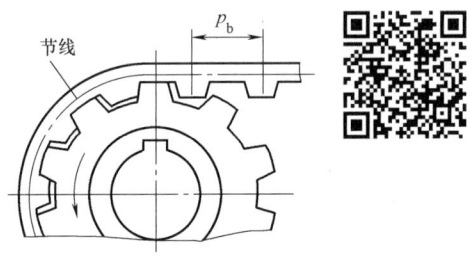

图 5-15 同步带传动

按同步带工作齿面的形状分类,可分为梯形齿和曲线齿两种。梯形齿同步带有节距制和模数制两种,适用于各种中小功率机械。曲线齿适用于重型机械。

2. 同步带的特点

同步带传动综合了带传动和链传动的优点。与 V 带传动相比,同步带传动有以下优点:

① 工作时带与带轮同步,无相对滑动,故传动比恒定。
② 传动效率高,可达 98%。
③ 预紧力小,对轴和轴承的压力小。
④ 带的柔性好,故可用直径小的带轮,结构紧凑。
⑤ 带薄而轻,抗拉强度高,可用于高速传动,带速可达 50m/s,传动比可达 10,传动功率可达 300W。
⑥ 能在高温、灰尘、积水和腐蚀介质中工作,维护保养方便。

同步带传动的主要缺点是对制造、安装的要求比较高,且造价高。常用于传动比要求准确的中小功率传动,例如电子计算机、电影放映机、录音机、纺织机械和数控机床等。

5.5.2 高速带传动

高速带传动是带速大于 30m/s,高速轴转速范围为 10000~50000r/min 的带传动。质量轻、厚度薄而均匀、挠曲性好的环形平带用作高速带。为了达到质量轻且分布对称均匀、运转时空气阻力小的目的,常采用钢或铝合金制造高速带轮。高速带轮各表面均应进行精加工,使轮缘工作表面粗糙度 Ra 值小于或等于 $3.2\mu m$。为保证高速带传动运转平稳,传动可靠，并具有一定的使用寿命，要求高速带轮必须进行动平衡试验。

高速带轮轮缘应加工出凸度，制成鼓形面或双锥面，以免带从轮上脱落，如图5-16a所示。常在高速轮缘表面加工出环形槽，以免运转时带与轮缘表面之间形成空气层而降低摩擦系数，如图5-16b所示。

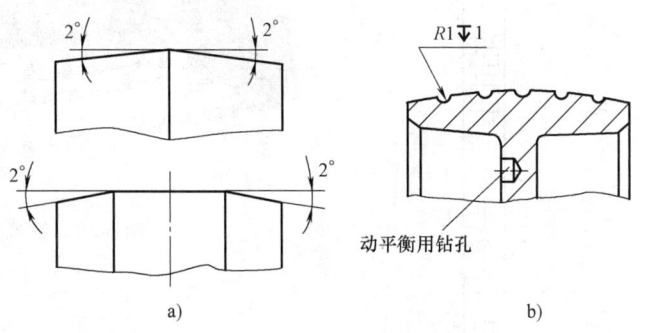

图 5-16 高速带轮轮缘

高速带传动广泛用于增速机构，其增速比为 2~4，最高可达 8，常用于驱动高速机床、粉碎机、离心机等。

5.6 链传动概述

链传动是具有中间挠性件的啮合传动，是一种应用十分广泛的机械传动形式，兼有带传动和齿轮传动的一些特点。

5.6.1 链传动的组成和类型

链传动是由主动链轮1、从动链轮2和绕在两链轮上的环形链条3组成，如图5-17所示。链条作中间的挠性件，靠链条与链轮齿的啮合来传递运动和动力。

按用途不同，链条可分为传动链、输送链和起重链三种。传动链主要用于一般机械传动中；输送链和起重链主要用在运输和起重机械中，例如链斗式提升机和链式运输机等，如图 5-18 和图 5-19所示。

机械中传递动力的传动链主要有滚子链和齿形链（图5-20）两种。齿形链由成组齿形链板左右交错排列，工作时

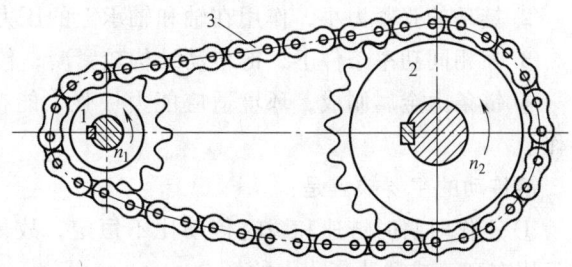

图 5-17 链传动简图
1—主动链轮 2—从动链轮 3—环形链条

运转平稳，噪声小，又称为无声链。它承受冲击载荷的能力强，但质量大、结构复杂、成本高，故常用于高速或运动精度和可靠性要求较高的传动装置中。而滚子链结构简单、成本低廉、磨损小、产量高，应用十分广泛，一般的传动中主要用滚子链。本节主要讨论滚子链传动。

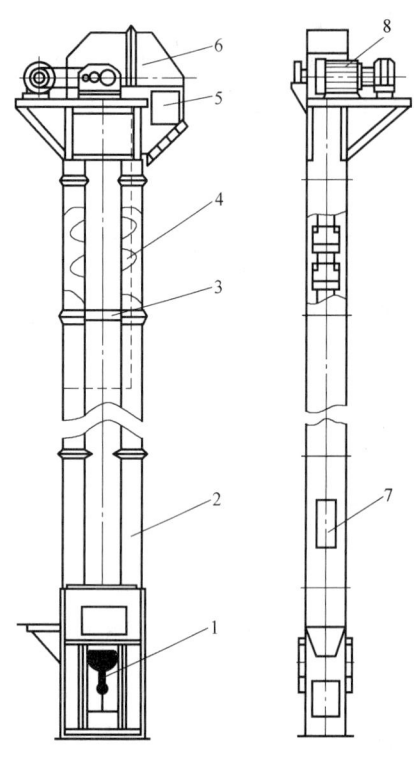

图 5-19 链式运输机

图 5-20 齿形链

图 5-18 链斗式提升机

1—下部区段 2—双通道中部壳 3—中部机壳连板 4—链（带）斗组 5—驱动装置 6—上部区段 7—检视门 8—驱动装置

5.6.2 链传动的特点和应用

与带传动相比，链传动主要有下列优点：

① 链传动没有弹性滑动和打滑，故能保证准确的平均传动。

② 链条的张紧力小，作用在轴和轴承上的压力也小。

③ 在相同功率条件下，链传动结构较紧凑，传动效率高，可达 98%。

④ 链条由金属制成，环境适应能力极强，能在高温、多尘、油污和腐蚀等恶劣环境下工作。

链传动的主要缺点是：

① 工作时瞬时链速和瞬时传动比不恒定，故传动平稳性差，有一定的冲击和噪声，不宜于用在高速或载荷变化大的场合。

② 在两根平行轴之间只能用于同向回转运动。

③ 与带传动相比，无过载保护作用，且制造费用较高。

链传动主要用于工作要求可靠，两轴相距较远，且不宜采用齿轮传动场合。除此之外，还可在速度低、载荷大、环境恶劣的场合中使用。目前广泛应用于矿山、农业、冶金、起重运输、石油、化工和建筑等各类机械中。链传动通常的传递功率 $P \leqslant 100kW$，链条圆周速度 $v \leqslant 15m/s$，传动比 $i \leqslant 8$。

5.6.3 滚子链和链轮

1. 滚子链的结构及其标准

滚子链的结构如图 5-21 所示，由内链板 1、外链板 2、销轴 3、套筒 4 和滚子 5 组成。其中，内链板与套筒、外链板与销轴均为过盈配合；滚子和套筒、套筒和销轴均为间隙配合。当内外链板挠曲时，套筒可以绕销轴自由转动。滚子活套在套筒上，链条工作时，滚子沿链轮齿廓滚动，滚子与链轮齿廓形成滚动摩擦，这样可以减少磨损。链的磨损主要发生在销轴和套筒的接触面上，故内、外链板链板间应留少许间隙，以便润滑油能渗入销轴与套筒间的摩擦面上。为减轻重量并使链板各截面抗拉强度接近相等，链板一般制成∞字形。

节距是链条的主要参数，用 P 表示，是指相邻两滚子中心线的距离。节距越大，链条各零件的尺寸也越大，所能传递的功率也越大。

当传递大功率时，可采用双排链（图 5-22）或多排链。排数越多，承载能力也越高，但排数过多时很难保证制造和装配精度，导致各排链受载不均，故为承载均匀，排数最多不超过 4，常用的是双排链或三排链。

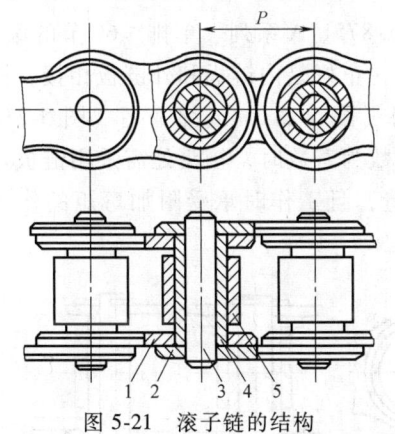

图 5-21 滚子链的结构

1—内链板 2—外链板 3—销轴 4—套筒 5—滚子

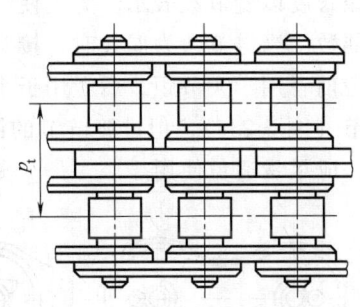

图 5-22 双排滚子链

滚子链已经标准化，国家标准号为 GB/T 1243—2006，分为 A、B 两大系列，我国主要使用 A 系列滚子链。表 5-10 列出了 A 系列滚子链部分规格的主要参数。表 5-10 中的链号数乘以 25.4/16（mm）即为节距值。

表 5-10 滚子链的主要参数（摘自 GB/T 1243—2006）

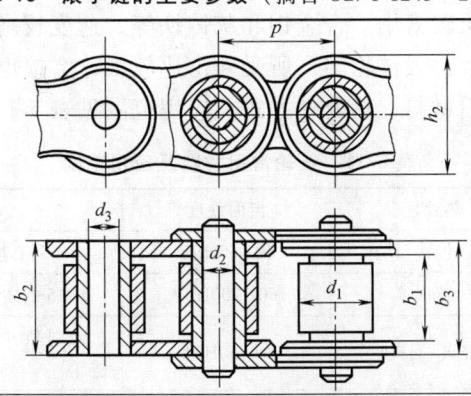

（续）

链号	节距 P	排距 p_1	滚子直径 $d_{1\max}$	销轴直径 $d_{2\max}$	套筒孔径 $d_{3\min}$	内节内宽 $b_{1\min}$	内节外宽 $b_{2\max}$	外节内宽 $b_{3\min}$	内链板高度 $h_{2\max}$	单排抗拉强度 $F_{u\min}$	单排每米质量 q
					mm					kN	kg/m
08A	12.70	14.38	7.92	3.98	4.00	7.85	11.17	11.23	12.07	13.9	0.60
10A	15.875	18.11	10.16	5.09	5.12	9.40	13.84	13.89	15.09	21.8	1.00
12A	19.05	22.78	11.91	5.96	5.98	12.57	17.75	17.81	18.10	31.3	1.50
16A	25.40	29.29	15.88	7.94	7.96	15.75	22.60	22.66	24.13	55.6	2.60
20A	31.75	35.76	19.05	9.54	9.56	18.90	27.45	27.51	30.17	87.0	3.80
24A	38.10	45.44	22.23	11.11	11.14	25.22	35.45	35.51	36.20	125.0	5.60
28A	44.45	48.87	25.40	12.71	12.74	25.22	37.18	37.24	42.23	170.0	7.50
32A	50.80	58.55	28.58	14.29	14.31	31.55	45.21	45.26	48.26	223.0	10.10
40A	63.50	71.55	39.68	19.85	19.87	37.85	54.88	54.94	60.33	347.0	16.10
48A	76.20	87.83	47.63	23.81	23.84	47.35	67.81	67.87	72.39	500.0	22.60

滚子链的标记：链号-排数-整链链节数 标准编号。

例如：10A-1-60 GB/T 1243—2006 表示节距为 15.875、A 系列、单排、60 节的滚子链。

链条长度以链节数表示。为了使链条连成环形时，正好是内链板和外链板相接，链节数最好为偶数。当链节数为偶数时，接头处可用开口销（图 5-23a）或弹簧夹（图 5-23b）锁紧，一般前者用于大节距，后者用于小节距。当链节数为奇数时，接头处需采用链板弯曲的过渡链节（图 5-23c），但过渡链节的链板需单独制造，且工作时承受附加弯矩的作用，降低强度，应尽量避免使用。

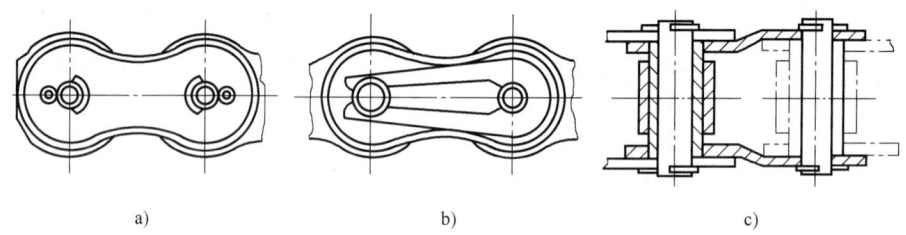

图 5-23 滚子链的接头形式

2. 滚子链链轮的材料和结构

链轮的材料应满足对轮齿的强度和耐磨性要求，故齿面通常应经过热处理，以达到一定的硬度。常用的材料有优质碳素钢、合金钢和灰铸铁等，速度较高的小功率链轮也可用夹布胶木。由于小链轮啮合次数比大链轮多，所受冲击比较大，磨损也比较严重，故所用材料一般优于大链轮。链轮的常用材料、热处理方式及应用范围见表 5-11。

表 5-11 链轮常用材料及应用范围

材料	热处理	齿面硬度	应用范围
15、20	渗碳、淬火、回火	50~60HRC	$z \leq 25$，有冲击载荷的链轮
35	正火	160~200HBW	$z>25$ 的主、从动链轮
45、50、45Mn、ZG310-570	淬火、回火	40~50HRC	无剧烈冲击振动和要求耐磨的主、从动链轮

（续）

材　　料	热处理	齿面硬度	应用范围
15Cr、20Cr	渗碳、淬火、回火	55~60HRC	$z<30$ 传递较大功率的重要链轮
40Cr、35SiMn、35CrMo	淬火、回火	40~50HRC	要求强度较高和耐磨损的重要链轮
Q235A、Q275A	焊接后退火	≈140HBW	中低速、功率不大的较大链轮
不低于 HT200 的灰铸铁	淬火、回火	260~280HBW	$z>50$ 的从动链轮以及外形复杂或强度要求一般的链轮
夹布胶木			$P<6kW$,速度较高,要求传动平稳、噪音小的链轮

链轮齿形应保证链节能平稳地进入啮合和退出啮合,链条与链轮啮合时接触良好,受力均匀,不易脱链,便于加工。

如图 5-24 所示,国家标准只规定了滚子链链轮齿槽圆弧半径齿沟圆弧半径 r_i 和齿沟角 α（图 5-24a）的上、下极限值,没有规定具体的链轮齿形。只要在极限范围内的各种齿形均可采用,这样处理使设计者在设计齿廓、按要求选择齿形参数时有较大的灵活性。最常用的滚子链链轮轴向齿形如图 5-25a 所示,由三圆弧和一直线组成,即 $\overset{\frown}{aa}$、$\overset{\frown}{ab}$、$\overset{\frown}{cd}$ 和 bc 组成。这种齿形符合上述齿槽形状范围,用相应标准刀具加工这种齿形时,不需在链轮工作图上画出端面齿形,但需画出链轮的轴向齿形,如图 5-25b 所示。

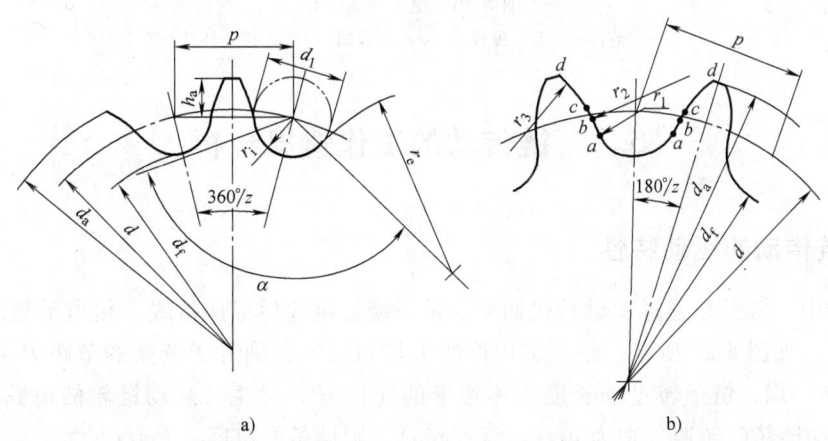

图 5-24　滚子链链轮端面齿形

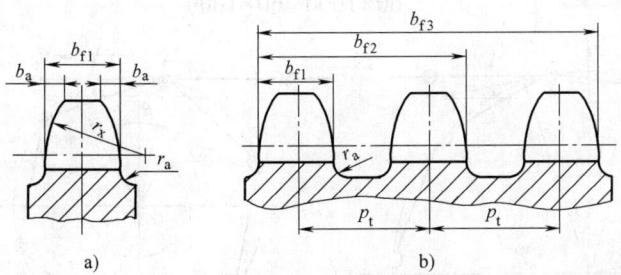

图 5-25　滚子链链轮轴向齿形

链轮的主要参数为齿数 z、节距 P 和分度圆直径 d,分度圆即为链轮上被节距等分的圆。

若已知链轮的齿数 z 和节距 P，其主要尺寸的计算式为

分度圆直径 $\qquad d = P/\sin\dfrac{180°}{z}$ (5-24)

齿顶圆直径 $\qquad d_a = P\left(0.54 + \cot\dfrac{180°}{z}\right)$ (5-25)

齿根圆直径 $\qquad d_f = d - d_1$（d_1 为滚子直径） (5-26)

常用的链轮结构形式如图 5-26 所示。一般根据其齿顶圆直径的大小确定链轮的结构。小直径链轮可制成整体式，如图 5-26a 所示；中等直径链轮可制成腹板式，如图 5-26b 所示；大直径链轮可采用组合式结构，如图 5-26c 所示，组合式结构的链轮轮芯和齿圈通常选用不同材料制成，可用螺栓连接或焊接成一体（图 5-26d），齿圈磨损后可更换。

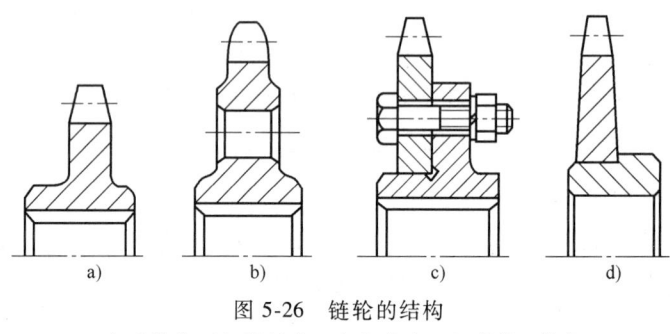

图 5-26 链轮的结构
a) 整体式 b) 腹板式 c) 组合式 d) 焊接一体式

5.7 链传动的工作情况分析

5.7.1 链传动的运动特性

链传动中，链条是通过销轴铰接而成，链条绕在链轮后形成折线，相当于链条绕在正多边形链轮上，如图 5-27 所示。该正多边形的边长和边数分别等于链条的节距 P 和链轮齿数 z。链轮每转一周，链条转过的长度为多边形的周长 zP，设主、从动链轮的齿数分别为 z_1、z_2，主、从动链轮的转速分别为 n_1、n_2（r/min），则链条的速度 v（m/s）为

$$v = \dfrac{z_1 n_1 P}{60 \times 1000} = \dfrac{z_2 n_2 P}{60 \times 1000} \qquad (5\text{-}27)$$

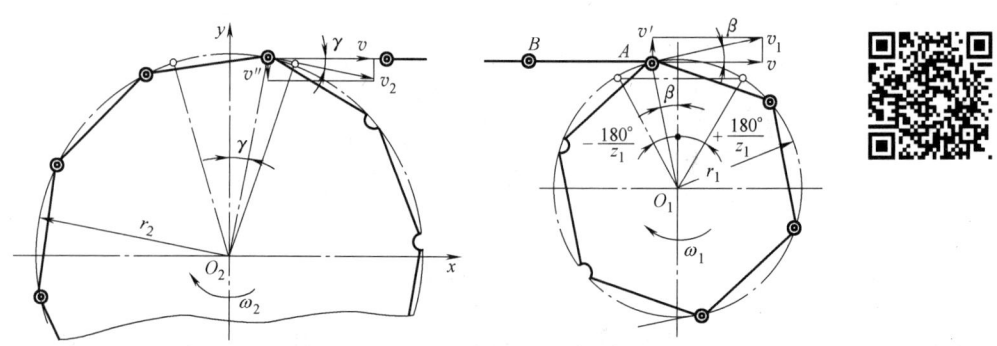

图 5-27 链传动的速度分析

链传动的传动比为

$$i_{12} = \frac{n_1}{n_2} = \frac{z_2}{z_1} \tag{5-28}$$

由以上两式求得的链速和传动比均为平均值。与带传动相比，链条与链轮间无相对滑动，故平均链速和平均传动比为常数。事实上，即使主动轮的角速度 ω_1 为常数，链的瞬时速度和瞬时传动比都是作周期性变化的。

为分析方便，设链条的紧边在传动时始终处于水平位置，如图 5-27 所示。链传动中，链条紧边的运动取决于其主动端销轴 A 的运动。设主动链轮以角速度 ω_1 等速转动，其分度圆半径为 r_1，销轴 A 的轴心沿链轮分度圆随之做等速转动，其圆周速度 $v_1 = r_1\omega_1$。可将 v_1 分解为水平分速度 v 和垂直分速度 v'，其中 v 为链条向前原动的速度，v' 为链条上下横向运动的速度，它们的值分别为

$$v = v_1\cos\beta = r_1\omega_1\cos\beta \tag{5-29}$$
$$v' = v_1\sin\beta = r_1\omega_1\sin\beta \tag{5-30}$$

式中，β 为销轴 A 的圆周速度方向与链条前进方向所夹的锐角，也是铰链 A 在主动轮上的相位角。由图 5-27 可知，β 在 $-180°/z_1 \sim +180°/z_1$ 之间变化。

当 $\beta = 0°$ 时，链速最大，$v = v_{max} = r_1\omega_1$，而 $v' = v'_{min} = 0$；

当 $\beta = \pm\dfrac{180°}{z_1}$ 时，链速最小，$v = v_{min} = r_1\omega_1\cos\dfrac{180°}{z_1}$，而 $v' = v'_{max} = r_1\omega_1\sin\dfrac{180°}{z_1}$。

由此可知，链条在传动过程中，每转过一个链节，其前进的瞬时速度 v 周期性地由小变大，再由大变小，导致链条忽快忽慢地运动。同时，链条上下的横向运动也作周期性变化。从动链轮上的链节铰链销轴的相位角 γ 的变化范围为 $180°/z_2 \sim +180°/z_2$，由于链速 v 不为常数，同理可知，从动链轮的角速度 ω_2 也是周期性变化，如图 5-27 所示，设从动链轮分度圆半径为 r_2，则其角速度 ω_2 为

$$\omega_2 = \frac{v}{r_2\cos\gamma} = \frac{r_1\omega_1\cos\beta}{r_2\cos\gamma} \tag{5-31}$$

则链传动的瞬时传动比为

$$i = \frac{\omega_1}{\omega_2} = \frac{r_2\cos\gamma}{r_1\cos\beta} \tag{5-32}$$

在链传动过程中，因为主动链轮的相位角 β 和从动链轮的相位角 γ 随时间变化而变化，且一般 $\beta \neq \gamma$，所以链传动的瞬时传动比也随时间而变化，即瞬时传动比 i 不恒定。

这种由于绕在链轮上的链条形成了正多边形，从而引起的链传动运动不均匀的现象称为链传动的多边形效应。链轮齿数越少，或是链轮的节距越大，转速越高，这种多边形效应就越明显，反之会越弱。由于链条的上下横向运动也发生周期性变化，从而使链条在运动中上下抖动。

综上所述，链传动在工作时会产生振动、冲击，并引起附加动载荷，且链传动的瞬时传动比不恒定，故不适用于精度要求高的场合和高速传动。

5.7.2 链传动的受力分析

链传动在安装时，应使链条受到一定的张紧力，目的主要是使松边的垂度不致过大，避

免产生振动、跳齿和脱链现象。如果不计传动中的动载荷,则链在传动中主要受以下几种力。

1. 工作拉力 F

$$F = \frac{1000P}{v} \quad (5-33)$$

式中,P 为链传动传递的功率(kW);v 为链速(m/s)。

2. 离心拉力 F_c

链条随链轮转动时会产生离心拉力,它作用在整根链条上,其计算公式为

$$F_c = qv^2 \quad (5-34)$$

式中,q 为链条单位长度的质量(kg/m),见表 5-10。

3. 悬垂拉力 F_f

F_f 为链条松边垂度引起的拉力,其值取决于传动的布置方式和链条松边垂度,F_f 应取 F_f' 和 F_f'' 中较大者,其计算公式为

$$\left. \begin{array}{l} F_f' = K_f qa \times 10^{-2} \\ F_f'' = (K_f + \sin\alpha) qa \times 10^{-2} \end{array} \right\} \quad (5-35)$$

式中,a 为链传动的中心距(mm);K_f 为垂度系数,如图 5-28 所示,图中 f 为下垂度,α 为两轮中心连线与水平面的倾斜角;q 的意义同前。

链条在传动过程中,其紧边所受的拉力和松边所受的拉力是不相等的。设紧边拉力和松边拉力分别为 F_1、F_2,有

$$\left. \begin{array}{l} F_1 = F + F_c + F_f \\ F_2 = F_c + F_f \end{array} \right\} \quad (5-36)$$

链作用在链轮轴上的压力 F_Q 可近似取为

$$F_Q = (1.2 \sim 1.3)F \quad (5-37)$$

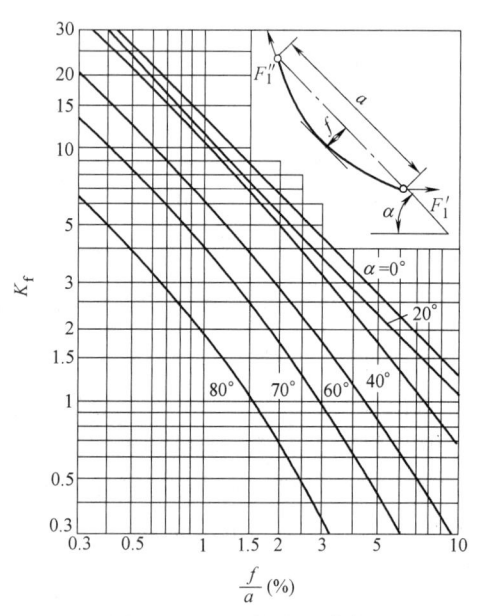

图 5-28 悬垂拉力的确定

5.8 链传动的设计计算

5.8.1 滚子链传动的失效形式

滚子链传动的失效一般是链条的失效,常见的失效形式有以下几种。

1. 链板疲劳破坏

链传动中,链条周期性地从松边到紧边运动,其各元件所受应力为交变应力。在正常润滑条件下,当循环次数超过一定值后,链板会出现疲劳断裂。链板的疲劳破坏是链传动的主要失效形式,也是决定链传动承载能力的主要因素。

2. 链条铰链磨损

链条与链轮啮合传动时,销轴与套筒之间在承受较大压力的情况下相对转动和滑动,从

而引起铰链磨损。磨损使链节增长，动载荷增加，滚子与链轮轮齿的啮合点逐渐向齿顶方向外移，容易引起脱链、跳齿和传动失效。是开式链传动的主要失效形式。

3. 链条铰链胶合

当链条转速过高或是润滑不良时，承受载荷的链条铰链的销轴和套筒的两工作表面间润滑油膜被破坏，从而发生粘结，在相对运动时使粘结部位撕开，发生胶合破坏。它一定程度上限制了链传动的极限转速。

4. 链条的多次冲击破断

链传动工作时，链条与链轮啮合时会产生冲击载荷，而且链条在反复启动、制动或反转时会引起冲击载荷，经过一定的循环次数，滚子、套筒会发生冲击破断。

5. 链条过载拉断

在低速（$v<0.6\text{m/s}$）、重载或严重过载的场合，当载荷超过链条的静强度时链条会被拉断。

5.8.2 滚子链的极限功率曲线

链传动的各种失效形式都使其承载能力受到限制。如图 5-29 所示为单排滚子链在特定条件下通过实验作出的极限功率曲线。曲线 1 是在润滑良好的条件下，链条铰链磨损破坏限定的极限功率；曲线 2 是链板疲劳破坏限定的极限功率；曲线 3 是套筒、滚子冲击疲劳破坏限定的极限功率；曲线 4 是线轴和套筒胶合限定的极限功率；曲线 5 是在良好润滑条件下链传动的额定功率曲线，它是设计链传动时使用的曲线；曲线 6 是在润滑不良或工作环境恶劣条件下的极限功率曲线，在这种情况下工作时，链的磨损将会很严重，其极限功率大幅度下降。

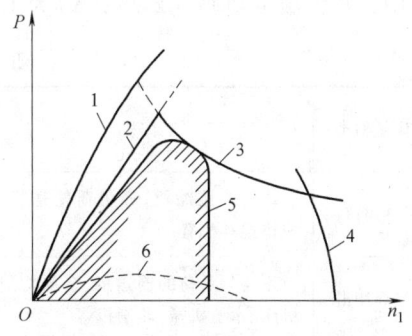

图 5-29 滚子链的极限功率曲线

5.8.3 滚子链传动的参数选择和设计步骤

1. 已知条件

传动用途、原动机类型、工作情况、传递功率、主动轮转速、传动比（或从动轮转速）以及对外廓安装尺寸要求等。

2. 设计任务

确定滚子链的型号、链的节距、链的排数、链轮齿数、材料、结构、传动中心距、作用在轴上的压力以及润滑方式。

3. 设计步骤

① 确定链轮的齿数 z_1、z_2。

链轮齿数对链传动平稳性和使用寿命影响很大。当小链轮齿数过少时，传动平稳性差，动载荷大，磨损加剧，从而使传动的功率损耗增大，故应限制小链轮的最少齿数；但当小链轮齿数过多时，传动尺寸和重量会增大，容易发生跳齿和脱链现象，故小链轮的齿数也不易过多。通常小链轮的最少齿数 z_1 根据表 5-12 选择。在传动比给定的情况下，大链轮的齿数根据 $z_2=iz_1$ 确定，大链轮的齿数也不易过多，一般应使 $z_2 \leq 120$。

由于链节数通常取偶数，为使磨损均匀，一般取链轮齿数为奇数。优先选用的链轮齿数为：17、19、21、23、25、38、57、76、95、114。

表 5-12 小链轮齿数 z_1 的选择

链速 v(m/s)	0.6~3	3~8	>8
齿数 z_1	≥17	≥21	≥25

② 确定传动比 i。

传动比 i 的大小受链传动外廓尺寸的限制。当传动比过大时，小链轮上的包角会过小，使同时参与啮合的齿数减少，增大每个轮齿的受力，从而加速轮齿的磨损，导致跳齿或脱链现象，因此通常取传动比 $i \leq 7$，且小链轮上的包角不应小于 120°。

③ 确定计算功率 P_d。

确定计算功率 P_d 是由传递的额定功率 P、载荷性质以及原动机种类确定，即

$$P_d = K_A P \text{(kW)} \tag{5-38}$$

式中，P 为额定功率（kW）；K_A 为工作情况系数，见表 5-13。

表 5-13 工作情况系数 K_A

载荷种类	工作机	原动机		
		内燃机液力传动	电动机或汽轮机	内燃机机械传动
平稳载荷	离心式压缩机、轻负荷输送机、液体搅拌机等	1.0	1.0	1.2
中等冲击	不均匀负荷的输送机、金属切削机床、木工机械、印刷机等	1.2	1.3	1.4
较大冲击	挖掘机、振动式输送机、锻压机械、破碎机、压力机、重型起重机等	1.4	1.5	1.6

④ 确定链型号和链节距 p。

根据计算功率 P_d 和小链轮转速 n_1，按图 5-30 选定链号，再根据表 5-10 查出链节距 P。

⑤ 确定中心距 a 和连接数 L_p。中心距 a 过小，链条较短，在一定链速下，单位时间内链条绕过链轮次数增多，加剧了链的磨损和疲劳，降低链条的使用寿命；中心距 a 过大，传动的外廓尺寸增大，链条松边垂度增大，传动时会使链条上下抖动，无法保证传动平稳性。一般可取中心距 $a_0 = (30\sim50)P$，中心距最大可取 $a_{0\max} \leq 80P$。

然后根据初定的中心距，计算链条的长度。链条的长度用链节数 L_p 表示，链接数 L_p 与中心距 a_0 间的关系为

$$L_p = \frac{2a_0}{P} + \frac{z_1 + z_2}{2} + \left(\frac{z_2 - z_1}{2\pi}\right)^2 \frac{P}{a} \tag{5-39}$$

计算出的链节数 L_p 应圆整为整数，且最好取偶数，以免使用过渡链板。

最后按下式计算实际中心距 a。

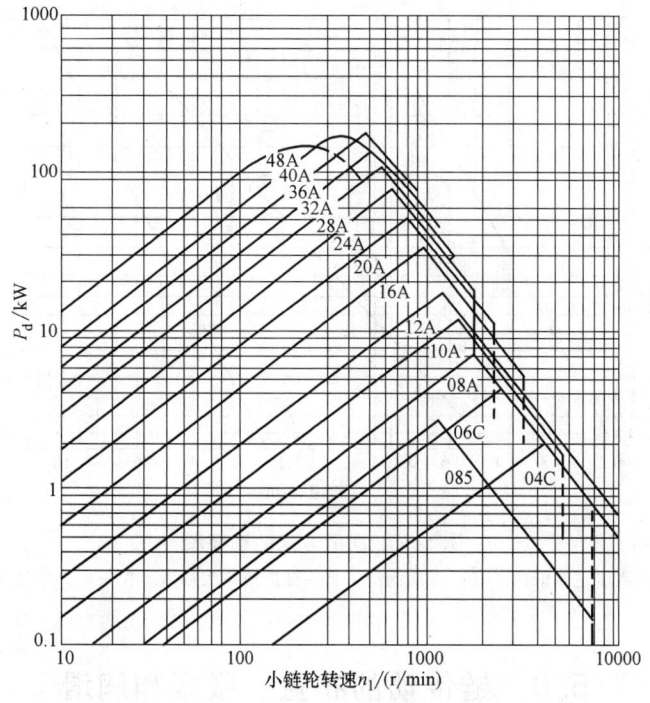

图 5-30　A 系列单排滚子链的额定功率曲线

$$a = \left[\left(L_p - \frac{z_1+z_2}{2} \right) + \sqrt{\left(L_p - \frac{z_1+z_2}{2} \right)^2 - 8\left(\frac{z_2-z_1}{2\pi} \right)^2} \right] \quad (5\text{-}40)$$

为便于链条的安装和张紧，通常将中心距设计成可调；当中心距不可调时，则应将计算出的中心距减小 2~5mm。

⑥ 验算链速 v。

$$v = \frac{z_1 n_1 P}{60 \times 1000} = \frac{z_2 n_2 P}{60 \times 1000} \quad (5\text{-}41)$$

小链轮的齿数是根据链速确定的，若链速与估算范围不同，应调整相关参数重新设计计算。

⑦ 计算链条的有效拉力 F。

$$F = \frac{1000 K_A P_d}{v} (N) \quad (5\text{-}42)$$

⑧ 计算作用在链轮轴上的压力 F_q。

链传动所需的预紧力较小，因此作用在链轮轴上的压力也较小，通常可按下式近似计算

$$F_q = (1.2 \sim 1.3) F \quad (5\text{-}43)$$

⑨ 选择润滑方式。

根据链速 v 和链节距 P，由图 5-31 选择合适的润滑方式。

⑩ 确定链轮的结构和材料（略）。

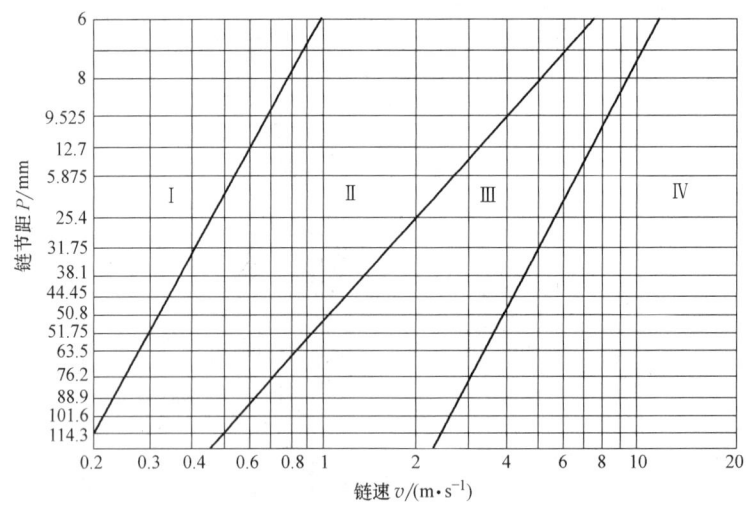

图 5-31　润滑方式的选择图

Ⅰ—人工定期润滑　Ⅱ—滴油润滑　Ⅲ—油浴或飞溅润滑　Ⅳ—压力喷油润滑

5.9　链传动的布置、张紧和润滑

5.9.1　链传动的布置

链传动的布置影响到链传动的工作状况和使用寿命,其合理布置的方式列于表 5-14 中。

表 5-14　链传动的合理布置

传动参数	合理布置	说明
$i = 2 \sim 3$ $a = (30 \sim 50)P$	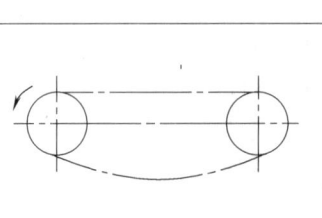	两轮中心线最好在同一水平面内,或是它们的中心连线与水平面成 60°以下的倾斜角。紧边在上面或在下面都可以,最好在上面
$i > 2$ $a < 30P$		两轮中心线不在同一水平面内时,松边应在下面,否则松边下垂量增大后,链条易与链轮卡死
$i < 1.5$ $a > 60P$		两轮中心线在同一水平面内时,松边应在下面,否则松边下垂量增大后,松边会与紧边相碰,须经常调整中心距

(续)

传动参数	合理布置	说明
i、a 为任意值		当两轮中心线在同一铅垂面内时,链的下垂量增大(图 a),会减少下链轮的有效啮合齿数,降低承载能力。为此可采用中心距可调链轮、设张紧装置(图 b)、上下轮错开(图 c)等措施。

5.9.2 链传动的张紧

链传动工作一段时间后链条磨损会使链节距变长,导致链条松边垂度过大而产生啮合不良和振动过大,因此应适当张紧。常用的张紧方法有以下几种。

① 调整中心距,以控制链条的张紧程度。
② 将链条拆掉 1~2 个链节以恢复链条原有长度。
③ 当中心距不能调整时,可采用张紧装置。张紧轮一般布置在链条松边的内侧(图 5-32a)或外侧(图 5-32b)。张紧轮可采用链轮或是带挡边的辊轮。张紧装置可分为自动张紧和定期张紧两种,前者利用弹簧(图 5-32c)或挂重(图 5-32d)等自动张紧,后者利用螺旋(图 5-32e)等定期张紧。

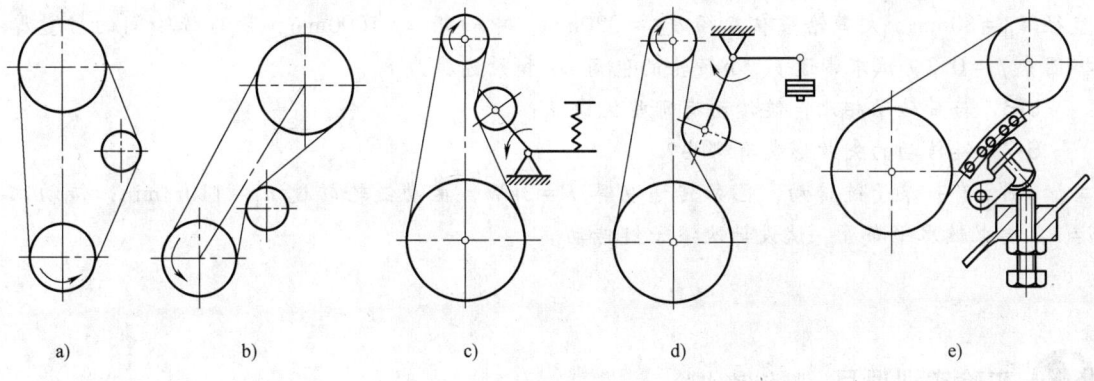

图 5-32 链传动的张紧
a) 张紧轮在内侧 b) 张紧轮在外侧 c) 弹簧调节 d) 挂重调节 e) 螺旋调节

5.9.3 链传动的润滑

链传动的润滑非常重要,良好的润滑可以减小磨损,缓和冲击,延长链条的使用寿命。一般根据链条速度和链号按图 5-31 选择合适的润滑方式,具体的润滑方法和供油量见表 5-15。

表 5-15 滚子链的润滑方法和供油量

润滑方式	润滑方法	供油量
人工定期润滑	定期用刷子或油壶在链条松边内、外链板间隙中注油	每班注油一次
滴油润滑	装有简单外壳,用油杯向松边的内外链板间隙处滴油	单排链,每分钟供油 5~20 滴,速度高时油量应增加
油浴润滑	采用不漏油的外壳,使链条从油槽中通过	链条浸入油中深度为 6~12mm。若浸入油面过深,搅油损失大,油易发热变质;若浸入油面过浅润滑不可靠
飞溅润滑	采用不漏油的外壳,在链轮侧边安装甩油盘,用甩油盘飞溅润滑。甩油盘圆周速度 $v>3\text{m/s}$。当链条宽度大于 125mm 时,链轮两侧各装一个甩油盘	链条不浸入油池,甩油盘浸油深度为 12~35mm
压力润滑	采用不漏油的外壳,油泵供油,喷油嘴设在链条啮入处,循环油可起冷却作用	每个喷油口供油量可根据链条节距及链速大小用有关机械手册决定

习 题

5-1 为什么一般将带传动布置在机械传动系统的高速级?

5-2 带在工作时受到哪些应力,最大应力发生在带的何处,请用图表示。

5-3 带传动中,什么是弹性滑动?什么是打滑?它们有何区别?

5-4 Y 型电动机通过 A 型普通 V 带传动驱动一带式输送机。已知电动机的额定功率 $P = 4.5\text{kW}$,主动轮转速 $n_1 = 1420\text{r/min}$,传动比 $i = 4$,中心距 $a \approx 400\text{mm}$,载荷平稳,两班制工作。试设计该 V 带传动。

5-5 单根普通 V 带传递的功率为 $P = 3.8\text{kW}$,主动轮转速 $n_1 = 1440\text{r/min}$,小带轮基准直径 $d_{d1} = 80\text{mm}$,大带轮基准直径 $d_{d2} = 320\text{mm}$,中心距 $a = 1000\text{mm}$,带与带轮间的当量摩擦因素 $f_v = 0.2$,试求带速 v、小带轮的包角 α_1 和紧边拉力 F_1。

5-6 与带传动相比,链传动有哪些优缺点?

5-7 链传动的失效形式有哪些?

5-8 有一滚子链传动,已知传递功率 $P = 3\text{kW}$,主动链轮转速 $n_1 = 110\text{r/min}$,传动比 $i = 3$,要求链水平布置,试设计次滚子链传动。

实验实训项目:带传动实验。

第6章

齿轮传动

6.1 齿轮传动的特点、类型和基本要求

6.1.1 齿轮传动的特点

齿轮传动是现代机械中应用最广泛的一种机械传动。齿轮传动的主要优点是效率高、结构紧凑、工作平稳、传动可靠、适用范围广和可传递任意轴间的运动和动力等。缺点是制造、安装精度较高，维护费用较大，且不宜做两轴中心距较大的传动。

6.1.2 齿轮传动的类型

按两齿轮轴线的相对位置不同，齿轮可分为平行轴齿轮传动、相交轴齿轮传动和交错轴齿轮传动，见表 6-1。

表 6-1 齿轮传动的类型

分类	具体类型		
平行轴齿轮传动	外啮合直齿圆柱齿轮传动	内啮合直齿圆柱齿轮传动	
	齿轮齿条传动	外啮合斜齿圆柱齿轮传动	外啮合人字齿圆柱齿轮传动

(续)

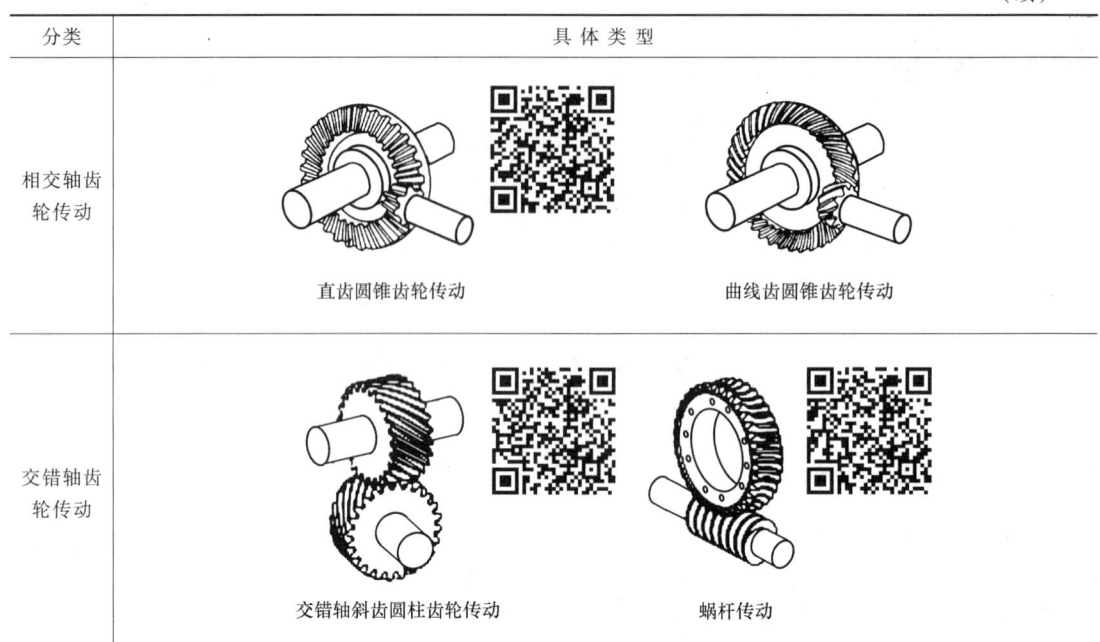

分类	具体类型	
相交轴齿轮传动	直齿圆锥齿轮传动	曲线齿圆锥齿轮传动
交错轴齿轮传动	交错轴斜齿圆柱齿轮传动	蜗杆传动

按齿轮齿廓曲线不同，可分为渐开线齿轮传动、摆线齿轮传动和圆弧齿轮传动，其中渐开线齿轮传动应用最广。

按齿面硬度不同，可分为软齿面（≤350HBW）齿轮传动和硬齿面（>350HBW）齿轮传动。

按齿轮工作条件不同，可分为开式齿轮传动和闭式齿轮传动。开式齿轮传动中，齿轮外露，不能保证良好润滑，适用于不重要的场合。闭式齿轮传动中，齿轮封闭在有润滑油的箱体内，能保证良好润滑，适用于重要场合。

6.1.3 齿轮传动的基本要求

齿轮传动用于传递运动和动力，每种类型的齿轮传动都应满足以下两个基本要求。

（1）传动准确、平稳 即要求齿轮在传动过程中的瞬时传动比恒定不变，以避免产生噪声、振动和冲击。这与齿轮的齿廓形状、制造和安装精度等有关。

（2）承载能力强 即要求齿轮在传动过程中有足够的强度和刚度，能传递较大的动力，以保证在整个使用期限内正常工作不失效。这与齿轮的尺寸、材料和热处理工艺等有关。

6.2 渐开线直齿圆柱齿轮

6.2.1 渐开线齿廓及其啮合特性

1. 渐开线的形成及其特性

如图 6-1 所示，当一动直线沿半径为 r_b 的固定圆做纯滚动时，此直线上任一点 K 的轨迹 AK 称为该圆的渐开线。该固定圆称为基圆，该动直线称为发生线。

渐开线的特性如下：

① 发生线沿基圆滚过的长度，等于基圆上被滚过的一段弧长，即直线段$\overline{BK}$与弧线段$\overset{\frown}{AB}$相等。

② 当发生线在位置Ⅱ沿基圆做纯滚动时，切点B为渐开线在点K处的瞬时转动中心，故切于基圆的发生线BK为渐开线上点K的法线，线段$\overline{BK}$为其曲率半径，点B为其曲率中心，即渐开线上任一点的法线必与基圆相切。

③ 渐开线的形状取决于基圆的大小（图6-2）。基圆愈大，渐开线愈平直；当基圆趋于无穷大时，渐开线就变成一直线，渐开线齿轮变为齿条。

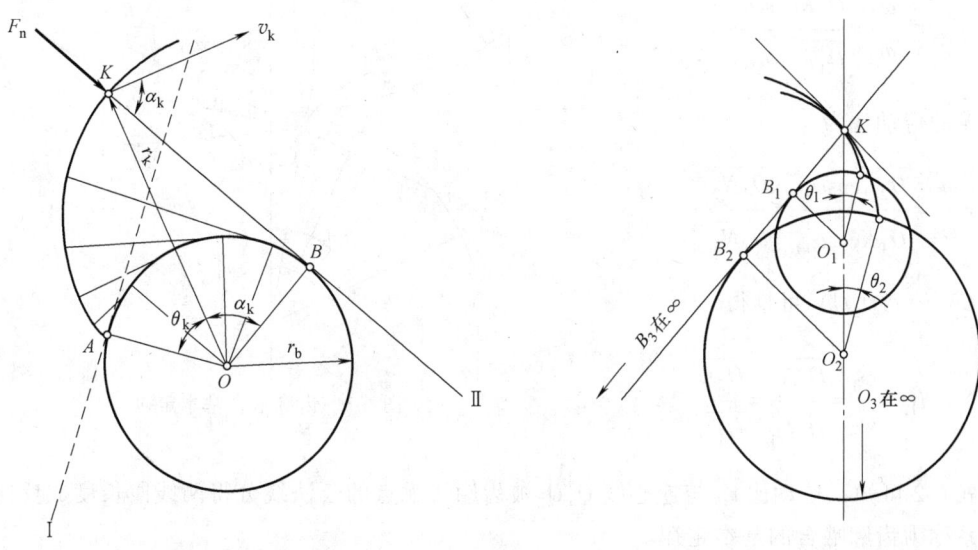

图6-1　渐开线的形成　　　　　　图6-2　不同基圆的齿廓曲线

④ 如图6-2所示，渐开线上任一点的压力角α_k是该点法向力$\boldsymbol{F}_n$方向线与该点绕轮心O转动的速度v_k方向线之间所夹的锐角，由图中几何关系可推出

$$\cos\alpha_k=\frac{\overline{OB}}{\overline{OK}}=\frac{r_b}{r_k} \tag{6-1}$$

式中，r_b为基圆半径；r_k为渐开线上任意点K的向径。可见，渐开线上各点的压力角不等。向径r_k越大（即离轮心越远）的点，其压力角越大；渐开线在基圆上的压力角等于零。

⑤ 渐开线的起始点在基圆上，故基圆内无渐开线。

2. 齿廓啮合的基本定律

一对齿轮是靠主动轮的齿廓依次推动从动轮的齿廓来传递运动和动力的。齿轮传动比是指两轮瞬时角速度之比，即$i_{12}=\omega_1/\omega_2$（ω_1、ω_2分别为主、从动轮的角速度）。要求齿轮在传动过程中瞬时传动比恒定不变，而直接影响齿轮传动瞬时传动比的是齿廓曲线。

如图6-3所示，主动轮1的齿廓E_1与从动轮2的齿廓E_2在点K啮合（接触）。过啮合点

K 作两齿廓的公法线 n-n，与两齿轮连心线 O_1O_2 交于点 C，再过点 O_1、O_2 分别作公法线 n-n 的垂线，得垂足 N_1、N_2。此时两轮在点 K 的速度分别为 $v_{k1}=\omega_1\overline{O_1K}$ 和 $v_{k2}=\omega_2\overline{O_2K}$，要保证两齿轮齿廓高副接触，避免出现干涉或分离而不能正常传动，v_{k1}、v_{k2} 在公法线 n-n 上的分量必须相等，即

$$v_{K1}\cos\alpha_{K1}=v_{K2}\cos\alpha_{K2}$$

也即

$$\frac{\omega_1}{\omega_2}=\frac{\overline{O_2K}\cos\alpha_{k2}}{\overline{O_1K}\cos\alpha_{k1}}$$

则两齿轮的传动比为

$$i_{12}=\frac{\omega_1}{\omega_2}=\frac{\overline{O_2K}\cos\alpha_{k2}}{\overline{O_1K}\cos\alpha_{k1}}=\frac{\overline{O_2N_2}}{\overline{O_1N_1}}$$

由 $\triangle O_1CN_1 \backsim \triangle O_2CN_2$ 可推得

$$i_{12}=\frac{\omega_1}{\omega_2}=\frac{\overline{O_2N_2}}{\overline{O_1N_1}}=\frac{\overline{O_2C}}{\overline{O_1C}} \quad (6\text{-}2)$$

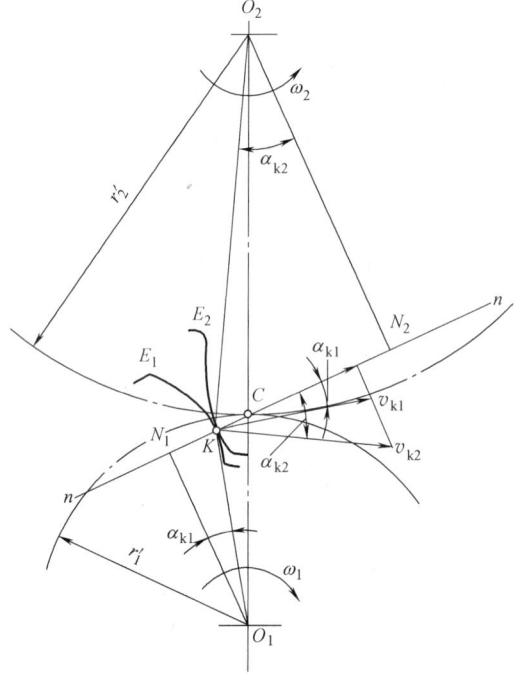

图 6-3 齿廓啮合基本定律

由式 6-2 可知，传动比 i_{12} 与连心线 O_1O_2 被齿廓接触点的公法线分得两线段长度成反比。这一关系称为齿廓啮合的基本定律。

要使两轮传动比恒定不变，则 $\overline{O_2C}/\overline{O_1C}$ 应为一常数。因连心线 O_1O_2 为定长，欲使 $\overline{O_2C}/\overline{O_1C}$ 为常数，则必须使点 C 在连心线 O_1O_2 上为一定点，即：两齿廓不论在何处接触，过接触点的公法线都必须通过两轮连心线上的固定点 C。这就是保证齿轮瞬时传动比恒定时齿廓曲线必须满足的条件。

凡满足齿廓啮合基本定律的一对齿轮的齿廓称为共轭齿廓。由于渐开线齿廓易于制造，便于安装，且互换性好，是实际生产中应用最广的共轭齿廓。

3. 渐开线齿廓的啮合特性

（1）传动比的恒定性　根据渐开线的特性②，齿廓啮合点 K 的公法线 n-n 必同时与两基圆相切，切点为 N_1、N_2，即 N_1N_2 为两基圆的内公切线，如图 6-4 所示。齿轮在啮合过程中，

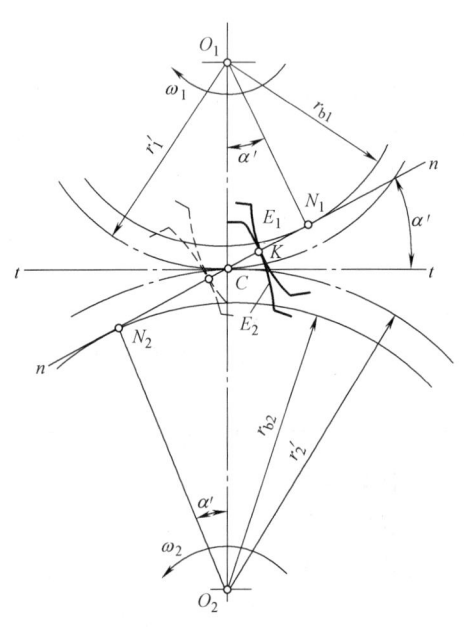

图 6-4 渐开线齿廓的啮合传动

由于两轮基圆的位置和大小都不变,在同一方向只有一条内公切线,因此,两齿廓无论在何位置接触,过接触点的公法线 N_1N_2 必为定直线,它与两轮连心线 O_1O_2 的交点 C 必为一固定点。由齿廓啮合基本定律式 6-2 可知,两轮的传动比恒为常数,即

$$i_{12} = \frac{\omega_1}{\omega_2} = \frac{\overline{O_2C}}{\overline{O_1C}} = 常数 \qquad (6-3)$$

由此可知,渐开线齿廓能够保证瞬时传动比恒定不变。渐开线齿廓啮合传动的这一特性可减少因从动轮的角速度变化而引起的动载荷、振动和噪声,提高传动精度和齿轮使用寿命。

(2) 中心距的可分性 在图 6-4 中,分别以 O_1、O_2 为圆心,过固定点 C 作两个相切的圆,称为节圆,两轮节圆半径分别用 r_1'、r_2' 表示,则由式 (6-1) 可知,啮合齿轮的传动比又可表示成

$$i_{12} = \frac{\omega_1}{\omega_2} = \frac{r_2'}{r_1'} = \frac{r_{b2}}{r_{b1}} \qquad (6-4)$$

式中,r_{b1}、r_{b2} 分别为两轮的基圆半径。

式 (6-4) 表明,渐开线齿轮的传动比不仅与两节圆半径成反比,而且取决于两基圆半径的大小。当一对齿轮制成后,其基圆半径就已确定,即使两轮安装的实际中心距与理论中心距稍有偏差,其传动比仍保持不变,这就是渐开线齿廓啮合传动的中心距可分性。这一特性在生产实际中极为重要,当齿轮不可避免地出现制造和安装误差时,或因使用日久由轴承磨损导致中心距微小改变时,渐开线齿轮传动仍能保持传动比恒定不变和良好的传动性能。

由式 (6-4) 可知,$\omega_1 r_1' = \omega_2 r_2'$,即两轮在节点 C 处的圆周速度大小相等,方向相同。因此,两轮啮合传动的运动关系可视为两轮的节圆做纯滚动。

(3) 传力的平稳性 如前所述,两渐开线齿廓不论在哪一点啮合,其啮合点的公法线均与两基圆的内公切线 N_1N_2 相重合,亦为一定直线。因此,两齿廓啮合传动时,若不考虑齿廓间的摩擦力,则齿廓间的作用力是沿啮合点公法线方向的正压力,其方向始终不变。对于定转矩的传动,齿廓间作用力的大小和方向都始终不变,故传力稳定。这一特性对齿轮传动的平稳性是非常有利的。

在两齿廓的啮合过程中,由于啮合点始终沿着公法线移动,故其轨迹就是内公切线 N_1N_2,称为渐开线齿廓的啮合线。在图 6-4 中,过节点 C 作两节圆的公切线 t-t,它与啮合线 N_1N_2 所夹的锐角 α' 恒定不变,称为啮合角。由图中几何关系可知,啮合角 α' 等于渐开线在节圆上的压力角。

6.2.2 渐开线齿轮各部分名称及几何尺寸

1. 齿轮各部分名称及符号

齿轮各部分名称及符号如图 6-5 所示并见表 6-2。

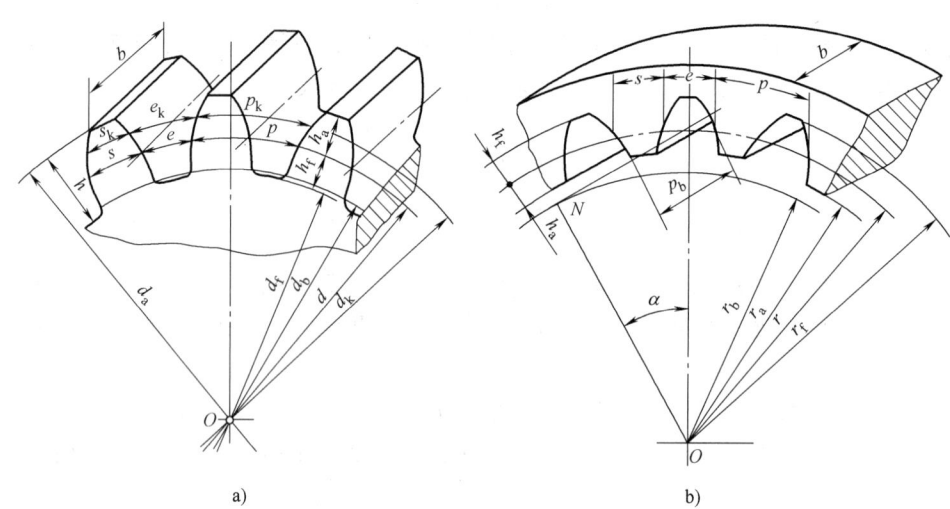

图 6-5 齿轮各部分名称及符号

a) 直齿外齿轮 b) 直齿内齿轮

表 6-2 齿轮各部分名称、几何尺寸及符号

名称	含义	几何尺寸	符号
齿顶圆	各齿顶所在的圆	直径（半径）	$d_a(r_a)$
齿根圆	各齿槽底部所在的圆		$d_f(r_f)$
分度圆	在齿顶圆和齿根圆之间的圆，是计算齿轮几何尺寸的基准圆		$d(r)$
基圆	发生渐开线的圆		$d_b(r_b)$
任意圆周上齿距	在直径为 d_k 的任意圆周上，相邻两齿同侧齿廓间弧长	弧长 $(p_k = s_k + e_k)$ $(p = s + e)$	p_k
任意圆周上齿厚	在直径为 d_k 的任意圆周上，一个轮齿两侧齿廓间弧长		s_k
任意圆周上齿槽宽	在直径为 d_k 的任意圆周上，一个齿槽两侧齿廓间弧长		e_k
齿距	分度圆上相邻两齿同侧齿廓间弧长		p
齿厚	分度圆上一个轮齿两侧齿廓间弧长		s
齿槽宽	分度圆上一个齿槽两侧齿廓间弧长		e
齿高	齿顶圆和齿根圆之间的径向距离	径向高度 $(h = h_a + h_f)$	h
齿顶高	分度圆至齿顶圆的径向距离		h_a
齿根高	分度圆至齿根圆的径向距离		h_f

2. 齿轮的基本参数

（1）齿数 在齿轮整个圆周上的轮齿总数，用 z 表示。

（2）模数 齿轮分度圆周长 $\pi d = zp$，则分度圆直径可由 $d = pz/\pi$ 求出。式中，π 为无理数，故计算很不方便。因此规定 $p/\pi = m$ 为标准值，称为模数，用 m 表示，单位为 mm。则分度圆直径为

$$d = mz \tag{6-5}$$

模数 m 是齿轮尺寸计算中的重要参数。模数愈大，轮齿愈大，弯曲强度愈高，其承载能力也愈大。

模数在我国已经标准化，表6-3为齿轮模数的标注系列。在设计齿轮时，模数 m 必须取标准值。

表6-3　标准模数系列（摘自 GB/T 1357—2008）　　　　　（单位：mm）

第一系列	1,1.25,1.5,2,2.5,3,4,5,6,8,10,12,16,20,25,32,40,50
第二系列	1.125,1.375,1.75,2.25,2.75,3.5,4.5,5.5,(6.5),7,9,11,14,18,22,28,36,45

注：1. 本表适用于渐开线圆柱齿轮。对斜齿轮则是指法向模数。
　　2. 选用模数时，应优先采用第一系列，其次是第二系列，括号内的模数值尽可能不用。

（3）压力角 α　根据渐开线的性质④及式（6-1）可知，同一齿轮各圆上有不同的压力角，其大小影响齿轮传力性能及抗弯能力。我国规定分度圆上的压力角为标准值，用 α 表示，其值为 $\alpha = 20°$。有些国家也采用 14.5°、15°、25° 等。

（4）齿顶高系数 h_a^* 和顶隙系数 c^*　齿顶高和齿根高可用模数表示，分别为

$$\left.\begin{array}{l} h_a = h_a^* m \\ h_f = h_a^* m + c = (h_a^* + c^*) m \end{array}\right\} \tag{6-6}$$

式中，h_a^* 和 c^* 分别称为齿顶高系数和顶隙系数。

这两个参数已标准化，正常齿制：$h_a^* = 1$，$c^* = 0.25$；短齿制：$h_a^* = 0.8$，$c^* = 0.3$。

由式（6-6）可知，$c = h_f - h_a = c^* m$，是两啮合齿轮之一的齿顶圆与配对齿轮齿根圆之间的径向间隙，称为顶隙。顶隙可以存储润滑油，并保证两啮合齿轮传动时不至于卡死。

3. 渐开线标准直齿圆柱齿轮的几何尺寸

标准齿轮是指模数 m、压力角 α、齿顶高系数 h_a^*、顶隙系数 c^* 均为标准值，且分度圆上齿厚 s 等于齿槽宽 e 的齿轮。正常齿制渐开线标准直齿圆柱齿轮几何尺寸的计算公式见表6-4。

表6-4　标准直齿圆柱齿轮几何尺寸计算公式（正常齿制）

	名　称	符　号	计算公式
基本参数	模数	m	根据强度等使用条件，按表6-3选取标准值
	齿数	z	根据强度等使用条件选定
	分度圆压力角	α	$\alpha = 20°$
几何尺寸	齿顶高	h_a	$h_a = m$
	齿根高	h_f	$h_f = 1.25m$
	齿全高	h	$h = h_a + h_f = 2.25m$
	顶隙	c	$c = 0.25m$
	分度圆直径	d	$d = mz$
	齿顶圆直径	d_a	$d_a = d \pm 2h_a = m(z \pm 2)$
	齿根圆直径	d_f	$d_f = d \mp 2h_f = m(z \mp 2.5)$
	基圆直径	d_b	$d_b = mz\cos\alpha$
	齿距	p	$p = \pi m$

(续)

名称		符号	计算公式
几何尺寸	齿厚	s	$s = \pi m/2$
	齿槽宽	e	$e = \pi m/2$
啮合计算	中心距	a	$a = (d_1 \pm d_2)/2 = m(z_1 + z_2)/2$

注：表中"±"或"∓"符号处，上面符号用于外齿轮，下面符号用于内齿轮。

4. 标准齿条的特点

如图 6-6 所示为一标准齿条。当标准齿轮的齿数趋于无穷大时，其基圆和其他圆的半径也趋于无穷大，齿轮就变成了齿条。此时，其上各圆均变成相互平行的直线，同侧渐开线齿廓也变成了相互平行的斜直线齿廓。与齿轮相比，齿条具有以下特点：

① 齿廓任意高度上的齿距 P 都相等，且 $s = e$ 的直线称为分度线。

② 直线齿廓上各点的压力角 α 都相等，且等于齿条的齿形角。

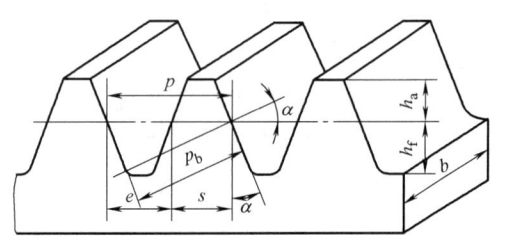

图 6-6 标准齿条

6.3 渐开线标准直齿圆柱齿轮的啮合传动

6.3.1 正确啮合条件

一对渐开线齿轮传动时，若有两对轮齿同时参与啮合，则两啮合点 a 和 b 都应在啮合线 N_1N_2 上，如图 6-7 所示。由图可见，线段 ab 同时是轮 1 和轮 2 上相邻同侧齿廓沿公法线的距离（称法节），且有 $\overline{a_1b_1} = \overline{a_2b_2}$。否则将出现相邻两对齿廓在啮合线上分离或重叠现象，而无法正确啮合传动。

由渐开线的特性①可证得

$$\overline{a_1b_1} = p_{b1}; \overline{a_2b_2} = p_{b2}$$

式中，p_{b1}、p_{b2} 分别为两轮基圆上的齿距，称基节。即两齿轮要正确啮合，它们的基节必须相等，即

$$p_{b1} = p_{b2}$$

由 $p_b = \pi d_b / z$ 及表 6-4 可推得 $p_b = \pi m \cos\alpha$，故有

$$m_1 \cos\alpha_1 = m_2 \cos\alpha_2$$

由于两轮的模数和压力角均为标准值，若上式成立，则必须满足

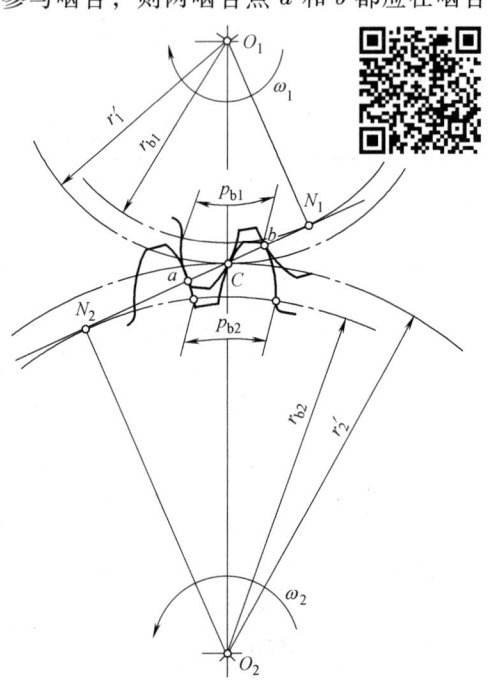

图 6-7 渐开线直齿圆柱齿轮的正确啮合条件

$$\left.\begin{array}{l}m_1 = m_2 = m \\ \alpha_1 = \alpha_2 = \alpha\end{array}\right\} \tag{6-7}$$

式中，m_1、m_2 分别为齿轮 1 和齿轮 2 的模数；α_1 和 α_2 分别为齿轮 1 和齿轮 2 的压力角。

即渐开线齿轮的正确啮合条件是：两轮的模数和压力角必须分别相等。因此，一对齿轮的传动比也可表示为

$$i_{12} = \frac{\omega_1}{\omega_2} = \frac{d_{b2}}{d_{b1}} = \frac{d_2}{d_1} = \frac{z_2}{z_1} \tag{6-8}$$

6.3.2 连续传动条件

一对齿轮传动除满足正确啮合条件之外，还需要保证传动是连续的。如图 6-8a 所示为一对啮合传动的渐开线齿轮。开始啮合时，主动轮 1 齿根与从动轮 2 齿顶啮合于点 B_2（B_2 为从动轮齿顶圆与啮合线 N_1N_2 的交点），随着啮合传动的进行，啮合点沿啮合线 N_1N_2 移动，直至主动轮齿顶与从动轮齿根啮合于点 B_1（B_1 为主动轮齿顶圆与啮合线 N_1N_2 的交点），该对轮齿啮合终止。线段 $\overline{B_2B_1}$ 为啮合点的实际轨迹，称为实际啮合线；而 $\overline{N_1N_2}$ 为理论啮合线，N_1、N_2 为极限啮合点。

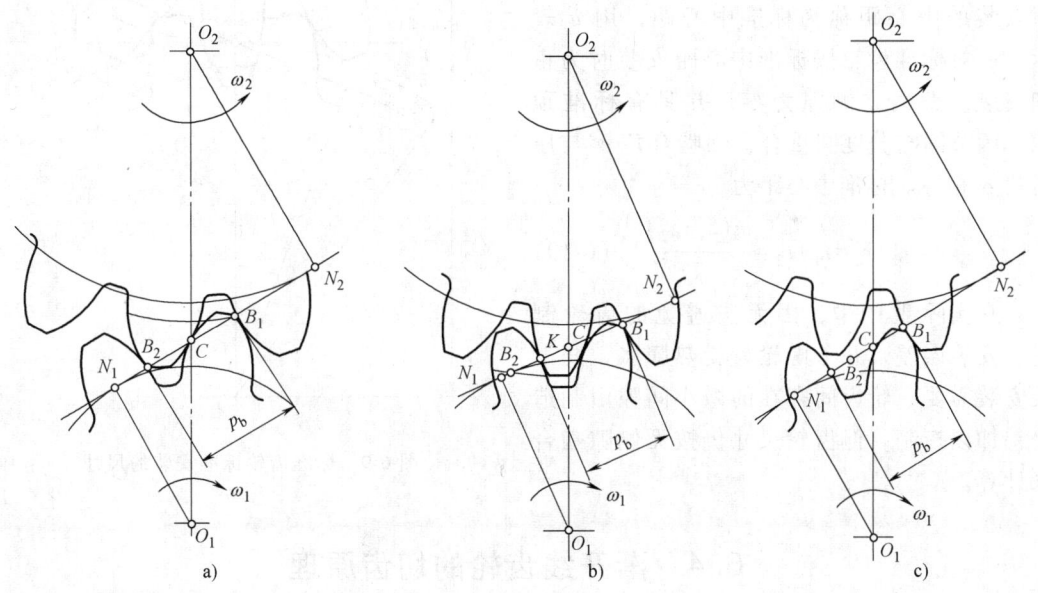

图 6-8 渐开线齿轮的连续传动条件

为实现连续传动，至少要求前一对轮齿在点 B_1 脱离啮合时，后一对轮齿在点 B_2 已进入啮合（图 6-8a、b），此时，实际啮合线 $\overline{B_2B_1}$ 大于或等于齿轮法节，即 $\overline{B_2B_1} \geq p_b$（因法节等于基节 p_b）。若 $\overline{B_2B_1} < p_b$，则前一对轮齿在点 B_1 脱离啮合时，后一对轮齿不能及时达到点 B_2 进入啮合，如图 6-8c 所示，啮合将发生中断而引起冲击，影响传动的平稳性。所以，渐开线齿轮连续传动的条件为

$$\varepsilon = \frac{\overline{B_1 B_2}}{p_b} \geq 1 \tag{6-9}$$

式中，ε 为齿轮传动的重合度。理论上，$\varepsilon = 1$ 就能保证连续传动，但考虑齿轮的制造和安装等误差，应使 $\varepsilon > 1$。ε 的大小主要与齿轮的齿数有关，齿数越多，ε 越大，则两对轮齿同时啮合的时间就越长，传动越平稳，承载能力亦越大。对于标准直齿圆柱齿轮传动，重合度 $\varepsilon < 2$，一般机械制造中，常取 $\varepsilon = 1.1 \sim 1.4$。

6.3.3 标准中心距

一对啮合传动的齿轮，理论上要求一齿轮节圆上的齿槽宽与另一齿轮节圆上的齿厚相等，即齿侧间隙（简称侧隙）等于零，以避免齿轮反向转动的空程和减少冲击。

如图 6-9 所示，若将一对渐开线标准直齿轮安装成两分度圆相切的状态，即各轮的节圆与分度圆重合，则有 $s_1 = e_1 = s_2 = e_2 = \pi m/2$，即能实现无侧隙啮合传动，这种无侧隙安装的中心距称为标准中心距，用 a 表示。一对标准齿轮按标准中心距安装时为正确安装。此时，侧隙为零，并具有标准顶隙；因节圆与分度圆重合，则啮合角 α' 与压力角 α 相等。标准中心距为

$$a = r_1' + r_2' = r_1 + r_2 = \frac{m(z_1 + z_2)}{2} \quad (6\text{-}10)$$

在实际生产中，因无法避免的齿轮制造、安装误差，并考虑轮齿受热膨胀、润滑及安装需要，轮齿间存在的微小间隙由制造公差加以控制，但齿轮尺寸仍按无侧隙啮合来计算。

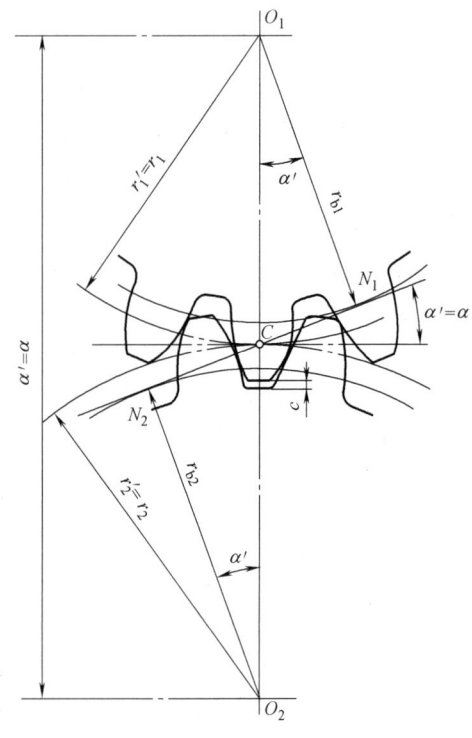

图 6-9　标准齿轮标准安装的尺寸

6.4　渐开线齿轮的切齿原理

6.4.1　轮齿切制原理与方法

渐开线齿轮的加工方法很多，如铸造、模锻、热轧及切制等等。切制法是最常用的加工方法，按其切制原理可分为仿形法和展成法两种。本节介绍这两种切制方法。

1. 仿形法

采用与齿槽形状完全相同的刀具来加工齿轮的方法称为仿形法。目前常用的刀具有盘状铣刀和指状铣刀两种。

如图 6-10a 所示，盘状铣刀在万能铣床上加工齿廓，加工时铣刀绕本身轴线旋转，齿坯同

时沿其轴线方向进给，每铣完一个槽，齿坯退回到原位，用分度头将齿坯转过$360°/z$，再铣下一个齿槽，直至加工出全部轮齿。若要加工大模数（$m >20\text{mm}$）的齿轮，须选用指状铣刀。

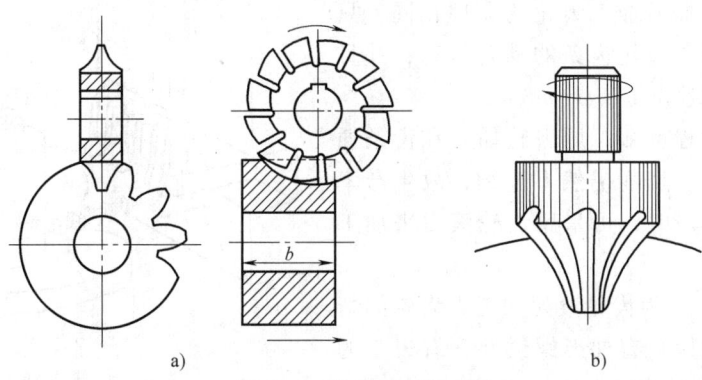

图 6-10　仿形法切齿
a）用盘状铣刀铣齿轮　b）用指状铣刀铣齿轮

用仿形法加工齿轮不需用专用机床，方法简单。但加工不连续，生产率低下，精度较低，且所用刀具数量多，因此只适用于单件生产或修配精度要求不高的齿轮加工。

2. 展成法

利用一对齿轮（或齿轮齿条）啮合传动时，其共轭齿廓互为包络的原理来加工齿廓的方法称为展成法。这种齿轮加工方法应用最广。

展成法最常用的刀具有齿轮插刀、齿条插刀和滚刀滚齿。

如图 6-11a 所示为用齿轮插刀插齿加工齿轮的情况。齿轮插刀的外形跟具有刀刃的外齿轮相同，当用齿数为 z_c 的齿轮插刀去加工一个与该齿轮有相同模数 m 和压力角 α 的齿轮时，需将插刀和轮坯装在专用的插齿机床上，加工时齿轮插刀与轮坯以恒定的传动 $i = \omega_c/\omega = z/z_c$ 回转（展成运动），同时齿轮插刀沿着轮坯的齿宽方向进行切削（切削运动），为了切出整个轮齿高，齿轮插刀需向轮坯中心移动（进给运动），以达到规定的中心距，为避免擦伤已加工齿面，齿坯还需沿径向退刀（退刀运动）。图 6-11b 为用齿轮插刀的渐开线轮廓在轮

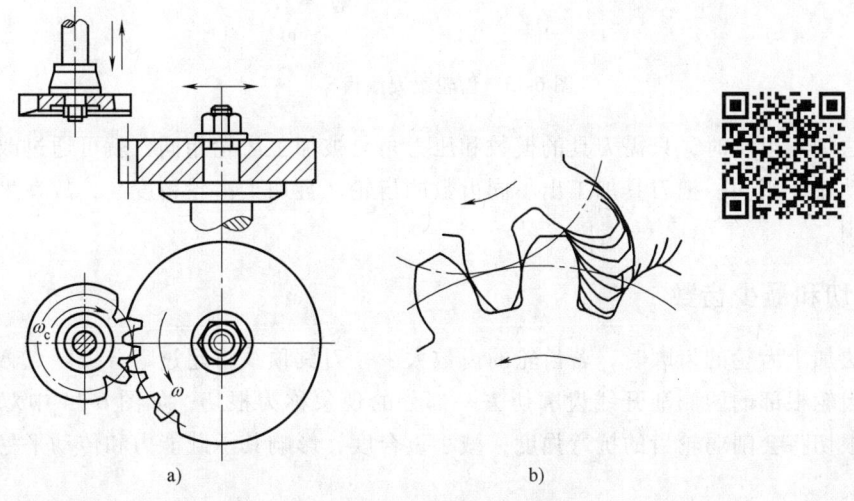

图 6-11　齿轮插刀插齿

坯上包络出的与其共轭的渐开线齿廓。

图 6-12 为用齿条插刀加工齿轮的情况。其工作原理与齿轮插刀加工齿轮的原理相同，只是展成运动相当于齿轮齿条的啮合传动，并且齿条刀具的移动速度 $v = r\omega = mz\omega/2$。

根据加工过程可知，用齿轮插刀和齿条插刀插齿加工轮齿，切削仍然不连续，故生产率较低。大批量生产时，可采用齿轮滚刀来加工轮齿。

如图 6-13 所示为齿轮滚刀加工直齿轮的情况。滚刀的形状像具有梯形螺纹并开有刃口的螺杆（图 6-13a），其轴向剖面相当于一齿条，因此滚刀加工的展成运动实质上等同于齿条插刀加工，但能连续切削。

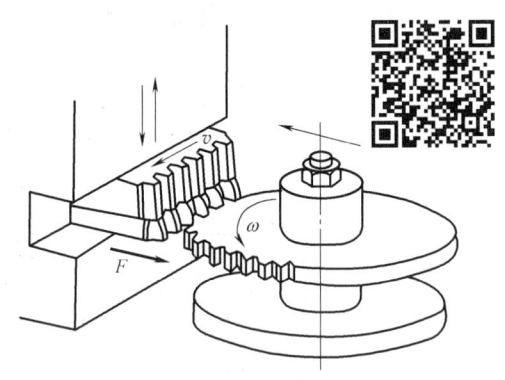

图 6-12 齿条插刀插齿

在安装滚刀时，其轴线与齿坯端面之间应有一个安装角 γ（等于滚刀的螺旋升角）（图 6-13b），以使滚刀螺旋线的方向与被切轮齿方向一致。

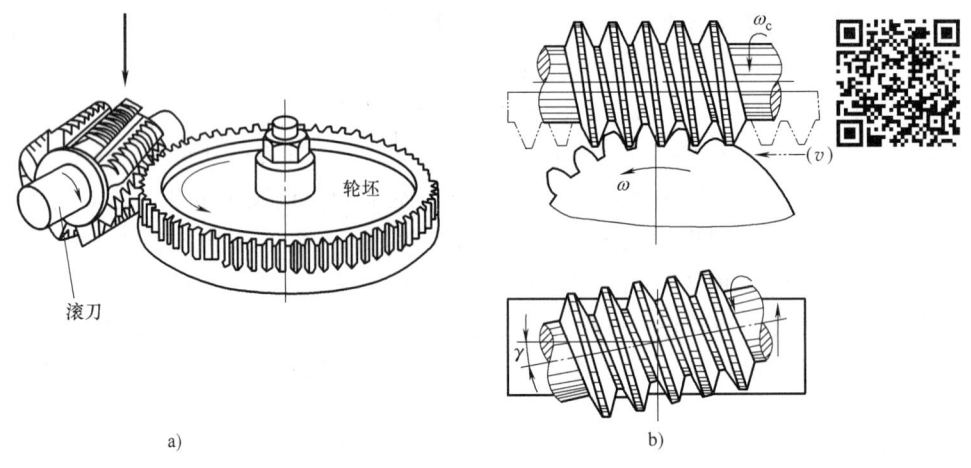

图 6-13 齿轮滚刀滚齿

用展成法加工齿轮时，只需刀具的模数和压力角与被加工齿轮相同，就可通过改变刀具与轮坯的传动比，用同一把刀具加工出不同齿数的齿轮，且加工齿轮精度高，故在生产中得到了广泛应用。

6.4.2 根切和最少齿数

用展成法加工齿轮的齿廓时，若齿轮的齿数太少，刀具顶线将超过啮合极限点 N，刀刃将会把被切齿轮根部的两侧渐开线齿廓切去一部分的现象称为根切，如图 6-14 中双点画线齿廓所示。根切将会削弱轮齿的抗弯强度，减小重合度，影响其承载能力和传动平稳性，故应尽量避免。

用展成法加工标准齿轮时，为避免根切，必须使刀具顶线不超过啮合极限点 N，如图

6-14中粗实线齿廓所示。避免根切的最少齿数为

$$Z_{\min} = \frac{2h_a^*}{\sin^2 \alpha} \tag{6-11}$$

当 $\alpha = 20°$，$h_a^* = 1$ 时，$z_{\min} = 17$。

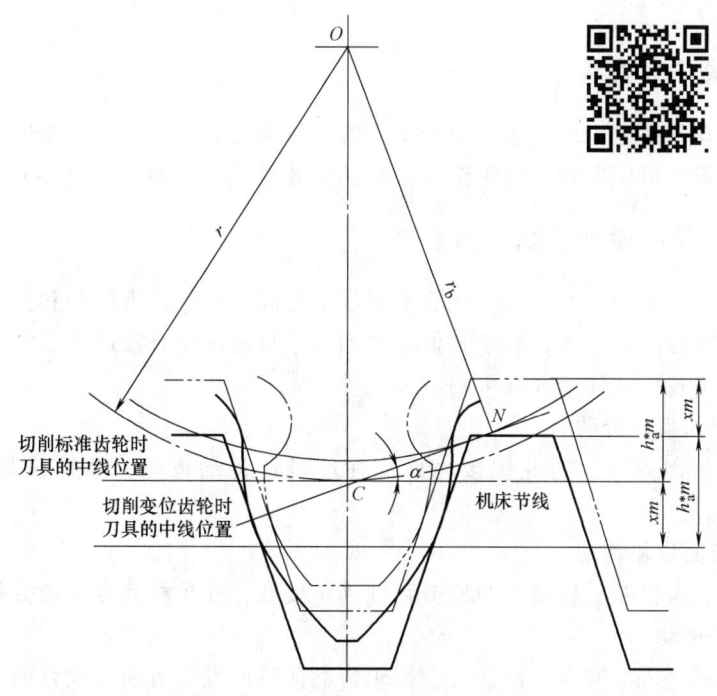

图 6-14 根切和变位齿轮

6.4.3 变位齿轮的概念

用展成法加工标准齿轮时，存在很多不足之处，例如中心距必须取标准值，被加工齿轮齿数 $z<z_{\min}$ 时会发生根切现象等。变位齿轮的出现改进了标准齿轮的这些缺点。

用齿条刀具加工齿数 $z<z_{\min}$ 的标准齿轮的齿廓时，如图 6-14 中双点画线所示，此时刀具的中线作为机床节线与轮坯分度圆相切对滚，发生了根切。由前可知，刀具的齿顶线超过啮合极限点 N 是根切的根本原因。为避免根切，可将刀具相对轮坯中心向外移动一段距离 xm，使其齿顶线不超过点 N。当刀具移至图中实线位置时，齿顶线正好通过点 N，切出的齿轮刚好避免根切，此时机床节线与刀具中线平行，且距离正好为 xm。这种由于刀具与轮坯相对位置发生变化而加工出的齿轮称为变位齿轮。刀具移动的距离称为变位量，用 xm 表示，x 为变位系数。刀具中线远离轮坯中心称为正变位，所切出的齿轮称为正变位齿轮，这时的变位系数为正数，反之则称为负变位齿轮，变位系数为负数，见图 6-15。

因加工变位齿轮时轮坯分度圆相切的机床节

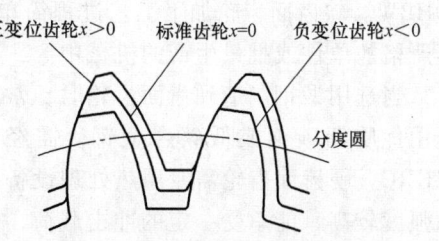

图 6-15 标准齿轮与变位齿轮比较

线不再是刀具的中心,所以与标准齿轮相比,变位齿轮的某些尺寸参数发生了变化。对于变位齿轮的尺寸参数、分类及应用可参阅有关文献。

6.5 齿轮的失效形式、设计准则和材料选择

6.5.1 主要失效形式

由于齿轮传动是由轮齿来传递运动和动力的,故其失效主要发生在轮齿上,其他部位如轮缘、轮辐和轮毂等很少失效。齿轮轮齿常见的失效形式有五种,见表6-5。

6.5.2 齿轮传动的设计准则

对于齿轮传动的不同失效形式,计算准则也不相同。对于轮齿折断和齿面点蚀,各国都有比较成熟的计算方法和标准,对于其他失效形式,目前还没有较通用、完善和成熟的计算方法。故常用的齿轮传动计算准则可归纳为三种。

1. 闭式软齿面齿轮传动

主要失效是齿面点蚀,因此按接触疲劳强度设计传动齿轮,并校核其齿根弯曲疲劳强度。

2. 闭式硬齿面齿轮传动

主要失效是轮齿折断,故按弯曲疲劳强度确定模数,并校核其接触疲劳强度。

3. 开式齿轮传动

主要失效形式是齿面磨损,但常常会因轮齿磨薄后而发生折断,故目前多按齿根弯曲疲劳强度计算模数 m,然后将算得的模数 m 加大 $10\% \sim 15\%$,以考虑齿面磨损的影响。

6.5.3 齿轮材料的选择

能做齿轮材料的有多种,可分为金属和非金属两大类。常用的金属材料有锻钢、铸钢和铸铁,非金属材料有工程塑料和尼龙等。

1. 锻钢

齿轮多用锻钢制造。锻钢具有强度高、韧性好和便于制造等特点。用锻钢制造齿轮时,可通过热处理或化学处理方法改善材料的力学性能。

当选用锻钢制造软齿面齿轮时,常用优质中碳钢和中碳合金钢,并经调质或正火处理。一对软齿面齿轮中,因小齿轮轮齿受载循环次数多于大齿轮轮齿,且小齿轮轮齿齿根较薄,弯曲强度较低,故选择材料和热处理时,应使小齿轮齿面硬度比大齿轮齿面硬度高 $20 \sim 30\text{HBW}$。软齿面齿轮加工工艺过程简单,适用于一般用途、中小功率、对尺寸和重量要求不严格的单件或批量生产的机械中。

当选用锻钢制造硬齿面齿轮时,常用优质中碳钢或中碳合金钢,并经表面淬火处理。若选用优质低碳钢或低碳合金钢,需经渗碳淬火处理。热处理后的齿面硬度一般为 $56 \sim 62\text{HRC}$。硬齿面齿轮需专用热处理设备和轮齿精加工设备,制造费用高,但耐磨性较好,接触强度较高,能承受一定的冲击载荷,因此常用于成批或大量生产的高速、重载或精密机械以及要求尺寸小、重量轻的传动中。

表 6-5 轮齿常见失效形式

失效形式	轮齿折断	点蚀	磨损	胶合	塑性变形
			轮齿表面损坏		
起因及部位	轮齿受外载荷作用时，其根部产生的弯曲应力最大。同时，根部因尺寸急剧变化及加工刀痕将变应力集中影响，当轮齿受载时，在交变应力作用下，会造成根部疲劳折断；轮齿受到短时过载或受过大的冲击载荷时也会突然折断	轮齿表面受载后，微小接触面积上产生很大的接触应力。在载荷反复作用下，齿面变化的接触应力超过允许限度时，在齿面节线附近出现贝壳状凹坑剥落（麻点）	灰尘、砂粒、金属屑等杂质落入齿面上。两轮齿啮合受载，杂质与齿面的相对滑动、杂质与齿面的挤压作用引起整个齿面材料的脱落（磨粒磨损）。由于靠近齿根和齿顶部位啮合时滑动速度较大，故轮齿齿根和顶部磨损较严重	齿面相对运动速度高，局部温升过高，使润滑油膜失效，或齿面不易形成油膜，都将致使两齿面金属直接接触而局部金属粘结，最后又撕裂形成沟痕	齿面较软的轮齿，载荷和摩擦力又很大时，在啮合过程中，齿面上的金属就容易沿着摩擦力方向产生塑性流动，在主动轮齿面上形成凹沟，从动轮齿面上形成凸棱
简图	折断面	出现麻点、剥落	磨损厚度	齿面出现沟痕	主动轮 从动轮
后果	轮齿折断后无法工作	齿廓表面失去准确的齿形，使传动不平稳，噪声、冲击增大以至无法工作			
场合	开式和闭式传动中	闭式传动中	主要发生在开式传动中和润滑油不洁的闭式传动中	高速重载或润滑不良的低速重载传动中	低速重载起动、过载频繁的传动中
预防或改善措施	限制齿根截面上弯曲应力；选择合适的热处理工艺以增加齿芯韧性；采用合理的变位以增加齿厚；增大齿根圆角半径，消除齿根加工刀痕；对齿表面进行强化处理（喷丸、辗压）	限制齿面接触应力；提高齿面硬度，降低齿面粗糙度；开式传动改为闭式传动及适宜的润滑度；提高润滑油黏度及加适宜的添加剂	保持润滑油的洁净，提高润滑油黏度；注意装配时的密封性；保持良好的密封条件；合理提高齿面硬度和减小齿面粗糙度；开式传动采用适当的防护装置	提高齿面硬度，降低粗糙度值；选用抗胶合性能好的齿轮副材料；选用强度高的润滑油，减小齿模数，降低齿高，以减小齿面的相对滑动速度	适当提高齿面硬度和润滑油黏度，尽量避免频动和过载

2. 铸钢

对于不便锻造的结构形状复杂或大直径（$d>400\sim600$mm）齿轮，可选用铸钢。铸钢的耐磨性及强度均较好，为消除残余应力和硬度不均匀现象，铸钢齿坯需正火处理。

3. 铸铁

灰铸铁具有良好的加工性能、减摩性和价格便宜等优点，缺点是强度低，抗冲击性能较差，故常用于低速、轻载和无冲击的场合中。铸铁对润滑要求不高，故多用于开式传动中。

灰铸铁有较好的减摩性和加工性能，且价格低廉，但其强度较低、抗冲击能力较差，故只适用于低速、轻载和无冲击的场合。铸铁齿轮对润滑要求较低，因此多用于开式传动中。

球墨铸铁的机械性能和抗冲击能力比灰铸铁高。高强度的球墨铸铁可替代铸钢，铸造直径大的齿轮坯。

4. 非金属材料

对于高速、轻载和精度要求不高的齿轮传动，可选用夹布塑料、尼龙等非金属材料制做。

常用的齿轮材料及其应用见表6-6。

表6-6 齿轮的部分常用材料及其应用

材料		热处理方法	硬度		应用
			HBW	HRC	
优质碳素结构钢	45	正火	162~217		低速轻载齿轮（如通用机械中不重要齿轮）；中、低速中载齿轮（如通用机械中次要齿轮）；高速中载无剧烈冲击齿轮（如磨床传动砂轮轴的齿轮）
		调质	217~255		
		表面淬火		40~50	
合金结构钢	40Cr	调质	241~286		中速、中载较大截面机床齿轮
		表面淬火		48~55	中速中载并带一定冲击的机床变速箱齿轮；高速重载并要求齿面硬度高的机床齿轮
	35SiMn 42SiMn	调质	217~286		可代替40Cr
		表面淬火		45~55	
	20Cr 20CrMnTi	渗碳淬火	56~62 齿心 28~33		高速中、重载，承受冲击载荷的齿轮（如机床变速箱齿轮）
	38CrMoAlA	渗氮	齿心229	>850HV	载荷平稳、润滑良好的精密耐磨齿轮
碳素铸钢	ZG310-570	正火	163~197		重型机械中的低速齿轮、大型齿轮、形状复杂的齿轮
	ZG340-640		179~207		
合金铸钢	ZG35SiMn	正火	163~217		
		调质	197~248		
灰铸铁	HT250	人工时效	175~263		不受冲击的不重要齿轮；开式传动中的齿轮
	HT300		182~273		
球墨铸铁	QT500-7	正火	170~230		可代替铸钢
	QT600-3		190~270		
非金属	夹布塑胶		25~35		高速、轻载齿轮

6.5.4 配对齿轮齿面硬度的组合及应用

一对配对齿轮中,小齿轮和大齿轮既可是软齿面,又可是硬齿面,也可是软齿面和硬齿面组合,配对齿轮齿面硬度的组合及应用见表6-7。

表6-7 配对齿轮齿面硬度的组合及应用

配对齿轮齿面类型	齿轮种类	小齿轮	大齿轮	两齿轮工作齿面硬度差	小齿轮	大齿轮	应用
均为软齿面（HBW≤350）	直齿	调质	正火调质	20~30HBW	240~270HBW 260~290HBW	180~220HBW 220~240HBW	一般传动装置和重载中、低速固定式传动装置
	斜齿及人字齿	调质	正火调质	40~50HBW	240~270HBW 270~300HBW	160~190HBW 200~230HBW	
软硬组合齿面（HBW$_1$≤350，HBW$_2$>350）	斜齿及人字齿	表面淬火	调质	很大	45~50HRC	200~230HBW 230~260HBW	负载冲击和过载均不大的重载中、低速固定式传动装置
		渗碳	调质		56~62HRC	270~300HBW 300~330HBW	
均为硬齿面（HBW>350）	直齿、斜齿及人字齿	表面淬火	表面淬火	大致相同	45~50HRC		传动尺寸受结构条件限制和承载能力要求较高的传动装置
		渗碳	渗碳		56~62HRC		

6.6 标准直齿圆柱齿轮传动的设计计算

6.6.1 轮齿的受力分析和计算载荷

1. 轮齿的受力分析

如图6-16a所示为一对标准直齿圆柱齿轮传动的受力状况。若不考虑齿面上的摩擦力,并将沿齿宽b分布的载荷简化为一集中载荷,则轮齿间啮合的作用力是沿啮合点公法线方向的法向力F_{n1},法向力F_{n1}在节点C处沿圆周方向和半径方向分解为两个相互垂直的分力,即圆周力F_{t1}和径向力F_{r1},如图6-17b所示。根据作用与反作用原理,可确定从动轮轮齿上的圆周力F_{t2}和径向力F_{r2}。各力的大小为

$$\left.\begin{array}{ll} 圆周力 & F_{t1}=F_{t2}=\dfrac{2T_1}{d_1} \\ 径向力 & F_{r1}=F_{r2}=F_{t1}\cdot\tan\alpha \\ 法向力 & F_{n1}=F_{n2}=\dfrac{F_{t1}}{\cos\alpha} \end{array}\right\} \quad (6\text{-}12)$$

式中,T_1为主动轮传递的转矩(N·mm);d_1为主动轮分度圆直径(mm);α为分度圆压力角($\alpha=20°$)。

$$T_1=9.55\times10^6\dfrac{P_1}{n_1} \quad (6\text{-}13)$$

式中，n_1 为主动轮转速（r/min）；P_1 为主动轮传递的功率（kW）。

作用在主动轮和从动轮上的各对作用力等值、反向。主动轮上圆周力 F_t 的方向与其转向相反，在从动轮上与其转向相同。径向力 F_r 的方向对两轮都是从啮合点指向各自的轮心。

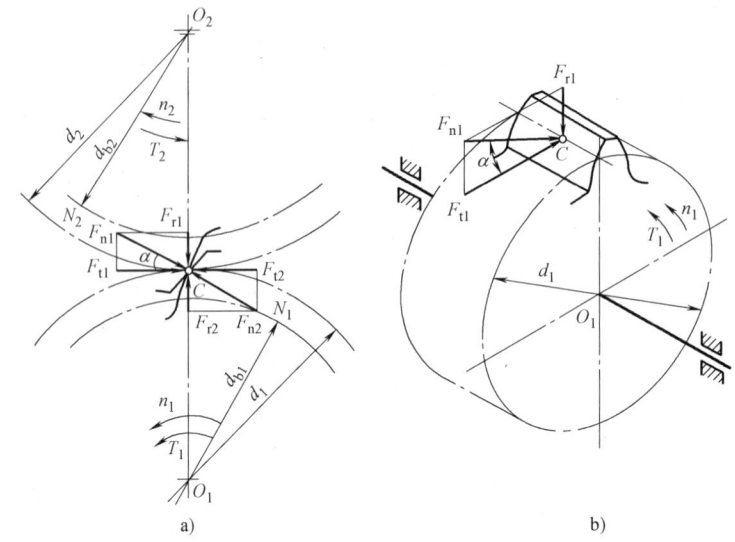

图 6-16 标准直齿圆柱齿轮传动轮齿受力分析

2. 计算载荷

在上述齿轮受力分析中计算出的法向力 F_n 是指作用在齿轮上的名义载荷。实际工作中，由于各类原动机和工作机的工作特点不同，且齿轮传动存在一定的不稳定因素，故轮齿啮合时会产生不同程度的附加动载荷。又因为齿轮、轴和轴承在制造和安装时存在误差，受载后的弹性变形也会引起载荷分布不均，会使轮齿的实际载荷增大。故通常引入载荷系数 K，用计算载荷 F_{nc} 代替名义载荷 F_n，计算载荷为

$$F_{nc} = K F_n \tag{6-14}$$

式中，载荷系数 K 的值可查表 6-8。

表 6-8 载荷系数 K

工作特性	工作机器	原动机		
		电动机、汽轮机	多缸内燃机	单缸内燃机
均匀轻微冲击	均匀加料的运输机和加料机、轻型卷扬机、发电机、压缩机、机床辅助传动等	1~1.2	1.2~1.6	1.6~1.8
中等冲击	不均匀加料的运输机和加料机、重型卷扬机、球磨机、多缸往复式压缩机、机床主传动等	1.2~1.6	1.6~1.8	1.8~2.0
较大冲击	压力机、剪床、重型给水泵、钻机、轧机、破碎机、挖掘机、单缸往复式压缩机等	1.6~1.8	1.9~2.1	2.2~2.4

注：1. 直齿、圆周速度高、精度低、齿宽系数大、齿轮在两轴承间不对称布置，取大值。
  2. 斜齿、圆周速度低、精度高、齿宽系数小、齿轮在两轴承间对称布置，取小值。

6.6.2 齿轮传动的强度计算

齿轮传动的强度计算是根据齿轮可能出现的失效形式和设计准则来进行的。对于一般闭式齿轮传动，只进行齿面接触疲劳强度计算和齿根弯曲强度计算。

1. 齿面接触疲劳强度计算

齿面接触疲劳强度计算的目的是，限制齿面接触应力 σ_H，使其不超过许用值 $[\sigma_H]$，以避免出现点蚀失效。

一对渐开线直齿圆柱齿轮齿廓在任一点啮合时，都可近似认为是两个圆柱体的接触（图6-17a）。在载荷 F_n 的作用下，两圆柱体发生弹性变形并在较小区域内接触，故有较大的接触应力产生，最大接触应力 σ_H 出现在接触区的中线上。考虑节点附近只有一对齿参与啮合，且相对速度较小（节点处为零），很难形成油膜，使点蚀通常发生在齿面节线附近，因此齿面接触疲劳强度常按节点啮合时计算（图6-17b）。标准直齿圆柱齿轮齿面接触疲劳强度可用弹性力学的赫兹公式计算，即

校核公式 $$\sigma_H = 3.53 Z_E \sqrt{\frac{KT_1}{bd_1^2} \cdot \frac{u \pm 1}{u}} \leqslant [\sigma_H] \tag{6-15}$$

设计公式 $$d_1 \geqslant 2.32 \sqrt[3]{\frac{KT_1}{\psi_d} \cdot \frac{u \pm 1}{u} \cdot \left(\frac{Z_E}{[\sigma_H]}\right)^2} \tag{6-16}$$

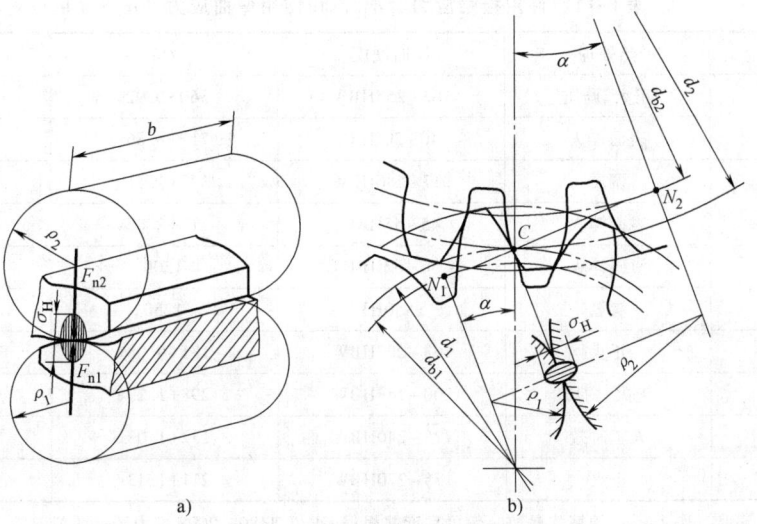

图6-17 齿面接触应力计算简图

式（6-15）和式（6-16）中，u 为齿数比，$u = z_2/z_1$（大轮与小轮齿数之比）；b 为轮齿接触宽度（mm）；d_1 为小齿轮分度圆直径（mm）；ψ_d 为齿宽系数，$\psi_d = b/d_1$（见表6-9）；Z_E 为材料的弹性系数（见表6-10）；$[\sigma_H]$ 为齿轮材料许用接触应力（MPa），其值查表6-11，"+"号用于外啮合，"-"号用于内啮合；其他参数含义及单位同前。

在进行齿面接触疲劳强度计算时，两轮的齿面接触应力 σ_{H1} 和 σ_{H2} 大小相同，但因两轮的材料和硬度不同，故两轮许用接触应力 $[\sigma_H]_1$ 和 $[\sigma_H]_2$ 不同，因此，计算时应取较小值代入公式。

由式（6-16）可知，当齿轮材料、传递转矩 T_1、齿宽 b、齿数比 u 确定后，齿面接触疲劳强度取决于小齿轮分度圆直径 d_1。

表 6-9 齿宽系数 ψ_d 的推荐范围

支撑对齿轮的配置	工作齿面硬度	
	一对或一个齿轮：≤350HBW	一对齿轮：>350HBW
对称配置	0.8~1.4	0.4~0.9
非对称配置	0.6~1.2	0.3~0.6
悬臂配置	0.3~0.4	0.2~0.25

注：直齿圆柱齿轮取小值，斜齿轮取大值；载荷平稳、结构刚性较大时宜取大值，反之取小值。

表 6-10 材料的弹性系数 Z_E（单位：$\sqrt{MPa}$）

小齿轮材料	大齿轮材料			
	灰口铸铁	球墨铸铁	铸钢	锻钢
锻钢	162.0	181.4	188.9	189.8
铸钢	161.4	180.5	188	
球墨铸铁	156.6	173.9		
灰口铸铁	143.7			

注：为使大小齿轮强度趋于相近，表中只取小齿轮材料优于大齿轮材料的 Z_E 值。

表 6-11 许用接触应力 $[\sigma_H]$ 和许用弯曲应力 $[\sigma_F]$（单位：MPa）

材 料	热处理	齿面硬度	$[\sigma_H]$	$[\sigma_F]$
优质碳素结构钢	正火、调质	162~255HBW	$360+0.92x$	$260+0.38x$
	表面淬火	40~50HRC	$717+8.86x$	$320+5.00x$
合金结构钢	调质	217~286HBW	$373+1.31x$	$300+0.68x$
	表面淬火	45~55HRC	$717+8.86x$	$300+5.00x$
	渗碳淬火	56~62HRC	1500	740
	渗氮	>850HV	1250	670
碳素铸钢	正火	163~207HBW	$131+0.98x$	$99+0.50x$
合金铸钢	正火、调质	200~248HBW	$298+1.27x$	$257+0.58x$
灰铸铁	人工时效	175~240HBW	$132+1.03x$	$12+0.40x$
球墨铸铁	正火	175~270HBW	$211+1.43x$	$190+0.56x$

注：1. 表中 $[\sigma_H]$ 及 $[\sigma_F]$ 的算式是按一般可靠度并根据 GB/T 3480—2008 应力区域图拟定的。
2. 当轮齿受双向弯曲时，应将式中的 $[\sigma_F]$ 乘以 0.7。
3. 表中 x 数值为实际所取对应的齿面硬度值。

2. 齿根弯曲疲劳强度计算

齿根弯曲疲劳强度计算的目的是，限制齿根弯曲应力 σ_F，使其不超过许用值 $[\sigma_F]$，以避免轮齿疲劳折断。

一对渐开线直齿圆柱齿轮啮合时，若不计摩擦力，可将轮齿视为受载荷 F_n 作用的悬臂梁。在进行齿根弯曲疲劳强度计算时，假设载荷 F_n 全部作用在一对轮齿齿顶上，如图 6-18a 所示。F_n 可分解为 $F_n\cos\alpha_F$ 和 $F_n\sin\alpha_F$，$F_n\cos\alpha_F$ 在齿根危险截面上引起弯曲应力和切应力，

$F_n\sin\alpha_F$ 引起压应力,切应力和压应力远小于弯曲应力,故为简化计算只考虑弯曲应力的作用。因此,由悬臂梁弯曲强度的计算方法,可得齿根弯曲疲劳强度计算式,即

校核公式
$$\sigma_F = \frac{2KT_1}{bm^2 z_1} Y_{FS} \leq [\sigma_F] \tag{6-17}$$

设计公式
$$m \geq \sqrt[3]{\frac{2KT_1}{\psi_d z_1^2} \cdot \frac{Y_{FS}}{[\sigma_F]}} \tag{6-18}$$

式中,m 为齿轮的模数(mm);z_1 为主动轮齿数;Y_{FS} 为复合齿形系数,反映轮齿形状和齿根处应力集中及压应力、切应力等对齿根弯曲应力的影响,对于标准齿轮,Y_{FS} 仅取决于齿数,可查表6-12;$[\sigma_F]$ 为齿轮材料许用弯曲应力(MPa),其值查表6-11;其他参数含义及单位同前。

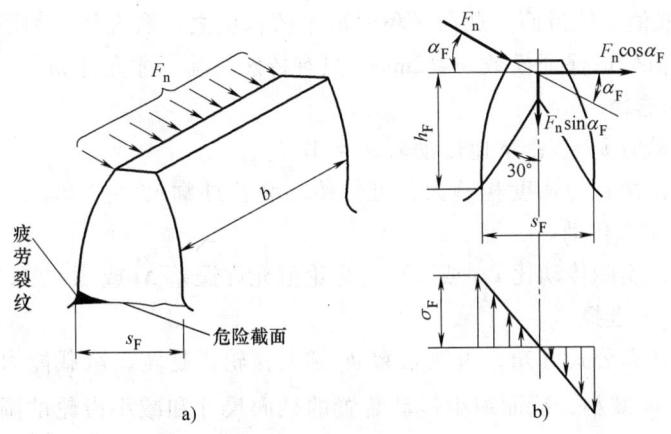

图 6-18 齿根弯曲应力

表 6-12 复合齿形系数 Y_{FS}

$z_1(z_v)$	17	18	19	20	21	22	23	24	25	26	27	28	29
Y_{FS}	4.514	4.452	4.389	4.340	4.306	4.270	4.237	4.187	4.166	4.147	4.112	4.106	4.099
$z_1(z_v)$	30	35	40	45	50	60	70	80	90	100	150	200	∞
Y_{FS}	4.095	4.043	4.008	3.948	3.944	3.944	3.920	3.929	3.916	3.902	3.916	3.954	4.058

在进行齿根弯曲疲劳强度计算时,两齿轮的齿根弯曲应力会因齿数不等而不同,但因两轮的材料和硬度不同,故两齿轮的许用弯曲应力一般也不同。因此,计算时应取 $Y_{FS1}/[\sigma_F]_1$ 和 $Y_{FS2}/[\sigma_F]_2$ 中的较大者代入公式。

由式6-18可知,当齿轮材料、传递转矩 T_1、齿宽 b、齿数 z_1 确定后,齿根弯曲疲劳强度取决于齿轮的模数。计算所得的模数 m 应按表6-3取标准值。

6.6.3 齿轮传动设计参数和精度的选择

1. 小齿轮齿数 z_1 的选择

若保持齿轮传动的中心距 a(或小轮分度圆直径 d_1)不变,增加齿数,不仅可增大重

合度，改善传动平稳性，还可减小模数、降低齿高，从而减少了齿轮毛坯直径，减少切削量，节省制造费用并使结构紧凑。另外，降低齿高还能减小滑动速度，以减少磨损的危害性。

因此，对于软齿面闭式传动，在满足齿根弯曲疲劳强度的前提下，宜采用较多齿数，一般取 $z_1 = 20 \sim 40$。对于硬齿面闭式传动及开式传动，为保证轮齿具有足够的弯曲疲劳强度并使结构紧凑，宜适当减少齿数，以便增大模数。一般取 $z_1 = 17 \sim 20$，允许轮齿有少量根切或齿轮为手动时，z_1 可少至 14。

2. 模数 m 的选择

应根据抗弯曲疲劳强度确定模数 m 的最小允许值。在此前提下，宜取较小模数，以利于增加齿数。

在初选模数时，可依据经验公式估算。对于一般中、低速的齿轮传动，模数可按 $m = (0.007 \sim 0.02)a$ 取值。软齿面、载荷平稳时取小值；反之，取大值。为防止轮齿因过载而折断，传递动力的齿轮应保证模数 $m \geq 2\text{mm}$，只有特殊情况下才允许 $m = 1.5\text{mm}$。

3. 齿数比 u 的选择

当齿轮减速传动时 $u = i$；增速传动时 $u = 1/i$。

过大的 u 值，使两轮的强度相差大，且使传动装置外廓尺寸过大。故通常取 $u \leq 5 \sim 8$；当 $u > 8$ 时，可采用多级传动。

一般齿轮传动，实际传动比 i（或 u）与理论值允许误差 Δi 或 Δu 在 $\pm 5\%$ 范围内。

4. 齿宽系数 ψ_d 的选择

由齿轮的强度计算公式可知，齿宽系数 ψ_d 越大，轮齿越宽，承载能力越强；使小轮分度圆直径 d_1 和模数 m 减小，从而缩小传动装置的径向尺寸和减小齿轮的圆周速度。但轮齿过宽，会使载荷沿齿向分布严重不均。一般机械，ψ_d 由表 6-9 取值。

5. 齿宽 b 的选择

为了便于装配和补偿轴向尺寸的误差，确保齿轮的啮合齿宽，并节省材料，通常使小齿轮比大齿轮宽 $5 \sim 10\text{mm}$，但应以大齿轮的齿宽 b_2 作为工作齿宽 b，代入强度公式计算。

6. 齿轮精度等级的选择

在 GB/T 10095—2008 中，对渐开线圆柱齿轮的精度规定了 13 个等级，用数字 0~12 由高到低的顺序排列，0 级精度最高，12 级精度最低。6~9 级为中等精度级，使用最广。

选择齿轮精度时，必须根据其工作条件、适用范围、圆周速度等来确定。各类机械传动中所应用的齿轮精度等级见表 6-13。常用圆柱齿轮精度等级的应用范围见表 6-14。

表 6-13 各类机械传动中所应用的齿轮精度等级

应用范围	精度等级	应用范围	精度等级	应用范围	精度等级
测量齿轮	2~5	汽车底盘	5~8	轧钢机	5~9
涡轮机齿轮	3~6	轻型汽车	5~8	矿用绞车	8~10
金属切削机床	3~8	载重汽车	6~9	起重机械	6~10
航空发动机	4~7	拖拉机	6~9	农业机械	8~11
内燃机车	5~7	通用减速器	6~9		

表 6-14 常用圆柱齿轮精度等级的应用范围

精度等级	工作条件及应用范围	圆周速度(m·s^{-1})	
		直齿	斜齿
6	用于机床。如V级精度机床主传动的重要齿轮,一般精度分度链的中间齿轮,油泵齿轮	>10~15	>15~30
	用于航空、船舶、车辆。如高速传动有高平稳性、低噪声要求的机车、航空、船舶和轿车的齿轮	≤20	≤35
	用于动力齿轮。如高速传动的齿轮,工业机器有高可靠性要求的齿轮,重型机械的功率传动齿轮,作业率很高的起重运输机械齿轮	<30	<30
	用于其他。如读数装置中特别精密传动的齿轮	—	—
7	用于机床。如IV级和III级以上精度等级机床的进给齿轮	>6~10	>8~15
	用于航空、船舶、车辆。如有平稳性和低噪声要求的航空、船舶和轿车的齿轮	≤15	≤25
	用于动力齿轮。如高速和适度功率或大功率和适度速度条件下的齿轮,冶金、矿山、石油、林业、轻工、工程机械和小型工业齿轮箱(普通减速器)有可靠性要求的齿轮	<15	<25
	用于其他。如读数装置的传动及具有非直齿的速度传动齿轮,印刷机械传动齿轮	—	—
8	用于机床。如一般精度的机床齿轮	<6	<8
	用于车辆。如中等速度、较平稳传动的载货汽车和拖拉机的齿轮	≤10	≤15
	用于动力齿轮。如中等速度、较平稳传动的齿轮,冶金、矿山、石油,林业、轻工、化工、工程机械、起重运输机械和小型工业齿轮箱(普通减速器)的齿轮	<10	<15
	用于其他。如普通印刷机传动齿轮	—	—
9	用于机床。如没有传动精度要求的手动齿轮	—	—
	用于车辆。如较低速和噪声要求不高的载货汽车第一挡与倒挡、拖拉机和联合收割机齿轮	≤4	≤6
	用于动力齿轮。如一般性工作和噪声要求不高的齿轮,受载低于计算载荷的传动齿轮,速度大于1m/s的开式齿轮传动和转盘的齿轮	≤4	≤6

【例 6-1】 某带式运输机上由电动机驱动的单级直齿圆柱齿轮减速器中的齿轮传动。已知小齿轮传递的功率 $P_1 = 7.4\text{kW}$,转速 $n_1 = 960\text{r/min}$,传动比 $i = 4.2$,单向转动。试分析该齿轮传动的工作能力,并确定其主要几何尺寸。

解: (1) 选择材料及精度等级 考虑是普通减速器,无特殊的要求,故采用软齿面齿轮传动。由表 6-4,选大、小齿轮的材料和热处理方式为

小齿轮:45 钢,调质处理,硬度为 220HBW(比大齿轮高 20~30HBW)。

大齿轮:45 钢,正火处理,硬度为 190HBW。

查表 6-14,初取齿轮传动精度等级为 8 级。

(2) 确定计算准则 该齿轮传动属闭式软齿面,针对齿面点蚀,先按齿面接触疲劳强度计算几何尺寸,然后按齿根弯曲疲劳强度校核。

(3) 按齿面接触疲劳强度计算　由式（6-16）求小齿轮分度圆直径 d_1，即

$$d_1 \geqslant 2.32\sqrt[3]{\frac{KT_1}{\psi_d} \cdot \frac{u+1}{u} \cdot \left(\frac{Z_E}{[\sigma_H]}\right)^2}$$

① 小齿轮传递的转矩 T_1 为

$$T_1 = 9.55 \times 10^6 \frac{P_1}{n_1} = \left(9.55 \times 10^6 \times \frac{7.4}{960}\right) \text{N} \cdot \text{mm} = 73615 \text{N} \cdot \text{mm}$$

② 选取载荷系数 K。按中等冲击，查表6-8，取 $K=1.4$。

③ 选取齿宽系数 ψ_d。齿轮相对于轴承对称布置，两轮均为软齿面，并考虑直齿轮传动，查表6-9，取 $\psi_d=1$。

④ 确定材料的弹性系数 Z_E。两轮均为钢，查表6-10，得 $Z_E=189.8\sqrt{\text{MPa}}$。

⑤ 确定许用接触应力 $[\sigma_H]$。齿轮材料45钢，调质或正火，据此查表6-11得
小齿轮：硬度为220HBW，$[\sigma_H]_1 = 360+0.92x = (360+0.92\times220)\text{MPa} = 562 \text{MPa}$；
大齿轮：硬度为190HBW，$[\sigma_H]_2 = 360+0.92x = (360+0.92\times190)\text{MPa} = 535\text{MPa}$。

取较小值 $[\sigma_H]_2$ 和其他参数代入公式，可初算小齿轮分度圆直径 d_1 为

$$d_1 \geqslant 2.32\sqrt[3]{\frac{KT_1}{\psi_d} \cdot \frac{u+1}{u} \cdot \left(\frac{Z_E}{[\sigma_H]}\right)^2}$$

$$= 2.32\sqrt[3]{\frac{1.4\times73615}{1} \times \frac{4.2+1}{4.2} \times \left(\frac{189.8}{535}\right)^2} \text{mm} = 58.5\text{mm}$$

(4) 确定主要的几何参数
① 中心距 a。

$$a = \frac{d_{1\min}}{2}(1+i) = \frac{58.5}{2}(1+4.2)\text{mm} = 152.1\text{mm}$$

考虑加工、测量的方便，圆整后取 $a=160\text{mm}$。

② 模数 m。由 $m=(0.007\sim0.02)a$ 可得

$$m = (0.007\sim0.02)a = (0.007\sim0.02)\times160\text{mm} = 1.12\sim3.2\text{mm}$$

考虑传递动力齿轮，且为软齿面，由表6-3，取标准模数 $m=2.5\text{mm}$。

③ 齿数 z。满足 $a=160\text{mm}$ 的齿数和为

$$z_1+z_2 = \frac{2a}{m} = \frac{2\times160}{2.5} = 128$$

对于软齿面闭式传动，z_1 值一般在 20~40 之间，故取 $z_1=24$，则

$$z_2 = 128-z_1 = 104$$

④ 齿数比。$u=z_2/z_1=104/24=4.33=i'$（实际传动比），据此可验算传动比误差，即

$$\Delta i = \frac{i'-i}{i} = \frac{4.33-4.2}{4.2} = 3.2\% \quad (\text{允许在}\pm5\%\text{内})$$

⑤ 其他几何尺寸
分度圆直径　　　　$d_1 = mz_1 = 2.5\times24\text{mm} = 60\text{mm}$
　　　　　　　　　$d_2 = mz_2 = 2.5\times104\text{mm} = 260\text{mm}$
齿顶圆直径　　　　$d_{a1} = d_1+2m = (60+2\times2.5)\text{mm} = 65\text{mm}$

$$d_{a2} = d_2 + 2m = (260 + 2 \times 2.5)\text{mm} = 265\text{mm}$$

齿根圆直径
$$d_{f1} = d_1 - 2.5m = (60 - 2.5 \times 2.5)\text{mm} = 53.75\text{mm}$$
$$d_{f2} = d_2 - 2.5m = (260 - 2.5 \times 2.5)\text{mm} = 253.75\text{mm}$$

齿轮宽度
$$b_2 = \Psi_d d_1 = 1 \times 60\text{mm} = 60\text{mm}$$
$$b_1 = b_2 + (5 \sim 10)\text{mm} = 65\text{mm}$$

⑥ 计算齿轮圆周速度 v

$$v = \frac{\pi n_1 d_1}{60 \times 1000} = \frac{3.14 \times 960 \times 60}{60 \times 1000}\text{m/s} = 3.02\text{m/s}$$

查表6-14，选齿轮传动精度等级为8级合宜。

（5）校核齿根弯曲疲劳强度　由式（6-17）可知，齿根弯曲疲劳强度的校核计算公式为

$$\sigma_F = \frac{2KT_1}{bm^2 z_1} Y_{FS} \leq [\sigma_F]$$

① 确定复合齿形系数 Y_{FS}。查表6-12，得 $z_1 = 24$，$Y_{FS1} = 4.187$；$z_2 = 104$，$Y_{FS2} = 3.903$（插值法确定）。

② 确定许用弯曲应力 $[\sigma_F]$。齿轮材料45钢，调质或正火，据此查表7-8得

小齿轮：硬度为220HBW，$[\sigma_F]_1 = 260 + 0.38x = (260 + 0.38 \times 220)\text{MPa} = 343.6\text{MPa}$

大齿轮：硬度为190HBW，$[\sigma_F]_2 = 260 + 0.38x = (260 + 0.38 \times 190)\text{MPa} = 332.2\text{MPa}$

③ 校核计算。

$$\sigma_{F1} = \frac{2KT_1}{bm^2 z_1} Y_{FS1} = \frac{2 \times 1.4 \times 73615}{60 \times 2.5^2 \times 24} \times 4.187\text{MPa} \approx 95.9\text{MPa} < [\sigma_F]_1 = 343.6\text{MPa}$$

$$\sigma_{F2} = \sigma_{F1} \times \frac{Y_{FS2}}{Y_{FS1}} = 95.9 \times \frac{3.903}{4.187}\text{MPa} \approx 89.4\text{MPa} < [\sigma_F]_2 = 332.2\text{MPa}$$

齿根弯曲强度足够。

6.7　标准斜齿圆柱齿轮传动的设计计算

6.7.1　斜齿圆柱齿轮传动的特点

1. 齿廓曲面的形成

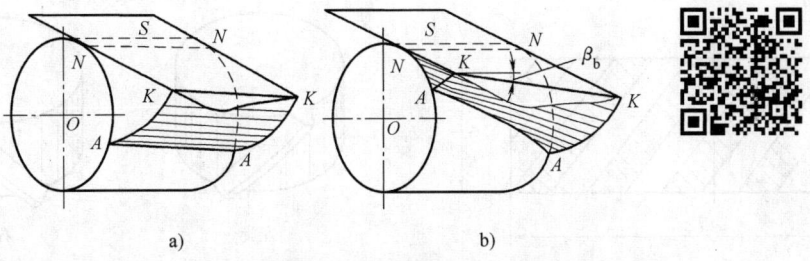

图6-19　齿廓曲面的形成

直齿轮的齿廓曲面是发生面 S 沿基圆柱做纯滚动时，其上一条平行于基圆柱轴线的直线 KK 在空间形成的渐开面，见图 6-19a。而斜齿圆柱齿轮的齿廓曲面是当发生面 S 沿基圆柱做纯滚动时，其上一条与基圆柱轴线成 β_b 角的直线 KK 在空间形成的螺旋渐开面，见图 6-19b。即斜齿轮端面上的齿廓曲线仍是渐开线。

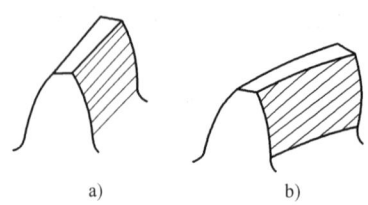

图 6-20 接触线的比较

2. 传动特点

如图 6-20a 所示，一对直齿轮啮合时，其轮齿接触线为平行于轴线的直线，两轮齿将沿整个齿宽同时进入或脱离啮合，故直齿轮传动平稳性较差，极易产生冲击、振动和噪音，不适用于高速和重载的传动。

与直齿轮不同，一对斜齿轮啮合时，其齿廓间的接触线是斜直线，并与轴线相交，其夹角为 β_b，如图 6-20b 所示，故啮合过程中两轮齿由一端进入啮合，逐渐地过渡到另一端脱离，即接触线由零逐渐增长，再又逐渐缩短到脱离啮合。因此，与直齿轮相比，斜齿轮传动改善了传动的平稳性，减小了冲击、振动和噪声，在高速、大功率传动中应用广泛。

6.7.2 斜齿圆柱齿轮的基本参数和几何尺寸

1. 基本参数

因斜齿轮的轮齿为螺旋形，故其端面的齿形和垂直于螺旋线方向的法面上的齿形不同，即斜齿轮有端面参数和法面参数之分。规定法面参数为标准值，用以选择刀具，而端面参数用于几何尺寸计算。

（1）螺旋角 β　斜齿轮齿廓曲面与其分度圆柱面的交线为螺旋线，该螺旋线的切线与齿轮轴线的夹角 β 称为螺旋角。如图 6-21 所示，将斜齿轮的分度圆柱面展开成平面，可得螺旋角 β。

螺旋角 β 的大小代表轮齿的倾斜程度，β 越大，传动越平稳，但轴向力也越大，通常取 $\beta = 8° \sim 15°$。斜齿轮按螺旋线的方向可分为左旋和右旋两种，如图 6-22 所示。

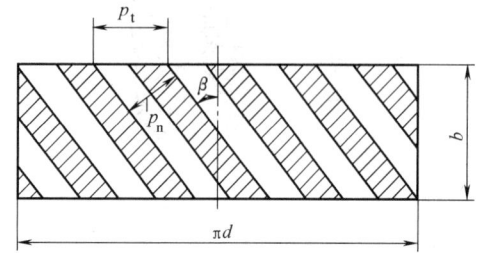

图 6-21 斜齿轮的展开图

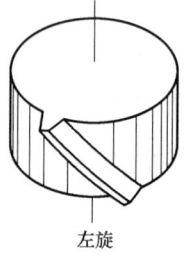
左旋
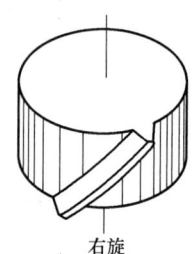
右旋

图 6-22 斜齿轮的旋向

(2) 模数 有法面模数 m_n 和端面模数 m_t 之分。在斜齿圆柱齿轮分度圆柱面的展开图（图6-21）中，由几何关系可知

$$p_n = p_t \cdot \cos\beta$$

式中，p_n、p_t 分别表示法向齿距和端面齿距。由于法面模数 $m_n = p_n/\pi$，端面模数 $m_t = p_t/\pi$，则由上式可得

$$m_n = m_t \cdot \cos\beta \tag{6-19}$$

式中，法面模数 m_n 应取表6-3中的标准值。

(3) 压力角 有法面压力角 α_n 和端面压力角 α_t 之分。法向压力角 α_n 和端面压力角 α_t 关系为（推导从略）

$$\tan\alpha_n = \tan\alpha_t \cdot \cos\beta \tag{6-20}$$

式中，法面压力角 $\alpha_n = 20°$，为标准值。

(4) 齿顶高系数 h_{an}^* 和顶隙系数 c_n^* 斜齿轮的齿顶高和齿根高，在法面和端面上相同，故其计算方法与直齿轮相同。其中法面上的齿顶高系数 h_{an}^* 和顶隙系数 c_n^* 为标准值，并与直齿轮规定的标准值相同。

可见，用铣刀或滚刀切制斜齿轮时，采用切削直齿轮的刀具沿螺旋齿槽方向进行切削，便可得到所需的斜齿轮。

2. 几何尺寸计算

斜齿轮的几何尺寸的计算公式见表6-15。

表6-15 外啮合标准斜齿圆柱齿轮几何尺寸计算公式（正常齿制）

名 称		符号	计算公式
基本参数	模数	m_n	根据强度等使用条件，按表6-1选取标准值
	齿数	z	根据强度等使用条件选定
	螺旋角	β	常取 $\beta = 8° \sim 15°$
	分度圆压力角	α_n	$\alpha_n = 20°$
几何尺寸	齿顶高	h_a	$h_a = m_n$
	齿根高	h_f	$h_f = 1.25 m_n$
	齿全高	h	$h = 2.25 m_n$
	顶隙	c	$c = 0.25 m_n$
	分度圆直径	d	$d = m_t z = m_n z / \cos\beta$
	齿顶圆直径	d_a	$d_a = d + 2h_a = m_n(z/\cos\beta + 2)$
	齿根圆直径	d_f	$d_f = d - 2h_f = m_n(z/\cos\beta - 2.5)$
	基圆直径	d_b	$d_b = d\cos\alpha$
啮合计算	中心距	a	$a = (d_1 + d_2)/2 = m_n(z_1 + z_2)/2\cos\beta$

3. 当量齿数

过斜齿圆柱齿轮分度圆柱上的一点 C 作轮齿的法面 $n-n$，此法面与分度圆柱的交线为一椭圆，如图6-23所示。若以该椭圆在 C 点的曲率半径 ρ 为分度圆半径，并取斜齿轮的法面模数 m_n 为模数、法面压力角 α_n 为压力角，作一直齿圆柱齿轮，该齿轮即为斜齿圆柱齿轮的当量齿轮，当量齿轮的齿数 z_v 称为当量齿数，其计算式为

$$z_v = \frac{z}{\cos^3\beta} \tag{6-21}$$

式中，z 为斜齿圆柱齿轮的实际齿数；β 为螺旋角。

当量齿数 z_v 用于选取齿轮铣刀的刀号，计算斜齿轮的强度，确定斜齿轮不发生根切的最少齿数 $z_{\min} = z_{v\min} \cdot \cos^3\beta = 17\cos^3\beta$，可以看出，斜齿轮不发生根切的最少齿数比直齿轮少，使结构更紧凑。

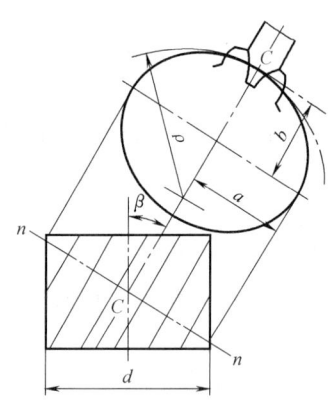

图 6-23　斜齿轮的当量齿轮

6.7.3　斜齿圆柱齿轮的啮合传动

1. 正确啮合条件

一对斜齿圆柱齿轮正确啮合条件是：两斜齿轮的模数和压力角分别相等，螺旋角相互匹配，即

$$\left.\begin{array}{l} m_{n1} = m_{n2} = m_n \\ \alpha_{n1} = \alpha_{n2} = \alpha_n \\ \beta_1 = \pm\beta_2 \text{（内啮合取"+"；外啮合取"-"）} \end{array}\right\} \tag{6-22}$$

2. 重合度

由于螺旋角的 β 的存在，斜齿圆柱齿轮传动的重合度受到影响，其值的计算式为

$$\varepsilon = \varepsilon_\alpha + \varepsilon_\beta \tag{6-23}$$

式中，ε_α 为端面重合度，是与斜齿轮端面齿廓相同的直齿轮传动的重合度；ε_β 为纵向重合度，$\varepsilon_\beta = b\tan\beta / \pi m_t$。

由式（6-23）可知，斜齿圆柱齿轮传动的重合度大于直齿轮，并随齿宽和螺旋角的增大而增大，因此斜齿轮传动更平稳，承载能力更高。

6.7.4　斜齿圆柱齿轮传动的强度计算

1. 轮齿的受力分析

斜齿圆柱齿轮传动中主动轮轮齿的受力情况如图 6-24 所示。忽略摩擦力的影响，齿廓间的法向力 F_n 应在法平面内沿轮齿齿廓的法向作用，F_{n1} 可分解为三个相互垂直的分力，即圆周力 F_{t1}、径向力 F_{r1} 和平行于轴线的轴向力 F_{a1}；根据作用与反作用原理，可确定从动轮轮齿上的圆周力 F_{t2}、径向力 F_{r2} 和轴向力 F_{a2}。各力的大小为

$$\left.\begin{array}{ll} 圆周力 & F_{t1} = F_{t2} = \dfrac{2T_1}{d_1} \\[6pt] 径向力 & F_{r1} = F_{r2} = \dfrac{F_{t1} \cdot \tan\alpha_n}{\cos\beta} \\[6pt] 轴向力 & F_{a1} = F_{a2} = F_{t1} \cdot \tan\beta \\[6pt] 法向力 & F_{n1} = F_{n2} = \dfrac{F_{t1}}{\cos\beta \cdot \cos\alpha_n} \end{array}\right\} \tag{6-24}$$

式中各符号的意义同前。

各力的方向为：

① 圆周力 F_t 和径向力 F_r 的方向判断与直齿圆柱齿轮相同。

② 主动轮轴向力 F_{a1} 的方向可用左、右手法则判定，即若为右（左）旋，则用右（左）手，四指弯曲方向表示主动轮的转向，则大拇指伸直指向为主动轮轴向力 F_{a1} 方向；而从动轮轴向力 F_{a2} 与主动轮轴向力 F_{a1} 方向相反。

2. 齿面接触疲劳强度计算

校核公式

$$\sigma_H = 3.22 Z_E \sqrt{\frac{KT_1}{bd_1^2} \cdot \frac{u \pm 1}{u}} \leq [\sigma_H] \quad (6\text{-}25)$$

设计公式

$$d_1 \geq 2.18 \sqrt[3]{\frac{KT_1}{\psi_d} \cdot \frac{u \pm 1}{u} \cdot \left(\frac{Z_E}{[\sigma_H]}\right)^2} \quad (6\text{-}26)$$

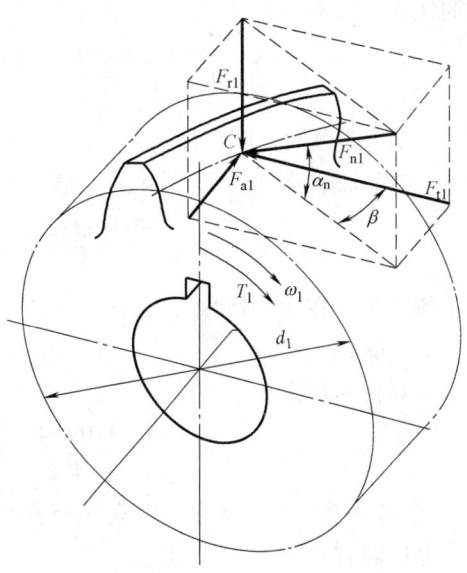

图 6-24 斜齿圆柱齿轮传动受力分析

式中，各参数的含义、单位及选取方法同直齿圆柱齿轮传动。

3. 齿根弯曲疲劳强度计算

校核公式

$$\sigma_F = \frac{1.56 KT_1}{b m_n^2 z_1} Y_{FS} \leq [\sigma_F] \quad (6\text{-}27)$$

设计公式

$$m_n \geq \sqrt[3]{\frac{1.56 KT_1}{\psi_d z_1^2} \cdot \frac{Y_{FS}}{[\sigma_F]}} \quad (6\text{-}28)$$

式中，m_n 为法面模数；Y_{FS} 为斜齿轮的复合齿形系数，根据斜齿轮的当量齿数 z_v 由表 6-12 查得；其余参数的含义、单位及选取方法同直齿圆柱齿轮传动。计算时应取 $Y_{FS}/[\sigma_F]$ 的较大者代入公式。

【**例 6-2**】 若例 6-1 中实际所用减速器是中心距为 150mm 的单级斜齿圆柱齿轮传动。工作条件、所选用的齿轮材料、热处理方式、精度等级等均不变。现测得齿轮的齿宽 $b = 60$mm；小齿轮齿数 $z_1 = 23$、齿顶圆直径 $d_{a1} = 63.96$；大齿轮齿数 $z_2 = 94$。试分析并计算该齿轮传动的主要参数和工作能力。

解：该齿轮传动为闭式传动，故需根据齿轮传动的主要参数分别进行接触疲劳强度校核和齿根弯曲疲劳强度校核。

（1）分析齿轮传动的主要参数

① 法面模数 m_n 和螺旋角 β。由表 6-13 公式可得如下关系式

$$\left. \begin{aligned} d_{a1} &= m_n \left(\frac{z_1}{\cos\beta} + 2 \right) \\ a &= \frac{m_n}{2\cos\beta} (z_1 + z_2) \end{aligned} \right\} \quad (6\text{-}29)$$

将测得的 $a = 150$mm，$z_1 = 23$，$z_2 = 94$，$d_{a1} = 63.96$ 代入（6-29）式，并联立求解得斜齿

轮的法面模数 m_n 为

$$m_n = \frac{d_{a1}}{2} - \frac{z_1 a}{z_1 + z_2} = \left(\frac{63.96}{2} - \frac{23 \times 150}{23 + 94}\right) \text{mm} = 2.493 \text{mm}$$

查表 6-3 可知，应为标准值 $m_n = 2.5$mm。该法面模数 $m_n > 2$，符合传递动力的齿轮模数要求。将 $m_n = 2.5$mm 代入（6-29）式，可进一步求得螺旋角 β，即

$$\beta = \arccos\frac{m_n(z_1+z_2)}{2a} = \arccos\frac{2.5 \times (23+94)}{2 \times 150} = 12°50'18''$$

螺旋角 β 在 $8° \sim 15°$ 内，合适。

② 齿数比。

$$u = z_2/z_1 = 94/23 = 4.09 = i'$$

验算传动比误差

$$\Delta i = \frac{i' - i}{i} = \frac{4.09 - 4.2}{4.2} = -2.6\% \text{（在 ±5\% 内，允许）}$$

③ 其他主要几何尺寸。由表 6-15 公式可得

分度圆直径

$$d_1 = \frac{m_n z_1}{\cos\beta} = \frac{2.5 \times 23}{\cos 12°50'18''}\text{mm} = 58.97 \text{mm}$$

$$d_2 = \frac{m_n z_2}{\cos\beta} = \frac{2.5 \times 94}{\cos 12°50'18''}\text{mm} = 241.03 \text{mm}$$

齿顶圆直径

$$d_{a1} = d_1 + 2m_n = (58.97 + 2 \times 2.5)\text{mm} = 63.97\text{mm}$$

$$d_{a2} = d_2 + 2m_n = (241.03 + 2 \times 2.5)\text{mm} = 246.03\text{mm}$$

齿根圆直径

$$d_{f1} = d_1 - 2.5 m_n = (58.97 - 2.5 \times 2.5)\text{mm} = 52.72\text{mm}$$

$$d_{f2} = d_2 - 2.5 m_n = (241.03 - 2.5 \times 2.5)\text{mm} = 234.78\text{mm}$$

④ 齿轮圆周速度 v。

$$v = \frac{\pi n_1 d_1}{60 \times 1000} = \frac{3.14 \times 960 \times 58.97}{60 \times 1000} \text{m/s} = 2.96 \text{m/s}$$

查表 6-14，选齿轮传动精度等级为 8 级合宜。

(2) 校核齿面接触疲劳强度 由式（6-25）可知，齿面接触疲劳的校核计算公式为

$$\sigma_H = 3.22 Z_E \sqrt{\frac{KT_1}{b d_1^2} \cdot \frac{u+1}{u}} \leqslant [\sigma_H]$$

① 载荷系数 K。查表 6-8，斜齿轮取较小值，故取 $K = 1.2$。

② 转矩 T_1、材料的弹性系数 Z_E、许用接触应力 $[\sigma_H]$ 各参数同例 6-1，并取 $[\sigma_H]_1$ 和 $[\sigma_H]_2$ 中较小值 $[\sigma_H]_2$ 进行计算。

③ 校核计算。

$$\sigma_H = 3.22 Z_E \sqrt{\frac{KT_1}{b d_1^2} \cdot \frac{u+1}{u}} = 3.22 \times 189.8 \times \sqrt{\frac{1.2 \times 73615}{60 \times 58.97^2} \times \frac{4.09+1}{4.09}} \text{MPa}$$

$$\approx 443.6 \text{MPa} \leqslant [\sigma_H]_2 = 535 \text{MPa}$$

齿面接触强度可靠。

(3) 校核齿根弯曲疲劳强度 由式（6-27）可知，齿根弯曲疲劳强度的校核计算公式为

$$\sigma_F = \frac{1.56KT_1}{bm_n^2 z_1} Y_{FS} \leq [\sigma_F]$$

① 复合齿形系数 Y_{FS}。由式（6-21）可得斜齿轮当量齿数为

$$z_{V1} = \frac{z_1}{\cos^3 \beta} = \frac{23}{\cos^3 12°50'18''} = 24.8$$

$$z_{V2} = \frac{z_2}{\cos^3 \beta} = \frac{94}{\cos^3 12°50'18''} = 101.4$$

根据 z_{V1}、z_{V2} 查表 6-9，得 $Y_{FS1} = 4.170$；$Y_{FS2} = 3.902$。

② 许用弯曲应力 $[\sigma_F]_1$、$[\sigma_F]_2$ 同例 6-2。

③ 校核计算。

$$\sigma_{F1} = \frac{1.56KT_1}{bm_n^2 z_1} Y_{FS1} = \frac{1.56 \times 1.2 \times 73615}{60 \times 2.5^2 \times 23} \times 4.170 \text{MPa} \approx 66.63 \text{MPa} \leq [\sigma_F]_1 = 343.6 \text{MPa}$$

$$\sigma_{F2} = \sigma_{F1} \times \frac{Y_{FS2}}{Y_{FS1}} = 66.63 \times \frac{3.902}{4.170} \text{MPa} \approx 62.35 \text{MPa} < [\sigma_F]_2 = 332.2 \text{MPa}$$

齿根弯曲强度足够。

6.8 直齿锥齿轮传动简介

锥齿轮传动用于传递两相交轴的运动和动力。其中两轮轴线夹角（轴交角）$\Sigma = 90°$ 的标准直齿锥齿轮传动应用最广。锥齿轮的轮齿分布在圆锥面上，其齿形从大端到小端逐渐缩小。圆锥齿轮和圆柱齿轮相似，有分度圆锥、齿顶圆锥、齿根圆锥和基圆锥，一对相啮合的锥齿轮还有节圆锥。对于正确安装的标准锥齿轮传动，其节圆锥和分度圆锥重合。

最常用的是两轮轴线夹角（轴交角）$\Sigma = 90°$ 的标准直齿锥齿轮传动。由于轮齿分布在圆锥面上，其齿形从大端到小端逐渐缩小。与圆柱齿轮相似，有分度圆锥、齿顶圆锥、齿根圆锥和基圆锥，一对相啮合的锥齿轮还有节圆锥。对于标准锥齿轮传动，节圆锥和分度圆锥重合。

6.8.1 直齿锥齿轮的齿廓和当量齿数

1. 齿廓曲面的形成

一圆形发生面 S 与基圆锥相切（切线 OP 既是基圆锥的母线，又是圆平面 S 的半径），当圆平面 S 在基圆锥上做纯滚动时，其上过圆心 O（即锥顶）的一条直线 $\overline{OK}$ 在空间的轨迹即为球面渐开线齿廓曲面（图 6-25a），而该直线上任一点 K 在空间的轨迹即为球面渐开线齿廓，如图 6-25b 所示。

2. 背锥与当量齿数

锥齿轮理论上的齿廓曲线是球面渐开线，无法展成平面，给其设计、制造和刀具的生产带来不便。为便于工程上应用，常用近似方法来进行研究，即用一个当量直齿圆柱齿轮的齿形来近似表达直齿锥齿轮的齿形。

（1）背锥 作分别与两轮分度圆锥面 OAB、OAC 共轴的圆锥面 O_1AB、O_2AC，其母线 O_1A 或 O_2A 与相应的分度圆锥母线 OA 在圆锥齿轮大端分度圆处垂直相交，如图 6-26 所示。

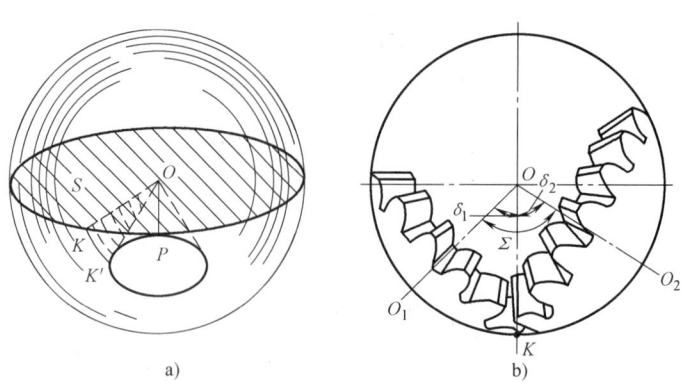

图 6-25 锥齿轮齿廓曲面形成

所作圆锥面 O_1AB、O_2AC 称为背锥。将锥齿轮大端的球面渐开线齿形投影到背锥面上，可得齿轮大端的近似齿形，即可近似地用背锥上的齿形代替球面上的齿形。

（2）当量齿数　将背锥展成平面后得到两个扇形齿轮（图 6-26），并将其补成完整的直齿圆柱齿轮，则称之为锥齿轮的当量齿轮，其齿数 z_{v1} 和 z_{v2} 称为当量齿数。锥齿轮大端的模数和压力角即为当量齿轮的模数和压力角。锥齿轮的当量齿数 z_{v1} 和 z_{v2} 与实际齿数 z_1 和 z_2 的关系为（推导从略）

$$\left.\begin{array}{l} z_{v1} = \dfrac{z_1}{\cos\delta_1} \\ z_{v2} = \dfrac{z_2}{\cos\delta_2} \end{array}\right\} \tag{6-30}$$

式中，δ_1、δ_2 分别为两锥齿轮的分度圆锥角。

与斜齿圆柱齿轮相同，锥齿轮的当量齿数可作为依据选取加工刀具，计算锥齿轮的强度，确定锥齿轮不发生根切的最少齿数 $z_{min} = z_{vmin} \cdot \cos\delta = 17\cos\delta$。由式（6-30）可知，当量齿数大于实际齿数，且不一定是整数。

由上可知，一对直齿锥齿轮的啮合，相当于一对当量直齿圆柱齿轮的啮合。因此锥齿轮的正确啮合条件、连续传动条件和重合度计算等均可利用当量齿轮转化为直齿圆柱齿轮传动求得。一对相互啮合的直齿锥齿轮的正确啮合条件为：两轮的大端模数和压力角分别相等。

6.8.2 直齿锥齿轮的基本参数和几何尺寸

1. 基本参数

为便于锥齿轮的测量和计算，减小相对

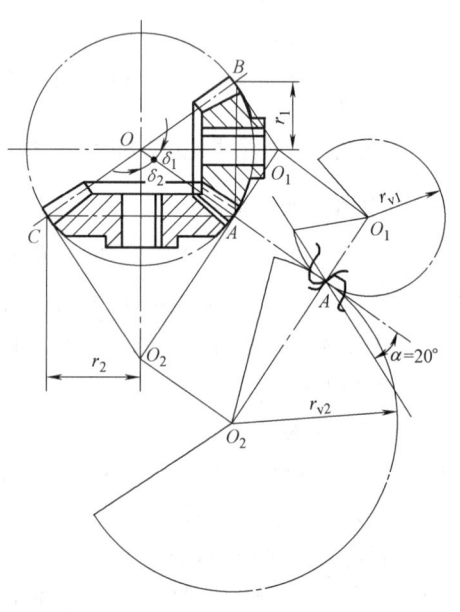

图 6-26 锥齿轮的背锥和当量齿数

误差,同时也便于估计传动装置的外形齿轮,通常取大端的模数(GB/T 12368—1990)和压力角为标准值,即 $\alpha = 20°$;对于正常齿制,齿顶高系数 $h_a^* = 1$,顶隙系数 $c^* = 0.2$。

2. 几何尺寸计算

如图6-27所示为一对相互啮合的轴交角 $\Sigma = 90°$ 的标准直齿锥齿轮,其几何尺寸计算公式见表6-16。

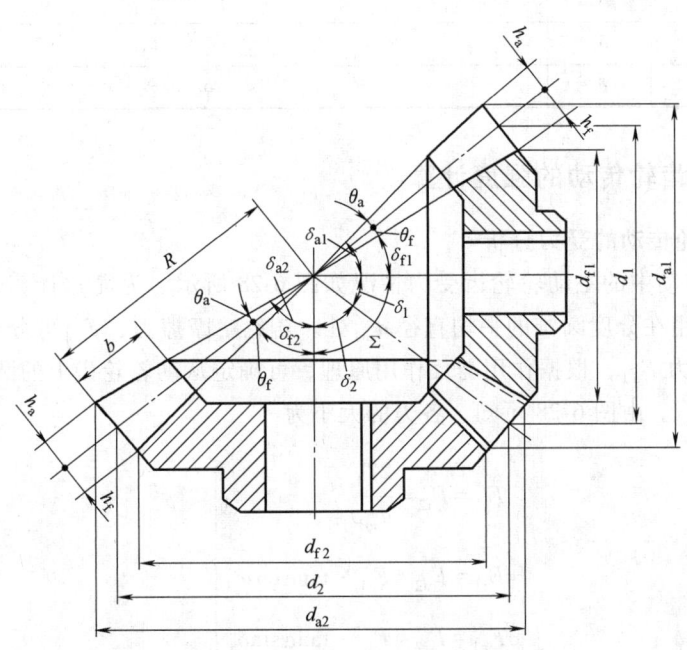

图 6-27 $\Sigma = 90°$ 的标准直齿锥齿轮传动

表 6-16 标准直齿锥齿轮的几何尺寸计算公式($\Sigma = 90°$、正常齿制)

	名称	符号	计算公式
基本参数	传动比	i	$i = z_2/z_1 = \cot\delta_1 = \tan\delta_2$
	齿数	z	应使 $z = z_v \cdot \cos\delta \geq z_{\min}$(避免切齿根切)
	模数	m	根据强度等使用条件,由 GB/T 12368—1990 选取
	分度圆压力角	α	$\alpha = 20°$
几何尺寸	齿顶高	h_a	$h_a = m$
	齿根高	h_f	$h_f = 1.2m$
	顶隙	c	$c = 0.2m$
	分度圆锥角	δ	$\tan\delta_2 = \cot\delta_1 = z_2/z_1$;$\delta_1 + \delta_2 = 90°$
	分度圆直径	d	$d = mz$
	齿顶圆直径	d_a	$d_a = d + 2m\cos\delta$
	齿根圆直径	d_f	$d_f = d - 2.4m\cos\delta$
	外锥距	R	$R = \dfrac{mz}{2\sin\delta}$ 或 $R = \dfrac{m}{2}\sqrt{z_1^2 + z_2^2}$

(续)

	名称	符号	计算公式
几何尺寸	齿宽	b	$b \leqslant R/3$(取整)
	齿顶角	θ_a	$\theta_a = \arctan \dfrac{h_a}{R}$
	齿根角	θ_f	$\theta_f = \arctan \dfrac{h_f}{R}$
	顶圆锥角	δ_a	$\delta_a = \delta + \theta_a$
	根圆锥角	δ_f	$\delta_f = \delta - \theta_f$

6.8.3 直齿锥齿轮传动的强度计算

1. 直齿直齿轮传动的受力分析

直齿锥齿轮传动中的主动轮轮齿受力情况如图 6-28 所示。为简化计算，一般将法向力 F_{n1} 简化为集中作用在分度圆锥的平均直径 d_{m1} 处。若忽略摩擦力，F_{n1} 可分解为圆周力 F_{t1}、径向力 F_{r1} 和轴向力 F_{a1}，根据作用与反作用原理，可确定从动轮轮齿上的圆周力 F_{t2}、径向力 F_{r2} 和轴向力 F_{a2}。由图 6-28 可知，各力的大小为

$$\left. \begin{aligned} F_{t1} &= F_{t2} = \dfrac{2T_1}{d_{m1}} \\ F_{r1} &= F_{a2} = F_{t1} \cdot \tan\alpha \cos\delta_1 \\ F_{a1} &= F_{r2} = F_{t1} \cdot \tan\alpha \sin\delta_1 \end{aligned} \right\} \qquad (6\text{-}31)$$

式中，d_{m1} 为小齿轮平均分度圆直径，$d_{m1} = d_1(1 - 0.5b/R)$（mm）；其他参数含义和单位同前。

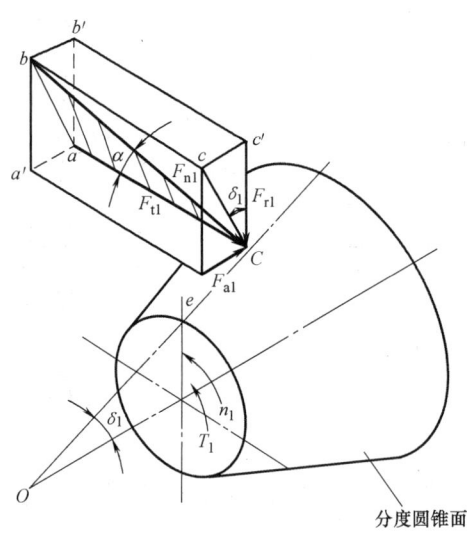

图 6-28 直齿锥齿轮传动的受力分析

各力的方向是：
① 圆周力 F_t 和径向力 F_r 的方向判断同圆柱齿轮。
② 轴向力 F_a 的方向对两个齿轮都是从啮合点沿各自轴线指向大端。

2. 强度计算简介

在对锥齿轮进行强度计算时，为简化分析，可近似地认为锥齿轮的强度与齿宽中点处的当量圆柱齿轮相同。故可将当量齿轮的参数代入圆柱齿轮强度公式，可推导出轴交角为 90° 的直齿锥齿轮的强度公式，具体内容可参阅机械设计手册。

6.9 齿轮的结构设计

一个完整的齿轮零件，除通过强度计算所确定的齿轮的基本参数和尺寸之外，还应该有轮缘、轮辐及轮毂等部分，这些常通过结构设计确定。齿轮的结构型式主要由其尺寸、材料、毛坯类型、制造方式和生产批量决定，一般根据齿轮直径大小，选择合理的结构形式，各部分尺寸由经验公式确定。

6.9.1 齿轮轴

对于直径很小的钢制齿轮，如果圆柱齿轮从齿根圆到键槽顶部的距离 $x \leq 2.5m_t$（m_t 为端面模数），圆锥齿轮从小端齿根圆到键槽顶部的距离 $x < 1.6m$（m 为大端模数）（图 6-30），应将齿轮和轴做成一体，称为齿轮轴，如图 6-29 所示。齿轮轴的刚性大，但轴和齿轮用同一种材料，可能造成材料浪费或不便于加工。故当 $x > 2.5m_t$，或 $x > 1.6m$ 时，则应将齿轮与轴分开制造。

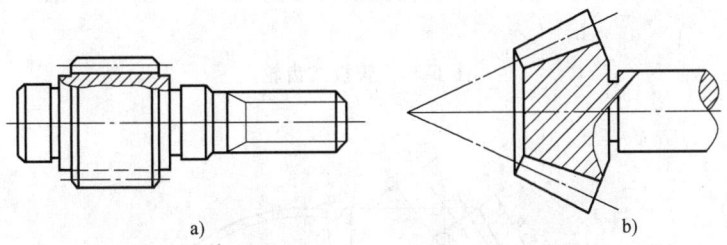

图 6-29 齿轮轴
a）圆柱齿轮轴 b）锥齿轮轴

6.9.2 实体式齿轮

当齿顶圆直径 $d_a \leq 200\text{mm}$ 时，可制成实体式结构，如图 6-30 所示。这种齿轮常用锻钢制造。

6.9.3 腹板式齿轮

当齿顶圆直径 $200\text{mm} < d_a \leq 500\text{mm}$ 时，可制成腹板式结构，以减轻重量，减少材料，如图 6-31 所示。常用锻钢制造这种齿轮，对于不重要的齿轮也可采用铸造毛坯。锥齿轮齿顶

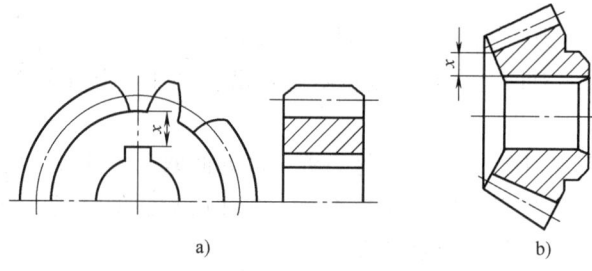

图 6-30 实体式齿轮

a) 圆柱齿轮 b) 圆锥齿轮

圆直径 d_a>300mm 时，可铸造成带加强肋的腹板式锥齿轮，如图 6-32 所示。

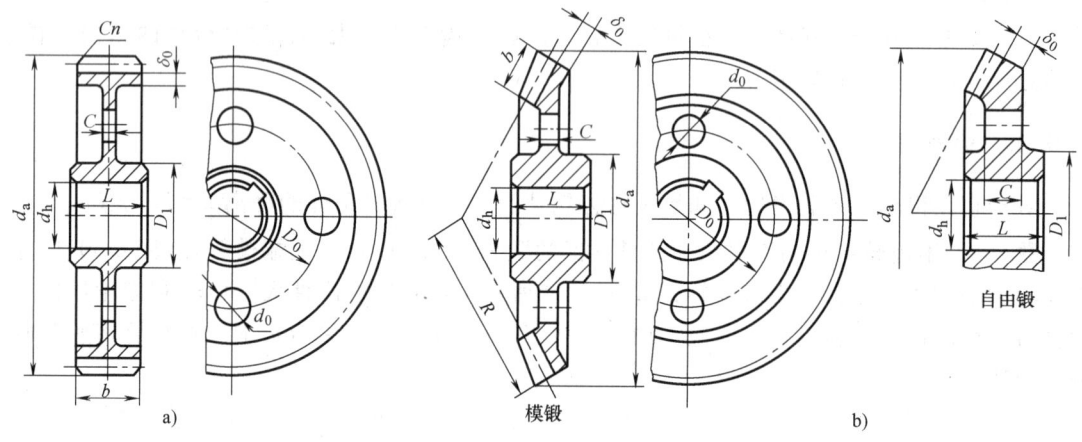

图 6-31 腹板式齿轮

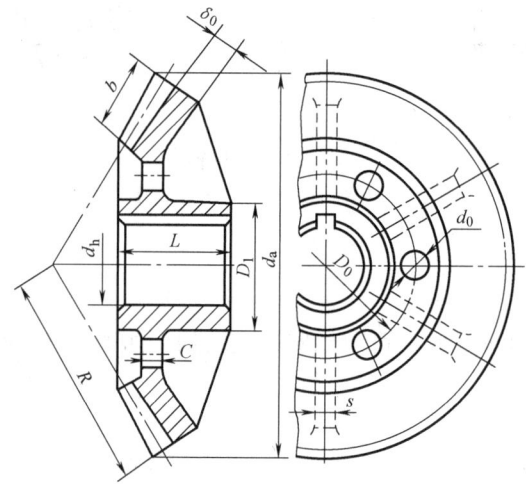

图 6-32 带加强肋的腹板式锥齿轮

6.9.4 轮辐式齿轮

对于齿顶圆直径 $d_a>500\text{mm}$ 的圆柱齿轮，可制成轮辐式结构，如图 6-33 所示。这种齿轮由于锻造困难，常用铸钢或铸铁制造。

6.9.5 组合式齿轮

对于齿顶圆直径 $d_a>600\text{mm}$ 的圆柱齿轮，为节约贵重优质钢材，可制成组合式结构，例如，将贵重金属材料制做的齿圈与铸钢或铸铁制做的轮芯以过盈配合镶套在一起，并在两者的接缝处加装紧定螺钉固定，即称为镶圈齿轮，如图 6-34a 所示。对于大型齿轮，也可以采用焊接的方法制造毛坯，称为焊接齿轮，如图 6-34b 所示。

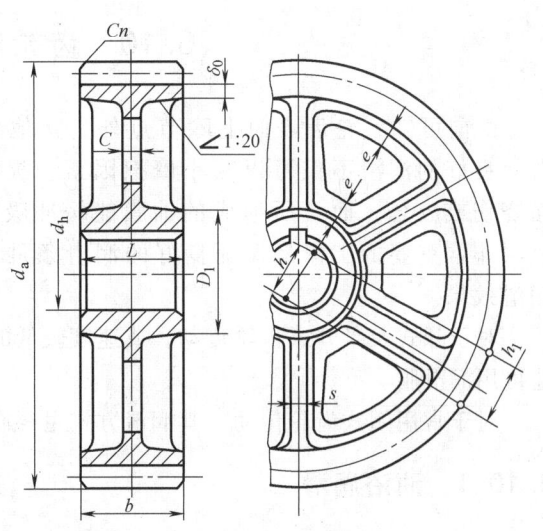

图 6-33 轮辐式齿轮

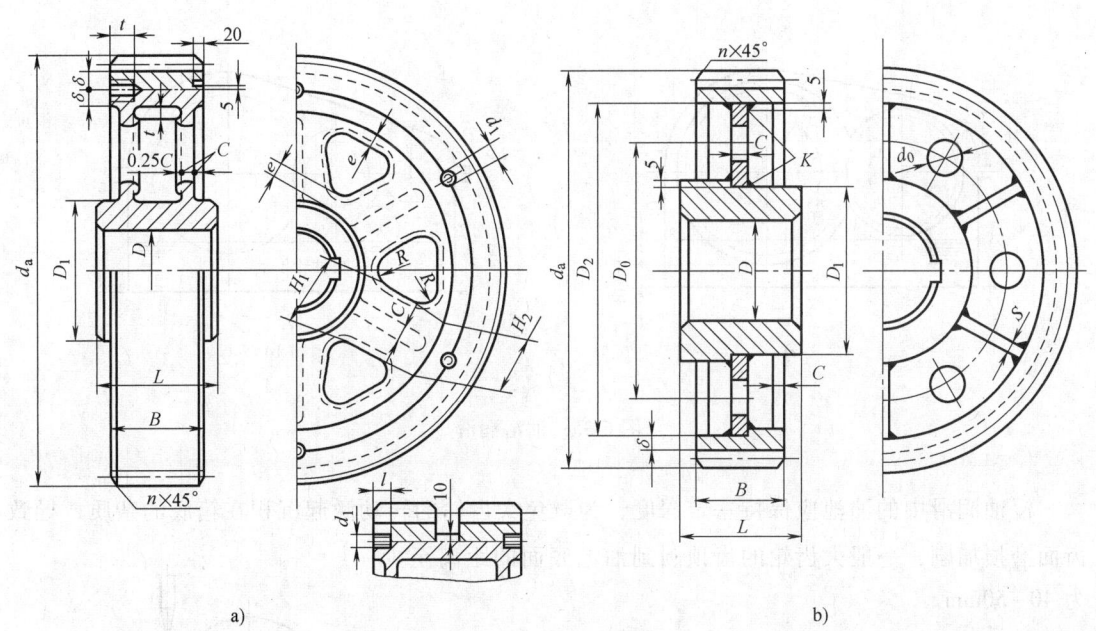

图 6-34 组合式齿轮
a) 镶圈齿轮　b) 焊接齿轮

对于上述各种结构形式的齿轮，其各部分尺寸（图 6-34 中用符号表示）计算的经验公式可参阅机械设计手册。

6.10 齿轮传动的润滑

由前可知，轮齿表面上除节点外，其他各啮合点处均有相对滑动。故必须考虑润滑，良好的润滑不仅可以减小摩擦因素，提高传动效率，冷却齿轮传动，避免形成齿面烧伤或胶合，而且所形成的油膜能缓冲吸振、降低冲击和噪声。因此，日常维护中一项非常重要的工作是保证良好的润滑条件，而润滑方式会直接影响齿轮传动装置的润滑效果。

对于开式及半开式齿轮传动，或速度较低的闭式齿轮传动，可定期人工加注润滑油，低速可用润滑脂。

对于常用闭式齿轮传动，其润滑方式主要有油浴润滑和喷油润滑。

6.10.1 油浴润滑

当齿轮节圆圆周速度 $v \leq 15\text{m/s}$ 时，通常将大齿轮浸入油池中进行润滑（图6-35a）。圆柱齿轮浸入油的深度宜超过一个齿高，至少为10mm，锥齿轮应浸入全齿宽，至少浸入齿宽一半，但浸入过深则增大齿轮运动阻力并使油温升高。在多级齿轮传动中，若高速级大齿轮无法达到要求的浸油深度时，可在其下边装上带油轮（图6-35b），带油轮将润滑油带到未润滑的齿轮面上。浸油齿轮可将油甩到齿轮箱壁上，有利于散热。

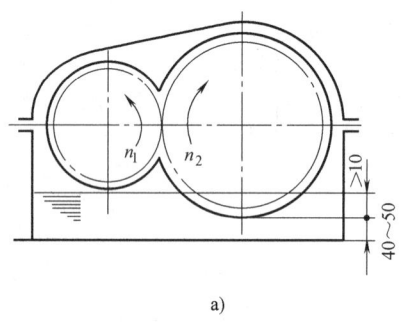
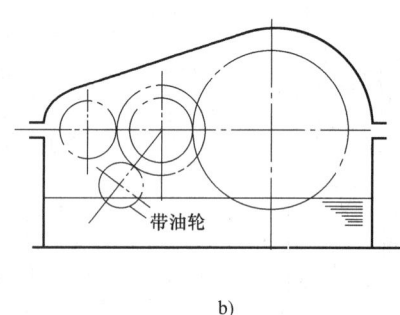

a)　　　　　　　　　　　　　　b)

图6-35　油浴润滑

浸油润滑中的油池应保持一定深度，为避免大齿轮的转动激起沉积在箱底的杂质，导致齿面磨损加剧，一般大齿轮的齿顶圆到油池底面的距离至少为40~50mm。

6.10.2 喷油润滑

当齿轮节圆圆周速度 $v > 15\text{m/s}$ 时，通常用液压泵将具有一定压力的润滑油经喷油嘴直接喷到轮齿的啮合区（图6-36），可避免润滑油被离心力甩掉以及齿轮搅油剧烈造成功率损耗太大，并可对循环的润滑油进行中间冷却和过滤。

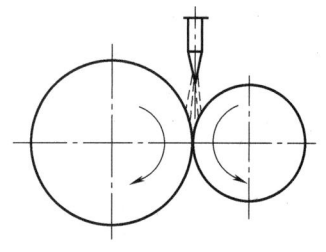

图6-36　喷油润滑

习 题

6-1 齿廓啮合的基本定律是什么？

6-2 一对渐开线直齿圆柱齿轮的连续传动条件是什么？

6-3 已知一正常齿制标准直齿圆柱齿轮的齿数 $z=25$，齿顶圆直径 $d_a=135\mathrm{mm}$，求该轮的模数。

6-4 已知一正常齿制标准直齿圆柱齿轮 $\alpha=20°$，$m=5\mathrm{mm}$，$z=40\mathrm{mm}$，试分别求出分度圆、基圆、齿顶圆上渐开线齿廓的曲率半径和压力角。

6-5 一对直齿圆柱齿轮正确啮合条件是什么？

6-6 已知一对外啮合正常齿制标准直齿圆柱齿轮 $m=3\mathrm{mm}$，$z_1=19$，$z_2=41$，试计算这对齿轮的分度圆直径、齿根高、齿顶高、顶隙、中心距、齿顶圆直径、齿根圆直径、基圆直径、齿距、齿厚和齿槽宽。

6-7 已知一对外啮合标准直齿圆柱齿轮的标准中心距 $a=160\mathrm{mm}$，齿数 $z_1=20$，$z_2=60$，求模数和分度圆直径。

6-8 单级闭式直齿圆柱齿轮传动中，小齿轮的材料 45 钢调质处理、大齿轮的材料为 ZG310-570 正火，$P=4\mathrm{kW}$，$n_1=720\mathrm{r/min}$，$m=4\mathrm{mm}$、$z_1=25$、$z_2=73$、$b_1=84\mathrm{mm}$、$b_2=78\mathrm{mm}$，单向传动，载荷有中等冲击，用电动机驱动，试验算此单级传动的强度。

6-9 斜齿圆柱齿轮的齿数 z 与当量齿数 z_v 有什么关系？在下列情况下应分别采用哪一种齿数？

① 计算斜齿圆柱齿轮传动的角速比；

② 用成型法切制斜齿轮时选盘形铣刀；

③ 计算斜齿轮的分度圆直径；

④ 弯曲强度计算时查取齿形系数。

6-10 设斜齿圆柱齿轮传动的转动方向及螺旋线方向如图 6-37 所示，试分别画出轮 1 为主动轮时和轮 2 为主动轮时轴向力 F_{a1} 和 F_{a2} 的方向。

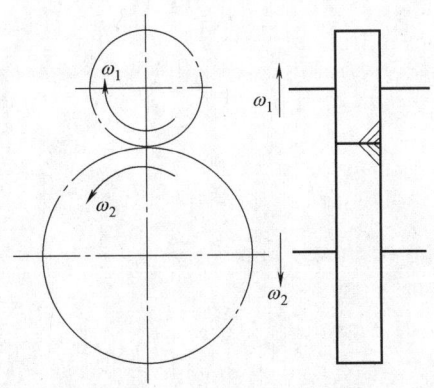

图 6-37 题 6-10 图

6-11 已知单级斜齿圆柱齿轮传动的 $P=22\text{kW}$，$n_1=1470\text{r/min}$，双向转动，电动机驱动，载荷平稳，$m_n=3\text{mm}$、$z_1=21$、$z_2=107$、$\beta=16°15'$，$b_1=85\text{mm}$、$b_2=80\text{mm}$，小齿轮材料为40Cr钢调质，试校核此闭式传动的强度。

6-12 已知单级闭式斜齿轮传动 $P=10\text{kW}$，$n_1=1210\text{r/min}$，$i=4.3$，电动机驱动，双向传动，中等冲击载荷，设小齿轮用40Cr调质，大齿轮用45钢调质，$z_1=21$，试计算此单级斜齿轮传动。

6-13 一对直齿圆锥齿轮的正确啮合条件是什么？

 实验实训项目：

渐开线齿廓展成法加工原理实验。

渐开齿轮及其啮合参数测定实验。

第7章

蜗杆传动

7.1 蜗杆传动的特点与类型

如图 7-1 所示,蜗杆传动由蜗杆 1 和蜗轮 2 组成。常用于交错轴 $\Sigma = 90°$ 的两轴间传递运动和动力。一般蜗杆为主动件,做减速运动。与其他机械传动相比较,蜗杆传动具有传动比大且结构紧凑的特点,因此广泛应用于机床、化工、矿山及冶金机械、起重运输机械等。

7.1.1 蜗杆传动的特点

1. 传动比大

由于蜗杆齿数(头数)很少或为 1,即使是单级传动也能获得较大的传动比。在动力传动中,通常取传动比 $i = 10 \sim 80$;在分度或手动机构传动中,传动比最高可达 1000。由于传动比大,因此结构紧凑。

2. 传动平稳

蜗杆传动属于啮合传动,且蜗杆的轮齿是连续不断的螺旋齿,与蜗轮啮合是逐渐进入、逐渐退出的,故蜗杆传动的振动、冲击、噪声都很小,传动平稳。

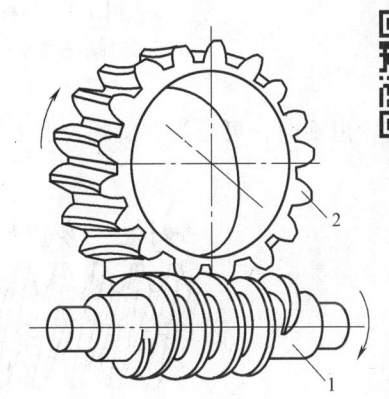

图 7-1 蜗杆传动

3. 具有自锁性

当蜗杆的导程角小于啮合轮齿间的当量摩擦角时,蜗杆具有自锁性,此时蜗杆只能为主动件,不能为从动件。

4. 传动效率低、磨损大

蜗杆传动在啮合轮齿间有较大的滑动速度,导致摩擦和发热损耗较大,因此传动效率较低,一般为 0.7~0.9,对具有自锁性的蜗杆传动,效率低于 0.5。为减轻摩擦和磨损,通常采用性能较好的有色金属来制造蜗轮齿圈,例如铜合金,但成本高。

7.1.2 蜗杆传动的类型

按蜗杆分度曲面不同,可分为圆柱蜗杆传动(图 7-2a)和环面蜗杆传动(图 7-2b)。圆柱蜗杆按其螺旋面的形状不同,可分为阿基米德蜗杆、渐开线蜗杆及延伸渐开线蜗杆三种。其中阿基米德蜗杆加工最方便,应用最广泛。阿基米德蜗杆又称为普通圆柱蜗杆,本章仅讨论这种蜗杆传动。

阿基米德蜗杆可用直刃梯形车刀在车床上加工，其形状如同一个梯形螺杆。如图7-3所示，加工出的蜗杆，在轴向剖面 I—I 内的齿廓为直线；在法向剖面 N—N 内的齿廓为曲线；在垂直于轴线的剖面上，其齿廓为阿基米德螺旋线，因此称为阿基米德蜗杆。

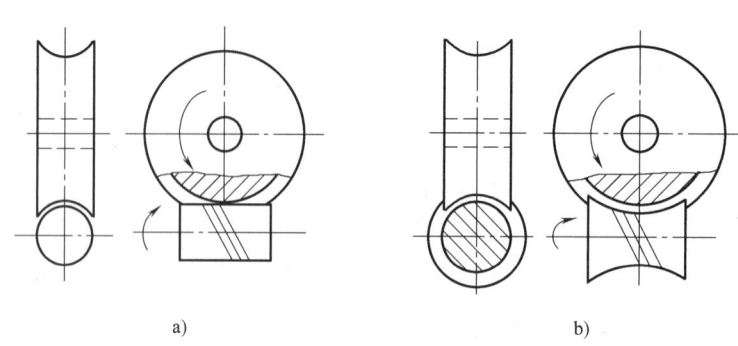

图 7-2 蜗杆传动的类型

a）圆柱蜗杆传动　b）环面蜗杆传动

蜗杆按其轮齿旋向，可分为左旋蜗杆和右旋蜗杆，常用的蜗杆为右旋。

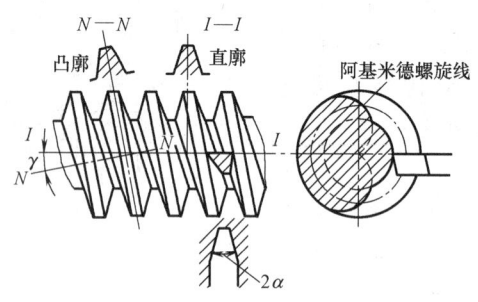

图 7-3 阿基米德蜗杆

7.2 蜗杆传动的基本参数和几何尺寸计算

7.2.1 蜗杆传动的基本参数

1. 模数 m、压力角 α

通过蜗杆轴线并垂直于蜗杆轴线的平面为中间平面，如图7-4所示。在中间平面内蜗杆与蜗轮的啮合相当于齿条与齿轮的啮合，故规定此平面的参数为标准值。蜗杆传动的正确啮合条件为：蜗杆的轴线模数 m_{a1} 与蜗轮的端面模数 m_{t2} 相等；蜗杆的轴向压力角 α_{a1} 与蜗轮的端面压力角 α_{t2} 相等；由于蜗杆与蜗轮轴线相交，为使轮齿啮合，则蜗杆导程角 γ 和蜗轮螺旋角 β_2 必须相等，且旋向相同，即

$$\left.\begin{array}{l}m_{a1}=m_{t2}=m\\ \alpha_{a1}=\alpha_{t2}=\alpha\\ \gamma=\beta_2\end{array}\right\} \quad (7\text{-}1)$$

蜗杆模数 m 的标准值见表 7-1，标准压力角 $\alpha = 20°$。

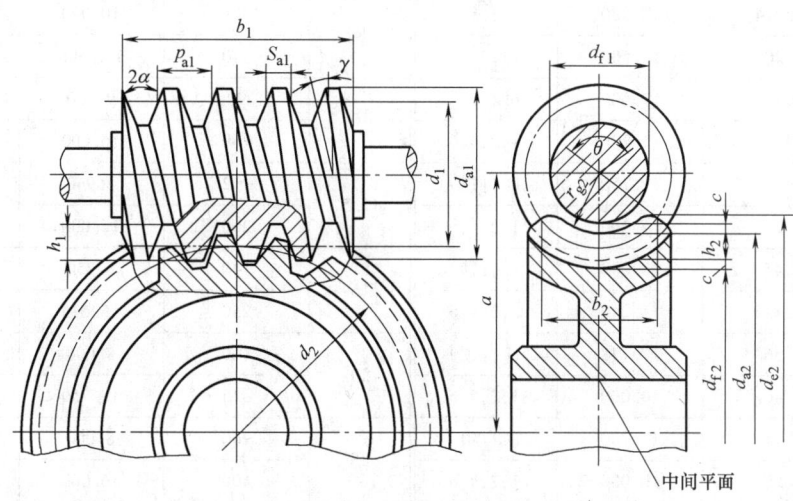

图 7-4　蜗杆传动中间平面齿形和几何尺寸

2. 蜗杆分度圆直径 d_1 和蜗杆直径系数

蜗杆传动中，为了保证蜗杆与蜗轮的正确啮合，加工蜗轮的滚刀的直径及齿形参数应与蜗杆的相应参数基本相同。即使模数相同，也会有很多直径不同的蜗杆，需配备与之数量相同的滚刀，这样增加了制造成本。为了减少刀具的数量，便于滚刀的标准化，制定了蜗杆分度圆直径 d_1 的标准系列，见表 7-1，规定了每一标准模数 m 与一定数量的蜗杆分度圆 d_1 对应。

蜗杆分度圆直径 d_1 与模数 m 的比值称为蜗杆直径系数（表 7-1），即

$$q=\frac{d_1}{m} \quad (7\text{-}2)$$

3. 蜗杆的导程角 γ

蜗杆导程角如图 7-5 所示，由图中几何关系可推得

$$\tan\gamma=\frac{z_1 p_{a1}}{\pi d_1}=\frac{z_1 m}{d_1}=\frac{z_1 m}{mq}=\frac{z_1}{q} \quad (7\text{-}3)$$

式中，p_{a1} 为蜗杆轴向齿距（mm）；z_1 为蜗杆头数；q 为蜗杆直径系数。

蜗杆导程角的大小影响蜗杆传动的效率，当导程角大时，传动效率高；当导程角小时，传动效率低。要求效率高的传动的导程角 γ 通常取 $15°\sim30°$，可采用多头蜗杆，但增加了蜗杆的制造难度。当 $\gamma\leqslant3°30'$ 时，可采用单头蜗杆，此时蜗杆能反向传动并具有自锁性能，但传动效率低。

表 7-1　圆柱蜗杆传动的 m 和 d_1 的常用匹配值（摘自 GB/T 10085—1988）

模数 m/mm	分度圆直径 d_1/mm	直径系数 q	蜗杆头数 z_1	模数 m/mm	分度圆直径 d_1/mm	直径系数 q	蜗杆头数 z_1
1	18	18.000	1(自锁)	6.3	63	10.000	1,2,4,6
1.25	20	16.000	1		112	17.778	1(自锁)
	22.4	17.920	1(自锁)	8	80	10.000	1,2,4,6
1.6	20	12.500	1,2,4		140	17.500	1(自锁)
	28	17.500	1(自锁)	10	90	9.000	1,2,4,6
2	22.4	11.200	1,2,4,6		160	16.000	1(自锁)
	35.5	17.750	1(自锁)	12.5	112	8.960	1,2,4
2.5	28	11.200	1,2,4,6		200	16.000	1(自锁)
	45	18.000	1(自锁)	16	140	8.750	1,2,4
3.15	35.5	11.270	1,2,4,6		250	15.625	1(自锁)
	56	17.778	1(自锁)	20	160	8.000	1,2,4
4	40	10.000	1,2,4,6		315	15.750	1(自锁)
	71	17.750	1(自锁)	25	200	8.000	1,2,4
5	50	10.000	1,2,4,6		400	16.000	1(自锁)
	90	18.000	1(自锁)				

注：1. 本表所列 m 和 d_1 数值均为 GB/T 10085—1988 中优先选用值。
　　2. 表中同一模数有两个 d_1 值，当选取大者时，蜗杆导程角 $\gamma \leqslant 3°30'$，有较好的自锁性。

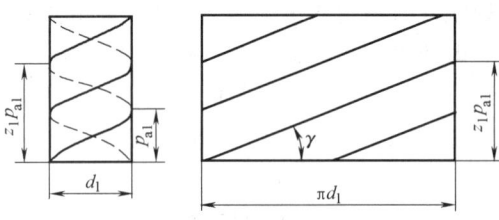

图 7-5　蜗杆导程角

4. 传动比 i

一般蜗杆为主动件，此时蜗杆传动为减速传动。设蜗杆头数和蜗轮齿数分别为 z_1、z_2，蜗杆和蜗轮的转速分别为 n_1、n_2，则传动比为

$$i_{12} = \frac{n_1}{n_2} = \frac{z_2}{z_1} \tag{7-4}$$

对于一般圆柱蜗杆传动减速装置，传动比 i 的推荐取值范围为 8~80，通常可在下列数值中取：5、7.5、10、12.5、15、20、25、30、40、50、60、70、80。其中，10、20、40、80 为基本传动比，可优先选用。

5. 蜗杆头数 z_1 和蜗轮齿数 z_2

通常蜗杆头数 $z_1 = 1$、2、4、6。在选择蜗杆头数时主要考虑传动比和效率，当要求传动比大时，z_1 可取小值；当要求传动自锁时，z_1 必须取 1；对于要求传递功率大的传力蜗杆传动,为提高传动效率,可取 $z_1 = 2 \sim 6$。

蜗轮齿数 $z_2 = i z_1$,在动力传动中,为了增加同时啮合齿的对数,通常使 $z_{2\min} \geq 28$,一般取 $z_2 = 29 \sim 83$,保证了传动平稳,避免了根切。当蜗轮直径不变时,z_2 过多会导致模数过小,从而使弯曲疲劳强度不足;当模数一定时,z_2 越大,蜗轮直径会增大,以致相啮合的蜗杆过长而刚度不足。故蜗杆头数 z_1 与配对蜗轮齿数 z_2 可参考表 7-2 取值。

表 7-2 蜗杆头数 z_1 和蜗轮齿数 z_2 的推荐值(摘自 GB/T 10085—1988)

传动比 i	4.83、5.17	7.25~15.75	14.5~31.5	29~83
蜗杆头数 z_1	6	4	2	1
蜗轮齿数 z_2	29、31	29~63	29~63	29~83

7.2.2 蜗杆传动的几何尺寸计算

标准圆柱蜗杆传动的基本几何尺寸计算公式见表 7-3。

表 7-3 标准圆柱蜗杆传动的基本几何尺寸计算公式(正常齿制)

名称	符号	计算公式	
		蜗杆	蜗轮
齿数	z	z_1 按表 7-2 确定	$z_2 = i z_1$
模数	m	$m_{a1} = m_{t2} = m$,m 按表 7-1 确定	
压力角	α	$\alpha_{a1} = \alpha_{t2} = \alpha = 20°$	
齿顶高系数	h_a^*	标准值 $h_a^* = 1$	
顶隙系数	c^*	标准值 $c^* = 1$	
分度圆直径	d	$d_1 = mq$	$d_2 = mz_2$
齿顶高	h_a	$h_{a1} = m$	$h_{a2} = m$
齿根高	h_f	$h_{f1} = 1.2m$	$h_{f2} = 1.2m$
蜗杆齿顶圆直径、蜗轮喉圆直径	d_a	$d_{a1} = m(q+2)$	$d_{a2} = m(z_2+2)$
齿根圆直径	d_f	$d_{f1} = m(q-2.4)$	$d_{f2} = m(z_2-2.4)$
蜗杆轴向齿距、蜗轮端面齿距	p_a、p_t	$p_{a1} = p_{t2} = \pi m$	
蜗杆导程角、蜗轮螺旋角	γ、β	$\gamma = \beta = \arctan(mz_1/d_1)$	
顶隙	c	$c = 0.2m$	
中心距	a	$a = 0.5(d_1+d_2) = 0.5m(q+z_2)$($a$ 为标准值,见 GB/T 10085—1988)	

7.3 蜗杆传动的强度计算与设计

7.3.1 齿面间相对滑动速度

如图 7-6 所示,蜗杆蜗轮啮合时,轮齿齿面间有较大的相对滑动,滑动速度 v_s 沿蜗杆螺旋线方向,其计算式为

$$v_s = \sqrt{v_1^2 + v_2^2} = \frac{v_1}{\cos\gamma} = \frac{\pi d_1 n_1}{60 \times 1000 \cos\gamma} \tag{7-5}$$

式中，v_1、v_2 分别为蜗杆和蜗轮的圆周速度，其他参数的含义和单位同前。

7.3.2 蜗杆传动的失效形式

蜗杆传动主要的失效形式有疲劳点蚀、轮齿折断、胶合和磨损等。由于蜗杆为连续的螺旋齿，所选材料的强度高于蜗轮，因此失效常发生在蜗轮轮齿上。与齿轮传动相比较，由于蜗杆传动轮齿齿间滑动速度较大，因此传动效率低，发热量大，使润滑油的黏度降低，润滑条件变差，更容易发生胶合和磨损失效。

7.3.3 蜗杆传动的设计准则

由于目前对胶合和磨损的计算还没有成熟的方法，故仍参照齿轮传动的强度计算方法，适当考虑胶合和磨损的影响。

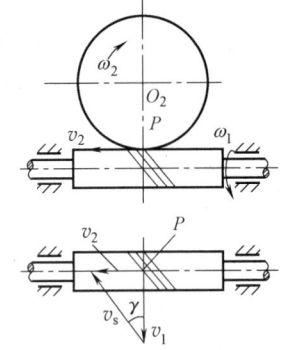

图 7-6　蜗杆传动的滑动速度

对于闭式蜗杆传动，应按齿面接触疲劳强度进行设计，按弯曲疲劳强度进行校核，由于闭式蜗杆传动的散热较困难，还应做热平衡验算；对于开式蜗杆传动，只按齿根弯曲疲劳强度进行设计。

对于细长的蜗杆，容易发生弯曲变形过大的现象，以致啮合区接触不良，此时还应对蜗杆进行刚度计算。

7.3.4 蜗杆传动的材料

由蜗杆传动的特点，要求蜗杆和蜗轮的材料不仅要具有足有的强度，还应有良好的减磨耐磨性和抗胶合性能。

1. 蜗杆的材料

蜗杆材料一般选用碳素钢或合金钢制造，并经过热处理后获得较高的齿面硬度，齿面经磨削或抛光后获得较低的表面粗糙度值，增加了耐磨性。例如高速重载蜗杆常用 15Cr、20Cr 等，并经渗碳淬火处理，齿面硬度为 56～62HRC，齿面磨削后粗糙度值为 1.6～0.8。根据不同的场合选择合适的蜗杆材料，具体见表 7-4。

表 7-4　蜗杆常用材料

材料牌号	热处理	齿面硬度	表面粗糙度 $Ra/\mu m$	应用范围
20、15Cr、20Cr、20CrNi、20MnVB、20CrMnVB、20CrMnTi、20CrMnMo	渗碳淬火	56～62HRC	1.6～0.8（磨削）	用于高速重载传动
45、40Cr、40CrNi、35SiMn、42SiMn、35CrMo、37SiMn2MoV、38SiMnMo	表面淬火	45～55HRC	1.6～0.8（磨削）	
45	调质处理	217～255HBW	6.3	用于低速轻载传动

2. 蜗轮的材料

蜗轮的常用材料为铸造锡青铜、铸造铝铁和灰铸铁等。一般根据轮齿齿面间的相对滑动速度来确定。当滑动速度较低（<2m/s），载荷较小时，可选用灰铸铁制造，如 HT150、HT200。蜗杆的常用材料见表 7-5。

表 7-5 蜗轮常用材料

材料名称	材料牌号	滑动速度 v_s	特点	应用
铸锡青铜	ZCuSn10Pb1、ZCuSn5Pb5Zn5	5~15m/s	抗胶合能力强，但机械强度较低（σ_b<300MPa），价格较贵	用于滑动速度较大及长期连续工作处
铸铝铁青铜	ZCuAl10Fe3、ZCuAl10Fe3Mn2	≤8m/s	抗胶合能力较差，但机械强度较高（σ_b>300MPa），与其相配的蜗杆必须经表面硬化处理，价廉	用于中等滑动速度场合
铸锰黄铜	ZCuSn38Mn2Pb2			
灰铸铁	HT150、HT200	<2m/s	机械强度低，冲击韧性差，但加工容易，且价廉	用于低速、轻载传动

7.3.5 蜗杆传动的受力分析

蜗杆传动的受力分析与斜齿圆柱齿轮传动相似。如图 7-7 所示的蜗杆传动，蜗杆为主动件，且为右旋。为简化计算，通常不考虑摩擦力的影响。作用在齿面上的法向力 F_n 可分解为圆周力 F_t、径向力 F_r 和轴向力 F_a，见图 7-7a。当蜗杆蜗轮的轴线在空间交错成 90°时，根据作用力与反作用力原理，由图 7-7b 可知，F_{t1} 与 F_{a2}、F_{a1} 与 F_{t2}、F_{r1} 与 F_{r2} 分别互为作用力与反作用力。各力的计算公式为

$$\left. \begin{array}{l} F_{t1} = F_{a2} = \dfrac{2T_1}{d_1} \\ F_{a1} = F_{t2} = \dfrac{2T_2}{d_2} \\ F_{r1} = F_{r2} = F_{t1}\tan\alpha \end{array} \right\} \tag{7-6}$$

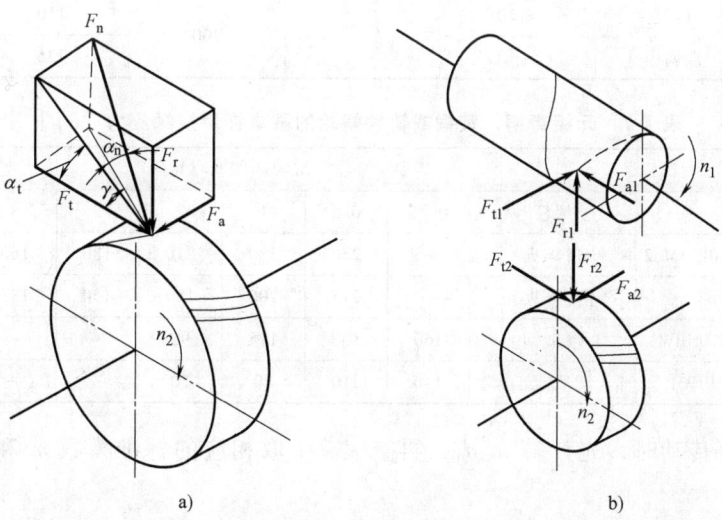

图 7-7 蜗杆传动的受力分析

式中，T_1、T_2 分别为作用在蜗杆和蜗轮的转矩（N·mm）；$T_2=T_1 i\eta$，i 为传动比，η 为蜗杆传动效率；d_1、d_2 分别为蜗杆、蜗轮的分度圆直径（mm）；α 为中间平面分度圆压力角，$\alpha=20°$。

蜗杆所受三个分力的方向的判定方法与斜齿圆柱齿轮传动中主动轮相同，蜗轮所受三个分力的方向由作用力与反作用力关系确定。

7.3.6 蜗杆传动的强度计算

1. 蜗轮齿面接触疲劳强度计算

蜗杆齿面接触疲劳强度计算的目的是，限制齿面接触疲劳应力 σ_H，使其不超过许用值 $[\sigma_H]$，以免出现点蚀失效。其计算方法与斜齿圆柱齿轮相似，按节点处的啮合条件来计算，由弹性力学的赫兹公式推得

校核公式
$$\sigma_H = 500\sqrt{\frac{KT_2}{d_1 d_2^2}} = 500\sqrt{\frac{KT_2}{m^2 d_1 z_2^2}} \leq [\sigma_H] \tag{7-7}$$

设计公式
$$m^2 d_1 \geq \left(\frac{500}{z_2[\sigma_H]}\right)^2 KT_2 \tag{7-8}$$

式中，K 为载荷系数，一般取 $1.1\sim1.4$；T_2 为蜗轮的转矩（N·mm）；d_1、d_2 分别为蜗杆、蜗轮的分度圆直径（mm）；m 为蜗杆蜗轮的模数（mm），其值可查表 7-1；$[\sigma_H]$ 为蜗轮材料的许用应力（MPa），其值可查表 7-6、表 7-7。

表 7-6 锡青铜蜗轮的基本许用接触应力 $[\sigma_H]$ （单位：MPa）

蜗轮材料	铸造方法	适用的滑动速度 v_s/(m/s)	力学性能 $[\sigma_H]$		蜗杆齿面硬度	
			σ_s	σ_b	≤350HBW	>45HRC
ZCuSn10Pb1	砂模	≤12	137	220	180	200
	金属模	≤25	196	310	200	220
ZCuSn5Pb5Zn5	砂模	≤10	78	200	110	125
	金属模	≤12			135	150

表 7-7 无锡青铜、黄铜或铸铁蜗轮的基本许用接触应力 $[\sigma_H]$ （单位：MPa）

材料		滑动速度 v_s/(m/s)							
蜗轮	蜗杆	0.25	0.5	1	2	3	4	6	8
ZCuAl10Fe3、ZCuAl10Fe3Mn2	钢(淬火)	—	250	230	210	180	160	120	90
ZCuSn38Mn2Pb2	钢(淬火)	—	215	200	180	150	135	95	75
HT150、HT200(120~150HBW)	渗碳钢	160	130	115	90	—	—	—	—
HT150(120~150HBW)	钢(调质或正火)	140	110	90	70	—	—	—	—

在设计蜗杆传动时，先计算 $m^2 d_1$，再查表 7-1 取相应的标准模数 m 和分度圆直径 d_1 的值。

由蜗轮轮齿接触强度和热平衡计算所限定的承载能力，通常都能满足弯曲强度要求，故只有对于受强烈冲击、振动的蜗杆传动，或蜗轮采用脆性材料时，才需要考虑蜗轮轮齿的弯

曲强度。其具体计算方法和步骤见机械设计手册。

2. 蜗杆刚度计算

对于细长的蜗杆，支承跨度较大，在受力后会产生较大的弯曲变形，影响蜗轮蜗杆的正确啮合，故需对蜗杆进行刚度校核。通常把蜗杆螺旋部分看作以蜗杆齿根圆直径为直径的轴段，其最大挠度 y（mm）可按下式近似计算，并得其刚度条件为

$$y = \frac{\sqrt{F_{t1}^2 + F_{r1}^2}}{48EI} L'^3 \leq [y] \tag{7-9}$$

式中，F_{t1} 为蜗杆所受的圆周力（N）；F_{r1} 为蜗杆所受的径向力（N）；E 为蜗杆材料的弹性模量（MPa）；I 为蜗杆危险截面的惯性矩（mm^4），$I = \pi d_{f1}^4/64$，其中 d_{f1} 为蜗杆的齿根圆直径（mm）；L' 为蜗杆两端支承间的跨距（mm），初步计算时，可取 $L' = 0.9d_2$，d_2 为蜗轮分度圆直径（mm）；$[y]$ 为许用最大挠度，通常取 $[y] = d_1/1000$（mm）。

7.3.7 蜗轮、蜗杆的结构

直径较小的蜗杆常与轴做成一个整体，称为蜗杆轴，如图 7-8 所示。根据蜗杆的螺旋齿面的加工方法不同，可分为铣制蜗杆（图 7-8a）和车制蜗杆（图 7-8b）两种。当蜗杆齿顶圆直径小于相邻轴端直径时，可直接在轴上铣出螺旋部分，称为铣制蜗杆，其刚度强，不需要退刀槽。对于车制蜗杆，为方便车削蜗杆螺旋部分时退刀，留有退刀槽，因此削弱了蜗杆的刚度。

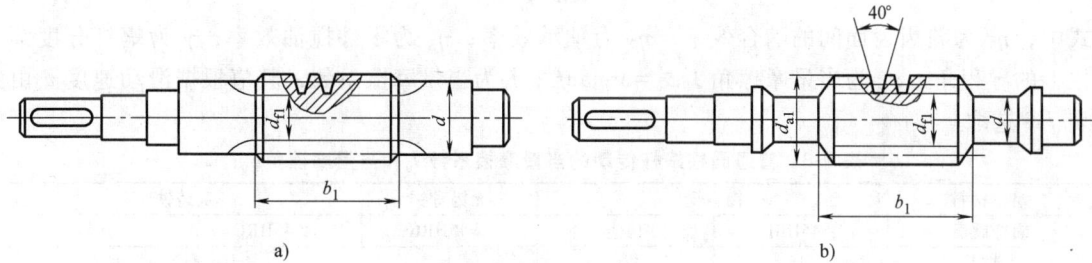

图 7-8 蜗杆轴的结构形式
a) 铣制蜗杆 b) 车制蜗杆

蜗轮可制成整体式，为了节约贵重金属，对于尺寸大的青铜蜗轮，可采用青铜齿圈与铸铁或铸钢轮芯做成组合式结构。常用的蜗轮的结构形式有以下几种：

① 整体式结构，如图 7-9a 所示。多用于铸铁和直径小于 100mm 的青铜蜗轮。

② 轮毂式蜗轮，如图 7-9b 所示。用过盈配合将齿圈装配在铸铁轮芯上，为增强联接的可靠性，在接缝处用 4~6 个紧定螺钉固定，以免齿圈和轮芯因发热而松动。为便于钻孔，螺栓孔中心要偏向铸铁轮芯 2~3mm。

③ 螺栓联接式蜗轮，如图 7-9c 所示。多用于尺寸较大或易于磨损的场合，其齿圈和轮芯用铰制孔用螺栓联接，要同时铰制齿圈和轮芯螺栓孔，这种结构拆装比较方便。

④ 镶铸式蜗轮，如图 7-9d 所示。青铜轮缘镶铸在铸铁轮芯上，并在轮芯上预制出凸键，以防滑动。

蜗轮各部分尺寸确定的经验公式可从相关机械设计手册中查得。

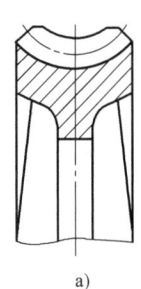 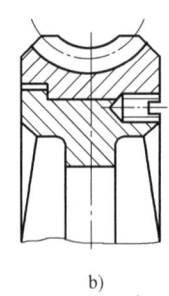 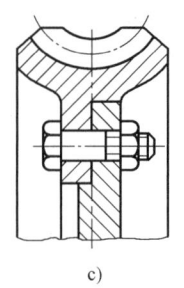 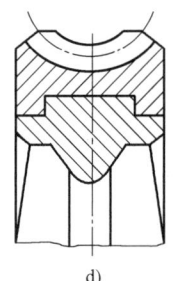

图 7-9 蜗轮的结构形式

a) 整体式 b) 轮毂式 c) 螺栓联接式 d) 镶铸式

7.4 蜗杆传动的效率、润滑与热平衡

7.4.1 蜗杆传动的效率

闭式蜗杆传动的功率损耗通常包括三部分：轮齿齿面间的啮合摩擦损耗、轴承摩擦损耗和浸入油池中的零件搅油时的溅油损耗。因此蜗杆传动的总效率的计算式为

$$\eta = \eta_1 \eta_2 \eta_3 \tag{7-10}$$

$$\eta_1 = \frac{\tan\gamma}{\tan(\gamma+\varphi_v)} \tag{7-11}$$

式中，η_1 为轮齿齿面间的啮合效率；η_2 为轴承效率；η_3 为零件搅油效率；γ 为蜗杆分度圆柱上的导程角；φ_v 为当量摩擦角，$\varphi_v = \arctan f_v$，f_v 为当量摩擦系数，其值根据滑动速度 v_s 由表 7-8 选取。

表 7-8 普通圆柱蜗杆传动的当量摩擦系数 f_v 和当量摩擦角 φ_v

蜗轮材料	锡青铜				无锡青铜		灰铸铁			
蜗杆硬度	≥45HRC		其他		≥45HRC		≥45HRC		其他	
滑动速度 v_s/(m/s)	f_v	φ_v	f_v	φ_v	f_v	φ_v	f_v	φ_v	f_v	φ_v
0.01	0.110	6°51′	0.120	6°51′	0.180	10°12′	0.180	10°12′	0.190	10°45′
0.05	0.090	5°09′	0.100	5°43′	0.140	7°58′	0.140	7°58′	0.160	9°05′
0.10	0.080	4°34′	0.090	5°09′	0.130	7°24′	0.130	7°24′	0.140	7°58′
0.25	0.065	3°43′	0.075	4°17′	0.100	5°43′	0.100	5°43′	0.120	6°51′
0.50	0.055	3°09′	0.065	3°43′	0.090	5°09′	0.090	5°09′	0.100	5°43′
1.0	0.045	2°35′	0.055	3°09′	0.070	4°00′	0.070	4°00′	0.090	5°09′
1.5	0.040	2°17′	0.050	2°52′	0.065	3°43′	0.065	3°43′	0.080	4°34′
2.0	0.035	2°00′	0.045	2°35′	0.055	3°09′	0.055	3°09′	0.070	4°00′
2.5	0.030	1°43′	0.040	2°17′	0.050	2°52′	—	—	—	—
3.0	0.028	1°36′	0.035	2°00′	0.045	2°35′	—	—	—	—
4	0.024	1°22′	0.031	1°47′	0.040	2°17′	—	—	—	—
5	0.022	1°16′	0.029	1°40′	0.035	2°00′	—	—	—	—
8	0.018	1°02′	0.026	1°29′	0.030	1°43′	—	—	—	—
10	0.016	0°55′	0.024	1°22′	—	—	—	—	—	—
15	0.014	0°48′	0.020	1°09′	—	—	—	—	—	—
24	0.013	0°45′	—	—	—	—	—	—	—	—

由于轴承摩擦和零件溅油所损耗的功率不大，一般取 $\eta_2\eta_3=0.95\sim0.96$，则蜗杆传动的总效率 η 为

$$\eta=\eta_1\eta_2\eta_3=(0.95\sim0.86)\frac{\tan\gamma}{\tan(\gamma+\varphi_v)} \tag{7-12}$$

7.4.2 蜗杆传动的润滑

润滑对蜗杆传动的传动效率有很大影响，当润滑不良时，其传动效率会显著降低，并且会带来急剧的磨损，甚至会产生胶合破坏，故通常会选用黏度大的矿物油进行良好的润滑，为提高其抗胶合能力，常常在润滑油中加入添加剂。

蜗杆传动在工作时相对滑动速度较大，形成油膜较困难，因此可根据相对滑动速度 v_s 来选择相应的润滑油。蜗杆传动常用的润滑油黏度和润滑方式参考表7-9。

表7-9 蜗杆传动润滑油的黏度及润滑方式

滑动速度 $v_s/(\mathrm{m\cdot s^{-1}})$	0~1	0~2.5	0~5	>5~10	>10~15	>15~25	>25
工作条件	重	重	中	—	—	—	—
运动黏度 $\gamma_{40}/(\mathrm{mm^2\cdot s^{-1}})$	900	500	350	220	150	100	80
润滑方式	油池润滑			油浴或喷油润滑	喷油润滑的喷油压力/MPa		
					0.7	2	3

7.4.3 蜗杆传动的热平衡计算

由于蜗杆传动的效率低，发热量大，在闭式传动中，如果散热条件不好，润滑油的温度不断升高会使润滑油稀释，导致摩擦损失增大，甚至发生胶合。所以，对于连续运转的闭式蜗杆传动，必须进行热平衡计算，以保证油温稳定地处于规定的范围内。

摩擦损耗的功率 $P_f=P_1(1-\eta)$，则产生的热流量 Q_1 为

$$Q_1=1000P_1(1-\eta) \tag{7-13}$$

式中，P_1 为蜗杆传递的效率（kW）；η 为蜗杆传动的总效率。

当自然冷却时，从箱壁散出去的热量 Q_2 为

$$Q_2=K_s(t_1-t_0)A \tag{7-14}$$

式中，K_s 为箱体表面的散热系数，根据箱体周围通风条件取 $K_s=(8.15\sim17.45)\mathrm{W/(m^2\cdot\text{℃})}$，当箱体周围空气流通良好时，取大值；$A$ 为散热面积，即内表面能被润滑油所飞溅到且外表面又可被周围空气所冷却的箱体表面面积（$\mathrm{m^2}$）；t_1 为周围空气的温度，常温下可取20℃；t_0 为润滑油的工作温度（℃）。

按热平衡条件 $Q_1=Q_2$，可求达到热平衡时润滑油的温度为

$$t_1=t_0+\frac{1000P_1(1-\eta)}{K_sA} \tag{7-15}$$

或在既定条件下，保持正常工作温度所需要的散热面积为

$$A = \frac{1000P(1-\eta)}{K_s(t_1-t_0)} \tag{7-16}$$

润滑油的工作温度 t_1 一般限制在 60~70℃，最高不超过 80℃。当 t_1 超过许用温度或散热面积不足时，可采取以下措施，以提高散热能力。

① 在箱体外表面加散热片，以增加散热面积 A。
② 在蜗杆轴端安装风扇，以加速空气流通，提高散热率（图 7-10a）。
③ 在箱体油池中安装蛇形水管，用循环水冷却（图 7-10b）。
④ 采用压力喷油循环润滑（图 7-10c）。

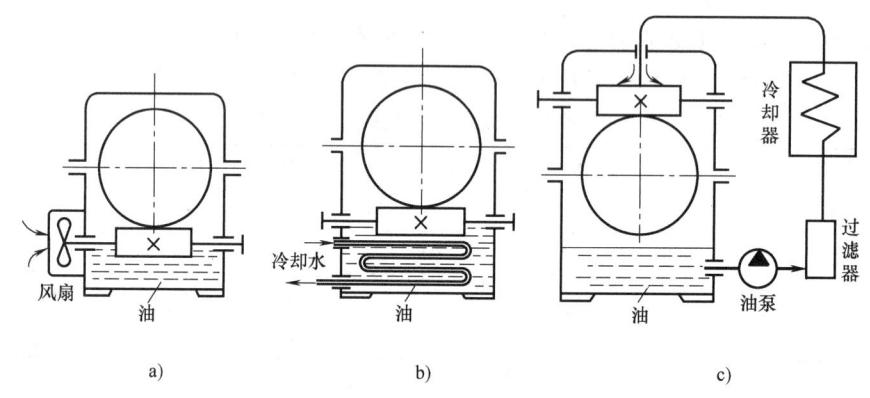

图 7-10 蜗杆传动的冷却措施
a）风扇冷却 b）蛇形水管冷却 c）压力喷油冷却

习 题

7-1 蜗杆传动的特点有哪些？
7-2 蜗杆传动的正确啮合条件是什么？
7-3 在设计蜗杆传动时，如何选择蜗杆的头数和蜗轮的齿数？
7-4 已知蜗杆的螺旋方向和转动方向，如图 7-11 所示，试求：（1）蜗轮转向；（2）标出啮合点处作用于蜗杆和蜗轮上的三个分力方向。

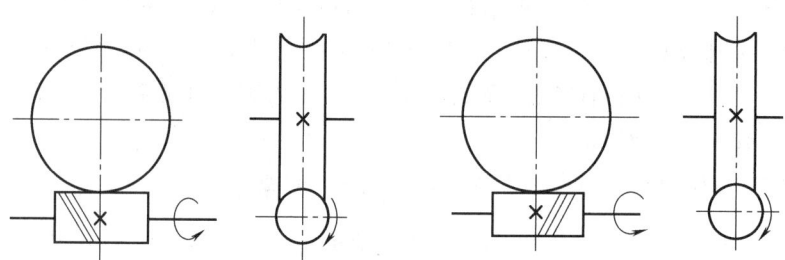

图 7-11 题 7-4 图

7-5 试设计一闭式普通圆柱蜗杆传动。已知蜗杆轴的输入功率 $P_1=4\mathrm{kW}$，转速 $n_1=1440r/\mathrm{min}$，传动比 $i=20$，载荷平稳，连续单向运转，每天工作 8h，要求使用寿命 5 年。

 实验实训项目： 蜗杆传动效率测试实验。

第8章 轮系

由一对齿轮组成的机构是齿轮传动的最简单的形式,但在实际机械传动中,仅用一对齿轮往往不能满足传动的要求。为了获得更大的传动比,或者为了实现变速、换向、运动的合成或分解等功能,常采用一系列相互啮合的齿轮将输入轴和输出轴连接起来。这种由一系列齿轮组成的传动系统称为齿轮系,简称轮系。

8.1 轮系的类型

通过不同方式组合所得到的轮系的特点各不相同。通常根据齿轮系传递运动时各齿轮轴线的位置是否固定,可分为定轴轮系和周转轮系两种基本类型。

8.1.1 定轴轮系

当轮系在运动时,组成轮系的所有齿轮轴线的位置都是固定不变的,这种轮系称为定轴轮系,如图 8-1 所示。

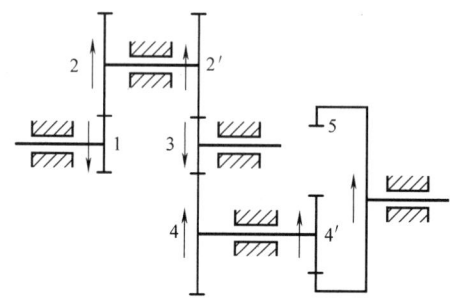

图 8-1 定轴轮系

8.1.2 周转轮系

当轮系在运动时,组成轮系的各齿轮中至少有一个齿轮轴线位置不固定而是绕其他齿轮轴线转动,这种轮系称为周转轮系。如图 8-2 所示的周转轮系中,齿轮 2 的轴线围绕齿轮 1 的轴线转动。

8.1.3 复合轮系

在实际机械传动中,除了使用单一的定轴轮系和周转轮系之外,还经常将几个基本的定轴轮系和周转轮系或是将几个基本的周转轮系组合在一起形成复杂轮系使用，称为复合轮系。

如图 8-3 所示的复合轮系，轮系中 1-2 组成定轴轮系，3-4-5-H 组成行星轮系。

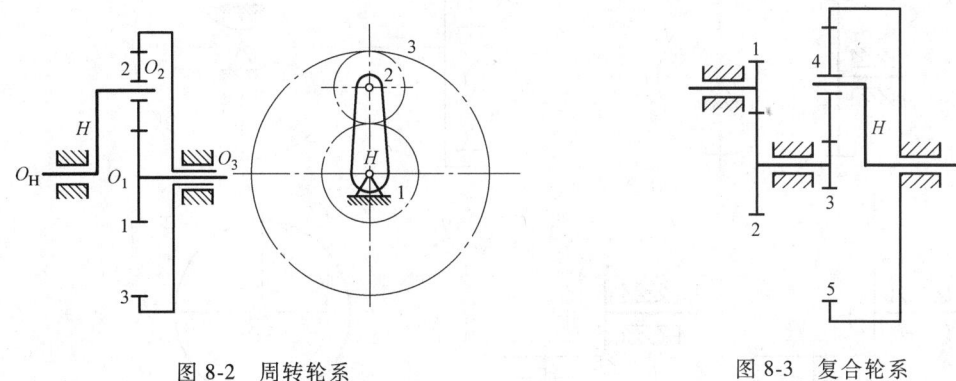

图 8-2　周转轮系　　　　　　　　图 8-3　复合轮系

8.2　定轴轮系的传动比计算

轮系的传动比是指轮系中首轮与末轮的角速度或转速之比，设首轮为 1，末轮为 k，则轮系的传动比可表示为

$$i_{1k}=\frac{\omega_1}{\omega_k}=\frac{n_1}{n_k}$$

式中，ω_1、n_1 分别为首轮 1 的角速度和转速，ω_k、n_k 分别末轮 k 的角速度和转速。

轮系传动比的计算不仅要确定其大小，还要确定首末两轮相对转动方向。图 8-4 所示的一对啮合齿轮的传动比的大小为

$$i_{12}=\frac{\omega_1}{\omega_2}=\frac{n_1}{n_2}=\frac{z_2}{z_1}$$

当定轴轮系中各齿轮的轴线均相互平行时，各轮的相对转动方向可以用正负号或画箭头的方法确定，图 8-4a 所示的一对平行轴外啮合圆柱齿轮，两轮转向相反，i_{12} 取负值或用方向相反的箭头表示；图 8-4b 所示的一对平行轴内啮合圆柱齿轮，两轮转向相同，i_{12} 取正值或用方向相同的箭头表示。

当定轴轮系中各齿轮的轴线不完全相互平行时，各轮的相对转动方向需用画箭头的方法确定，图 8-4c、d 所示的一对圆锥齿轮，两轮的转动方向要么同时指向啮合点，要么同时离开啮合点；图 8-4e 所示的右旋蜗杆传动，蜗轮的转向用"右手定则"确定，故根据图示蜗杆的转向，得蜗轮的转动方向为逆时针。

8.2.1　平面定轴轮系

如图 8-1 所示的平面定轴轮系中，齿轮 1 为始端主动轮，齿轮 5 为末端从动轮，设各轮的转速和齿数分别为 n_1、n_2、$n_{2'}$、n_3、n_4、$n_{4'}$、n_5 和 z_1、z_2、$z_{2'}$、z_3、z_4、$z_{4'}$、z_5。轮系中各对齿轮传动比的大小为

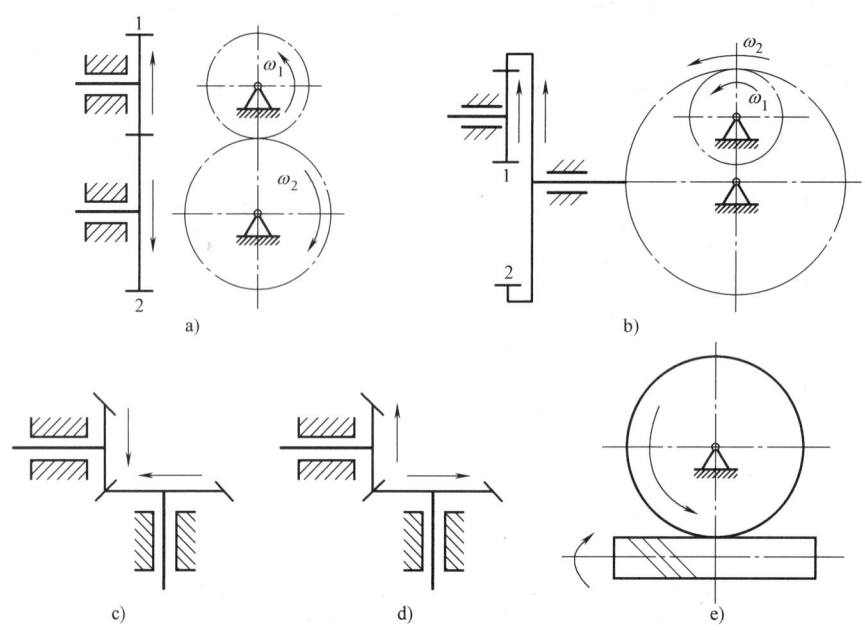

图 8-4 齿轮传动的转向关系

$$i_{12}=\frac{n_1}{n_2}=-\frac{z_2}{z_1}$$

$$i_{2'3}=\frac{n_{2'}}{n_3}=-\frac{z_3}{z_{2'}}$$

$$i_{34}=\frac{n_3}{n_4}=-\frac{z_4}{z_3}$$

$$i_{4'5}=\frac{n_{4'}}{n_5}=\frac{z_5}{z_{4'}}$$

将上述各式等号两边分别相乘,可得

$$i_{12}i_{2'3}i_{34}i_{4'5}=\frac{n_1 n_{2'} n_3 n_{4'}}{n_2 n_3 n_4 n_5}=(-1)^3\frac{z_2 z_3 z_4 z_5}{z_1 z_{2'} z_3 z_{4'}}$$

因为齿轮 2、2′ 及齿轮 4、4′ 分别在同一根轴上,则有 $n_2=n_{2'}$,$n_4=n_{4'}$,故

$$i_{15}=\frac{n_1}{n_5}=(-1)^3\frac{z_2 z_4 z_5}{z_1 z_{2'} z_{4'}}$$

根据以上计算可以看出,定轴轮系传动比等于各对啮合齿轮传动比的连乘积,其大小等于各对齿轮传动中所有从动轮齿数的连乘积与所有主动轮齿数的连乘积之比,其正负号(首末两轮的转向关系)取决于轮系中外啮合齿轮的对数。若外啮合齿轮的对数为偶数时,则计算结果为正,首、末两轮转向相同;若外啮合齿轮的对数为奇数时,则计算结果为负,首、末两轮转向相反。也可以用画箭头的方法来表示首末两轮的转向关系。

由图 8-1 可以看出,齿轮 3 同时与齿轮 2′ 和齿轮 4 相啮合,对于齿轮 2′,它是从动轮,对于齿轮 4,它是主动轮。在计算传动比时在等式右边的分子分母中消去 z_3,即齿轮 3 齿数的多少并不影响轮系传动比的大小,它的作用是改变轮系的转向,这种齿轮称为惰轮。

将上述结果推广到一般情况,即平面定轴轮系传动比计算的一般公式为

$$i_{1K} = \frac{\omega_1}{\omega_K} = \frac{n_1}{n_K} = (-1)^m \frac{\text{轮系中所有从动轮齿数的连乘积}}{\text{轮系中所有主动轮齿数的连乘积}} \quad (8-1)$$

式中,m 为外啮合圆柱齿轮的对数。

8.2.2 空间定轴轮系

若定轴轮系中有圆锥齿轮或蜗杆蜗轮等空间齿轮,则此定轴轮系称为空间定轴轮系。

空间定轴轮系中有的齿轮的轴线不是相互平行的。其传动的大小仍可以用式 8-1 计算,但首末两轮的转向关系不能用 $(-1)^m$ 来判断,这类轮系中各齿轮的转向必须在图上用箭头表示。

【例 8-1】 在图 8-5 所示的轮系中,已知蜗杆(右旋)转速 $n_1 = 1000\text{r/min}$(顺时针),$z_1 = 1$,$z_2 = 40$,$z_{2'} = 20$,$z_3 = 24$,$z_{3'} = 18$,$z_4 = 24$,$z_{4'} = 30$,$z_5 = 35$,$z_{5'} = 28$,$z_6 = 100$,求 n_6 的大小和方向。

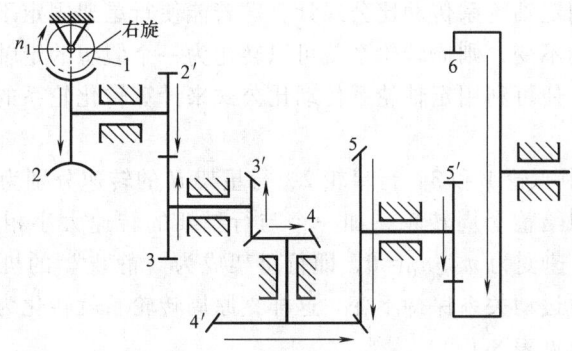

图 8-5 空间定轴轮系(例 8-1 图)

解: 该轮系中蜗杆传动和锥齿轮传动的轴线不是相互平行的,故只用式(8-1)计算轮系传动比大小,即

$$i_{16} = \frac{n_1}{n_6} = \frac{z_2 z_3 z_4 z_5 z_6}{z_1 z_{2'} z_{3'} z_{4'} z_{5'}}$$

可得齿轮 6 的转速 n_6 为

$$n_6 = n_1 \frac{z_1 z_{2'} z_{3'} z_{4'} z_{5'}}{z_2 z_3 z_4 z_5 z_6} = 1000 \times \frac{1 \times 20 \times 18 \times 30 \times 28}{40 \times 24 \times 24 \times 35 \times 100} \text{r/min} = 3.75 \text{r/min}$$

方向如图 8-5 所示。

8.3 周转轮系的传动比计算

由两个中心轮和一个行星架组成的周转轮系称为差动轮系,其自由度为 2,即有两个独立运动,如图 8-6a 所示。图 8-6b 所示为行星轮系,由一个中心轮和一个行星架组成,自由

度为1,只有一个独立运动。

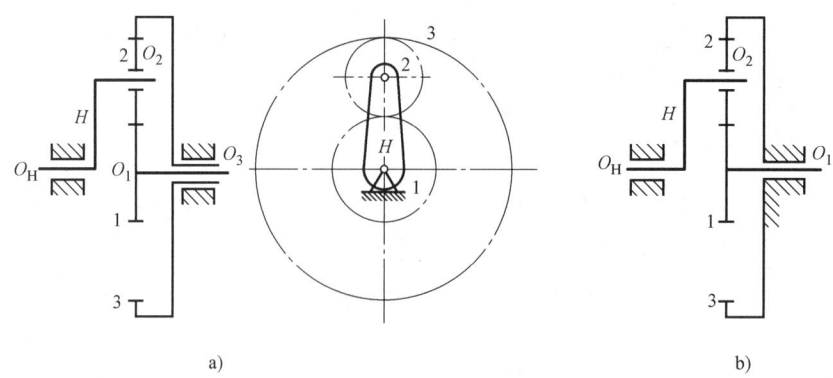

图 8-6 周转轮系的类型
a)差动轮系 b)行星轮系

周转轮系的运动关系不同于定轴轮系,周转轮系中的行星轮在运动时既自转又公转,故其传动比不能直接运用定轴轮系传动比公式计算。若能使行星架固定不动,并保证周转轮系中各构件间的相对运动不变,则周转轮系就可以转化为一个假想的定轴轮系,称之为转化轮系。借助该转化轮系,便可利用定轴轮系传动比公式来计算转化轮系的传动比,从而计算周转轮系的传动比。

在图 8-6a 中,设中心轮 1 和 3、行星轮 2、行星架 H 的转速分别为 n_1、n_3、n_2、n_H。根据相对运动原理,假想给整个周转轮系加一个与行星架的转速大小相等而方向相反的转速 $(-n_H)$,则行星架的转速变为 $n_H - n_H = 0$,即行星架成为"静止"的机架,而原周转轮系中任意两构件之间的相对运动关系保持不变。这样,原周转轮系就转化为定轴轮系,在这个转化轮系中各构件的转速见表 8-1。

表 8-1 各构件的转速

构件	周转轮系中各构件的转速	转化轮系中各构件的转速角速度
1	n_1	$n_1^H = n_1 - n_H$
2	n_2	$n_2^H = n_2 - n_H$
3	n_3	$n_3^H = n_3 - n_H$
H	n_H	$n_H^H = n_H - n_H = 0$

表 8-1 中 n_1^H、n_2^H、n_3^H、n_H^H 分别为转化后各构件相对于行星架 H 的转速。

由于周转轮系的转化轮系相当于定轴轮系,故应用定轴轮系的传动计算公式(8-1),得其传动比 i_{13}^H 为

$$i_{13}^H = \frac{n_1^H}{n_3^H} = \frac{n_1 - n_H}{n_3 - n_H} = (-1)^1 \frac{z_3}{z_1}$$

式中,i_{13}^H 为齿轮 1 和齿轮 3 相对于行星架 H 的传动比。

将上式推广至一般情况,设周转轮系中首轮 1 和末轮 K 的转速分别为 n_1 和 n_K,则此轮

系相对于行星架的传动比为

$$i_{1K}^H = \frac{n_1^H}{n_K^H} = \frac{n_1 - n_H}{n_K - n_H} = (-1)^m \frac{\text{从 1 到 } K \text{ 所有从动轮齿数的连乘积}}{\text{从 1 到 } K \text{ 所有主动轮齿数的连乘积}} \quad (8-2)$$

式中，m 为外啮合齿轮的对数。

在借助上式计算周转轮系的传动比时应注意：

① 若已知轮系中各轮的齿数，并给定 n_1、n_K 和 n_H 中任意两个作为已知转速，则可用式（8-2）中求得第三个未知转速，注意在计算时必须将已知转速的大小和表示其转向的正负号同时代入，即可假定某一方向的转速为正，相反方向的转速必须为负。

② 式（8-2）中的相对转速 n_1^H、n_K^H 与原周转轮系中的绝对转速 n_1、n_K 并不相等，故转化轮系中的传动比 i_{1k}^H 不等于原周转轮系中的绝对（相对于机架）传动比 i_{1k}。

③ 式（8-2）只适用于用圆柱齿轮所组成的周转轮系。若轮系中有锥齿轮或蜗杆传动，则轮系中轴线相互平行的两构件间的传动比大小可用式（8-1）计算，但转向不能用 $(-1)^m$ 来判断，须在转化轮系中用画箭头（虚线箭头）的方法来确定。

【例 8-2】 如图 8-7 所示的差动轮系中，已知 $z_1 = 20$，$z_2 = 30$，$z_3 = 80$。轮 1 和轮 3 的转速大小分别为 $n_1 = 100 \text{r/min}$，$n_3 = 400 \text{r/min}$，两者转向相同，试求行星架 H 的转速 n_H。

解 由式（8-2）可得转化轮系传动比为

$$i_{13}^H = \frac{n_1 - n_H}{n_3 - n_H} = (-1)^1 \frac{z_3}{z_1}$$

由于 n_1 与 n_3 转向相同，假设 n_1 为正值，则 n_3 也为正值；反之亦可。则

$$\frac{100 - n_H}{400 - n_H} = -\frac{80}{20} = -4$$

求得 $n_H = 340 \text{r/min}$

由计算结果可知 n_H 为正值，而前面已假设 n_1 为正值，这说明行星架 H 的转向与轮 1 和轮 3 都相同。

【例 8-3】 如图 8-8 所示为某花键磨床读数机构的行星轮系，手轮（即丝杠）的转速可通过刻度盘转过的格数显示出来。已知轮系中各轮的齿数为 $z_1 = 60$，$z_2 = 28$，$z_3 = 28$，$z_4 = 59$。试计算手轮与刻度盘的传动比。

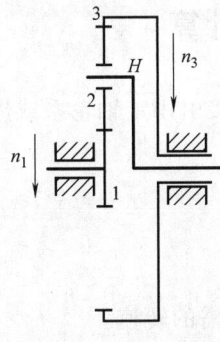

图 8-7 例 8-2 图

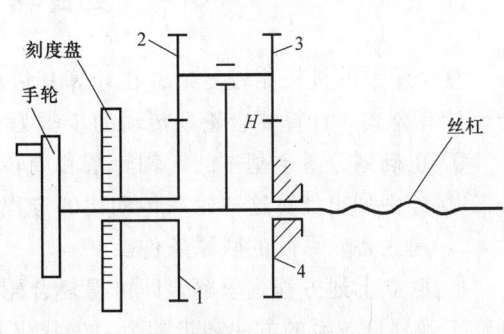

图 8-8 例 8-3 图

解 该读书机构中的手轮与行星架 H 固联，刻度盘与齿轮 1 固联，故手轮与刻度盘的传动比即为 i_{H1}。由式（8-2）有

$$i_{14}^H = \frac{n_1 - n_H}{n_4 - n_H} = (-1)^2 \frac{z_2 z_4}{z_1 z_3}$$

由于齿轮 4 固定，即 $n_4 = 0$。则由上式可得

$$i_{1H} = 1 - \frac{z_2 z_4}{z_1 z_3} = 1 - \frac{28 \times 59}{60 \times 28} = \frac{1}{60}$$

由此可得

$$i_{H1} = \frac{1}{i_{1H}} = 60$$

可见，手轮转 1 圈，刻度盘转 1/60 圈；手轮与刻度盘同向转动。

【例 8-4】 如图 8-9 所示差动轮系由锥齿轮组成。已知轮系中各轮的齿数为 $z_1 = 30$，$z_2 = 24$，$z_{2'} = 36$，$z_3 = 60$，$n_1 = 300\text{r/min}$，$n_3 = 100\text{r/min}$，求行星架 H 的转速 n_H。

解 虽然该差动轮系由锥齿轮所组成，但对于轮系中轴线相互平行的两构件间传动比大小仍可用式（8-2）计算。其转化轮系的传动比为

$$i_{13}^H = \frac{n_1 - n_H}{n_3 - n_H} = -\frac{z_2 z_3}{z_1 z_{2'}}$$

式中，等式右边的"−"号是由于在转化轮系中用画虚线箭头的方法所确定的齿轮 1、3 的转向相反。注意，图中虚线箭头方向，仅代表转化轮系中齿轮的转向，不代表齿轮的真实转向。

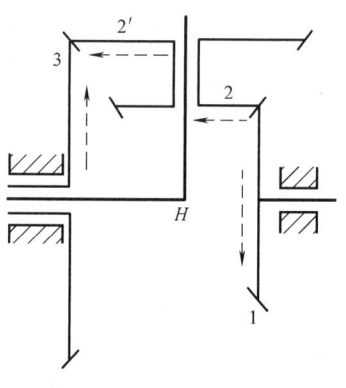

图 8-9 例 8-4 图

由于 n_1 与 n_3 转向相反，假设 n_1 为正值，则 n_3 为负值；反之亦可。由上式可得

$$\frac{300 - n_H}{-100 - n_H} = -\frac{24 \times 60}{30 \times 36}$$

解得

$$n_H = -71.43\text{r/min}$$

计算结果为负值，表明行星架 H 的转向与齿轮 1 相反。

8.4 复合轮系的传动比计算

复合轮系的机构比较复杂，在计算其传动比时，不能直接引用定轴轮系或周转轮系的传动比计算公式。计算复合轮系传动的步骤为：
① 正确划分各个基本的定轴轮系和周转轮系。
② 分别列出计算这些轮系传动比的方程式。
③ 建立各轮系间的联系条件。
④ 联立上述方程式求解，即可得复合轮系的传动比或所需的转速。

正确划分轮系的方法和步骤为：先找出几何轴线位置不固定的行星轮，再找出支撑行星轮的行星架，最后找出与行星轮相啮合且几何轴线位置固定的所有的齿轮，即中心轮。每一

个行星架，连同行星架上面的行星轮和与行星轮相啮合的中心轮就组成了一个基本的周转轮系。将所有的基本周转轮系划分出来后，剩下的一系列相互啮合且几何轴线位置固定的齿轮组成的部分就是定轴轮系。

【例 8-5】 如图 8-10 所示的电动卷扬机减速器中，已知 $z_1=21$，$z_2=35$，$z_{2'}=24$，$z_3=80$，$z_{3'}=16$，$z_4=28$，$z_5=72$，$n_1=1450\text{r/min}$，求卷筒的转速 n_5。

解 如图 8-10 所示，在该复合轮系中，双联齿轮 2-2′ 的轴线绕齿轮 1 的固定轴线转动，故双联齿轮 2-2′ 为行星轮，支撑它运动的卷筒为行星架 H，与行星轮相啮合的齿轮 1 和 3 为中心轮，因此齿轮 1、2-2′、3 和行星架 H 一起组成一差动轮系。剩余的齿轮 3′、4、5 一起组成一定轴轮系。3-3′是双联齿轮，故 $n_3=n_{3'}$；行星架 H 和齿轮 5 为同一构件，故 $n_H=n_5$。

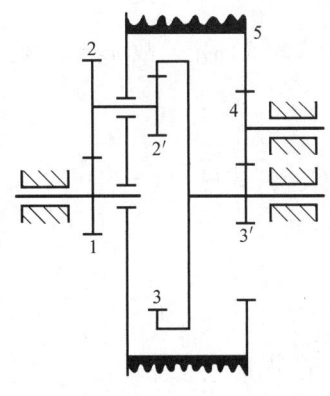

图 8-10 例 8-5 图

在差动轮系 1—2-2′—3—H 中，转化轮系传动比为

$$i_{13}^H=\frac{n_1-n_H}{n_3-n_H}=-\frac{z_2 z_3}{z_1 z_{2'}}=-\frac{35\times 80}{21\times 24}=-\frac{50}{9} \tag{8-3}$$

在定轴轮系 3′—4—5 中，传动比为

$$i_{3'5}=\frac{n_{3'}}{n_5}=-\frac{z_5}{z_{3'}}=-\frac{72}{16}=-\frac{9}{2} \tag{8-4}$$

由 $n_3=n_{3'}$，$n_H=n_5$，并解（8-4）式得

$$n_3=-\frac{9}{2}n_5$$

代入（8-3）式得

$$\frac{n_1-n_5}{-\frac{9}{2}n_5-n_5}=-\frac{50}{9}$$

将转速 $n_1=1450\text{r/min}$ 代入上式，解得

$$n_5=\frac{9}{284}n_1=\frac{9}{284}\times 1450\text{r/min}=45.95\text{r/min}$$

所求 n_5 为正值，说明卷筒转向与电动机轴转向相同。

【例 8-6】 如图 8-3 所示的轮系中，已知 $z_1=20$，$z_2=30$，$z_3=20$，$z_4=30$，$z_5=80$。试求传动比 i_{1H}；若轮 1 的转速 $n_1=300\text{r/min}$，试求行星架 H 的转速 n_H。

解 如图 8-3 所示，在该复合轮系中，齿轮 4 绕自身轴线转动的同时，又随 H 绕齿轮 3 的固定轴线转动，故齿轮 4 为行星轮，支撑它转动的 H 为行星架，与行星轮相啮合的齿轮 3 和 5 为中心轮，齿轮 5 固定不动，因此齿轮 3、4、5 和行星架 H 组成了一行星轮系。剩余的齿轮 1 和 2 组成了一定轴轮系。

在定轴轮系 1—2 中，传动比为

$$i_{12}=\frac{n_1}{n_2}=-\frac{z_2}{z_1}=-\frac{30}{20}=-\frac{3}{2} \tag{8-5}$$

在行星轮系 3—4—5—H 中，转化轮系传动比为

$$i_{35}^{H}=\frac{n_3-n_H}{n_5-n_H}=-\frac{z_5}{z_3}=-\frac{80}{20}=-4 \tag{8-6}$$

因为齿轮 5 固定，故 $n_5=0$，代入（8-6）式得

$$\frac{n_3-n_H}{0-n_H}=-4$$

由（8-5）式得 $n_2=-2/3n_1$，又 $n_3=n_2$，代入上式得

$$\frac{n_3-n_H}{0-n_H}=\frac{n_2-n_H}{-n_H}=\frac{-\frac{2}{3}n_1-n_H}{-n_H}=-4$$

解得

$$i_{1H}=\frac{n_1}{n_H}=-7.5$$

将转速 $n_1=300\text{r/min}$ 代入上式，解得

$$n_H=\frac{n_1}{i_{1H}}=\frac{300}{-7.5}\text{r/min}=-40\text{r/min}$$

所求 n_H 为负值，说明 n_H 与 n_1 转向相反。

8.5 轮系的应用

轮系在生产实际中有多重应用，其主要功用可归纳为以下几个方面。

1. 获得大的传动比

如图 8-8 所示的行星轮系中，若使 $z_1=100$，$z_2=101$，$z_3=100$，$z_4=99$ 时，其传动比 i_{H1} 可高达 10000。这说明行星轮系可以用少数齿轮得到很大的传动比，跟定轴轮系相比结构更紧凑、更轻便。

2. 实现结构紧凑的大功率传动

周转轮系用作动力传动时，通常采用多个均匀分布的行星轮来同时传动，如图 8-11 所示。这样可以由多个行星轮共同承担载荷，同时使这些行星轮因公转而产生的惯性离心力和齿廓间的径向分力相互得以平衡，使主轴承内的作用力减少，提高了承载能力和平稳性。因采用中心轮为内啮合，故可减少机构的径向尺寸，使结构更紧凑，实现了结构紧凑的大功率传动。

3. 实现相距较远的两轴间的传动

当两轴间的距离相距较远时，如果只采用一对齿轮传动（双点画线），齿轮的尺寸会很大，故所占空间大，浪费材料，给制造和安装带来了困难；若采用轮系传递运动，则可以缩小空间，节约材料，减轻重量，使制

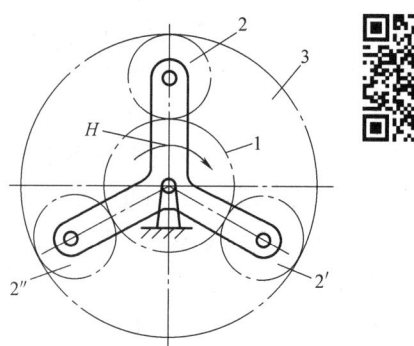

图 8-11 多个均布的行星轮

造和安装更方便，克服了前述方案的缺点，如图 8-12 所示。

4. 实现分路传动

当输入轴Ⅰ的转速一定时，利用轮系可使一根主动轴带动几根从动轴一起转动，实现分路传动，以获得所需的各种转速。如图 8-13 所示为滚齿机工作台传动系统，以实现轮坯和滚刀的展成运动。Ⅰ轴为输入轴，其运动和动力经过 1→2 传到滚刀 A；经过 3→4→5→6→7→8→9 传到轮坯 B。

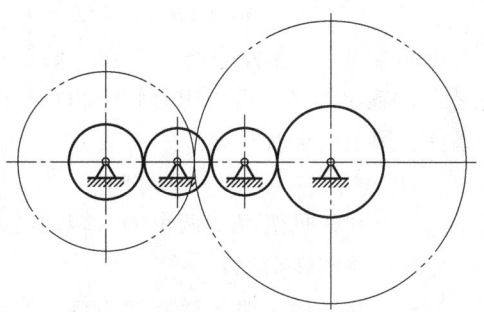

图 8-12 相距较远的两轴间的传动

5. 实现变速、换向的传动

在主动轴转速或转向不变的条件下，利用轮系可使从动轴获得所需的多种转速或是改变从动轴的转动方向。例如汽车在行驶过程中利用变速器可实现变速或换向传动。图 8-14 所示为汽车变速器，Ⅰ为输入轴；Ⅱ为输出轴；齿轮 4 和 6 为滑移齿轮，可沿轴移动；A、B 为离合器，由司机操纵。输出轴Ⅱ利用该变速器可获得四种转速，并实现反转。

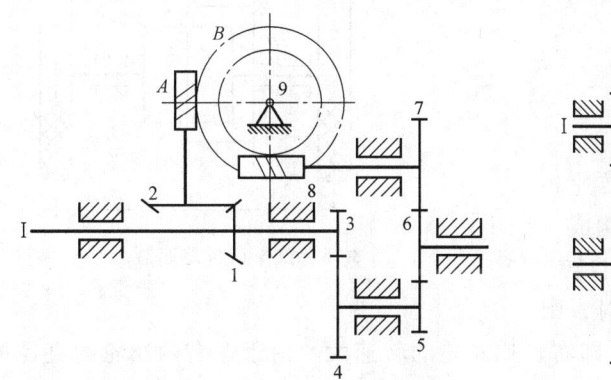

图 8-13 滚齿机工作台传动系统

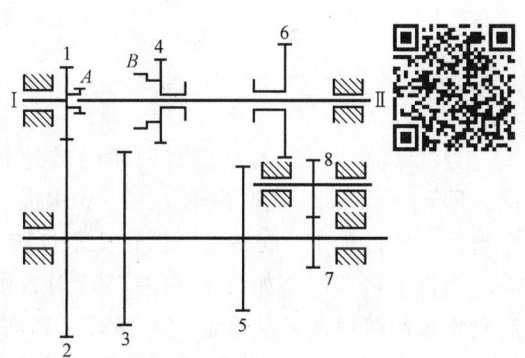

图 8-14 汽车变速器

低速档：齿轮 5、6 相啮合而离合器 A、B 与齿轮 3、4 均脱开，传动路线为Ⅰ(1)→2(5)→6(Ⅱ)。

中速档：齿轮 3、4 相啮合而离合器 A、B 与齿轮 5、6 均脱开，传动路线为Ⅰ(1)→2(3)→4(Ⅱ)。

高速档：离合器 A、B 相嵌合而齿轮 3、4 与齿轮 5、6 均脱开，传动路线为Ⅰ→Ⅱ。

低速倒车档：齿轮 6、8 相啮合而齿轮 3、4 和齿轮 5、6 以及离合器 A、B 均脱开，传动路线为Ⅰ(1)→2(7)→8→6(Ⅱ)。此时，由于惰轮 8 的作用，输出轴Ⅱ反转。

6. 实现运动的合成和分解

利用差动轮系可实现运动的合成和分解，即可将两个输入运动合成为一个输出运动，或者将一个输入运动分解为两个输出运动。

如图 8-15 所示的差动轮系中，$z_1 = z_3$，由转化轮系传动比计算公式（8-2）得

$$i_{13}^H = \frac{n_1 - n_H}{n_3 - n_H} = -\frac{z_3}{z_1} = -1$$

求得 $n_H=(n_3+n_1)/2$

由此可知，若给定中心轮 1 和 3 的转动，就可合成为行星 H 的输出转动；若以中心轮 1 和行星架 H 的转动为已知条件，则上式可改写为

$$n_3=2n_H+n_1$$

即中心轮 1 和行星架 H 的两个输入转动经差动轮系合成为中心轮 3 的输出转动。

这种轮系可用作加（减）法机构，在机床、计算机构和补偿装置中得到了广泛应用。

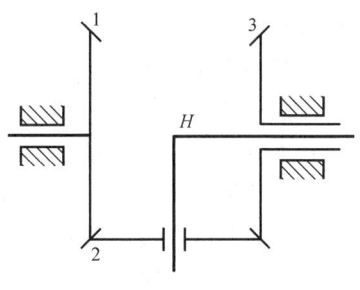

图 8-15 差动轮系

如图 8-16 所示为汽车后桥差速器，此差速器可将汽车发动机通过传动轴传给原动件 5 的运动按所需比例分配给汽车的左轮 1 和右轮 3。图中齿轮 1、2、3 和 4 组成差动轮系，齿轮 4 与行星架 H 固联，已知 $z_1=z_3$，由转化轮系传动比计算公式（8-2）得

$$i_{13}^4=\frac{n_1-n_4}{n_3-n_4}=-\frac{z_3}{z_1}=-1$$

求得

$$n_4=\frac{n_1+n_3}{2} \quad (8-7)$$

当汽车直线行驶时，左右两轮的转速相同，即 $n_1=n_3=n_4$，此时齿轮 1、2、3 构成一个整体，随齿轮 4 一起转动，齿轮 2 不自转。

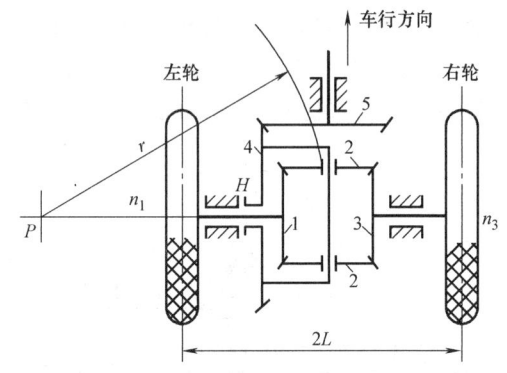

图 8-16 汽车后桥差速器

当汽车转弯时，如绕 P 点左转弯时，则右轮走过的路程大于左轮走过的路程，即右轮比左轮的转速大。由于左右两车轮的直径相等，且它们与地面之间是纯滚动，因此两车轮的转速与其到滚动中心 P 的距离成正比，即

$$\frac{n_1}{n_3}=\frac{r-L}{r+L} \quad (8-8)$$

解（8-7）、（8-8）两式可得

$$n_1=\frac{r-L}{r}n_4 \quad n_3=\frac{r+L}{r}n_4$$

由此可知，该差动轮系将齿轮 4 的转动分解为左轮 1 和右轮 3 两个独立转动。此时齿轮 1 和 3 之间有相对运动，齿轮 2 不仅随齿轮 4 转动，而且还绕自身轴线转动。

习 题

8-1 何谓定轴轮系？何谓周转轮系？它们之间有何区别？

8-2 什么叫惰轮？它在轮系中的作用是什么？

8-3 图 8-17 所示的轮系中，已知 $z_1=20$，$z_2=25$，$z_{2'}=15$，$z_3=30$，$z_{3'}=15$，$z_4=30$，$z_{4'}=2$（右旋），$z_5=60$（$m=4\text{mm}$），若 $n_1=600\text{r/min}$，求齿条 6 线速度 v 的大小和方向。

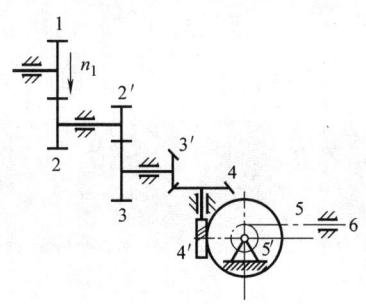

图 8-17 题 8-3 图

8-4 图 8-18 所示的行星减速器中，已知 $z_1=18$，$z_2=18$，$z_3=54$，若手柄转过 90°时，试求转盘 H 转过的角度。

8-5 图 8-19 所示为手动葫芦。图中 S 为手动链轮，H 为起重链轮。已知 $z_1=20$，$z_2=30$，$z_{2'}=15$，$z_3=55$。试求传动比 i_{1H}。

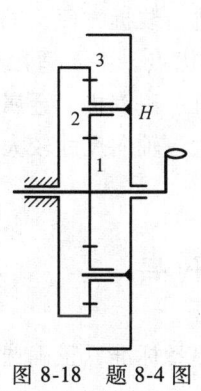

图 8-18 题 8-4 图

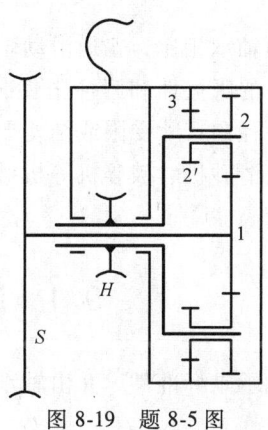

图 8-19 题 8-5 图

8-6 图 8-20 为液压回转台的传动机构。已知 $z_2=15$，液压马达 M 的转速 $n_M=24\text{r/min}$，回转台 H 的转速 $n_H=-3\text{r/min}$，试求齿轮 1 的齿数。

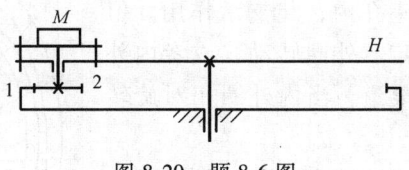

图 8-20 题 8-6 图

 实验实训项目：轮系创新设计、拼装及仿真实验。

第9章

轴承

轴承的功用是支承轴或轴上旋转零件，保持轴的旋转精度、减小摩擦和磨损。

按照轴承工作时摩擦性质的不同，轴承可分为滑动摩擦轴承（简称滑动轴承）和滚动摩擦轴承（简称滚动轴承）两大类。

滚动轴承具有工作平稳，摩擦阻力小，效率高和维护方便等优点，应用非常广泛。它的缺点是径向外廓尺寸较大，抗冲击能力较差，高速、重载下寿命较低，且容易出现噪声、振动等。

与滚动轴承相比，普通滑动轴承具有结构简单，易于制造，装拆方便，成本低，承载能力大，良好的吸振性和耐冲击性，工作平稳和回转精度高等优点。主要适用于高速、高精度、重载、径向尺寸受限或结构要求剖分等场合，例如内燃机、蒸汽机、金属切削机床、球磨机、滚筒清砂机、破碎机等机械中。它的缺点是摩擦损耗大，轴向尺寸较大，且对润滑和维护要求较高。

9.1 滚动轴承的类型及其代号

滚动轴承是标准件，并由轴承厂大批生产，使用者只需熟悉标准，正确选用。

9.1.1 滚动轴承的结构

如图 9-1 所示，滚动轴承的结构主要由内圈 1、外圈 2、滚动体 3 和保持架 4 组成，内外圈统称为套圈。内圈通常装配在轴颈上，并与轴一起转动。外圈通常装配在轴承座孔内，起支承作用。但在某些场合下，可以内圈固定、外圈转动，或者内外圈同时转动。内外圈上设有滚道，当内外圈相对旋转时，滚动体将沿着滚道滚动。

轴承内外圈滚道的作用是限制滚动体侧向位移。保持架的作用是将滚动体均布在滚道上，以减小滚动体的摩擦和磨损。特殊情况下，可以无内圈或外圈，滚动体直接沿着轴或轴承座（或机座）上的滚道滚动。常用滚动体的形状如图 9-2 所示。

滚动轴承的内外圈及滚动体材料均应采用硬度高、接触疲劳强度高、耐磨性和冲击韧性好的材料，常用材料有高碳铬轴承钢，如 GCr15，热处理后硬度可达

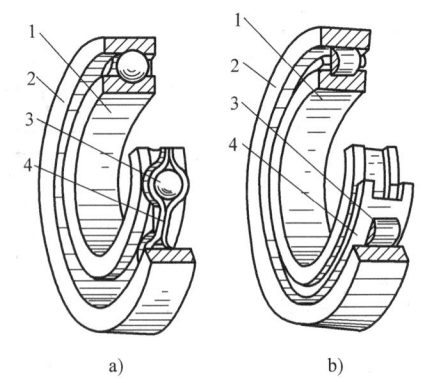

图 9-1 滚动轴承的结构
a）冲压保持架 b）实体保持架
1—内圈 2—外圈
3—滚动体 4—保持架

61~65HRC，工作表面需磨削和抛光。保持架有冲压式（图9-1a）和实体式（图9-1b）两种。冲压保持架多用低碳钢板冲压成形，实体保持架常用铜合金、铝合金或塑料经切削加工制成。

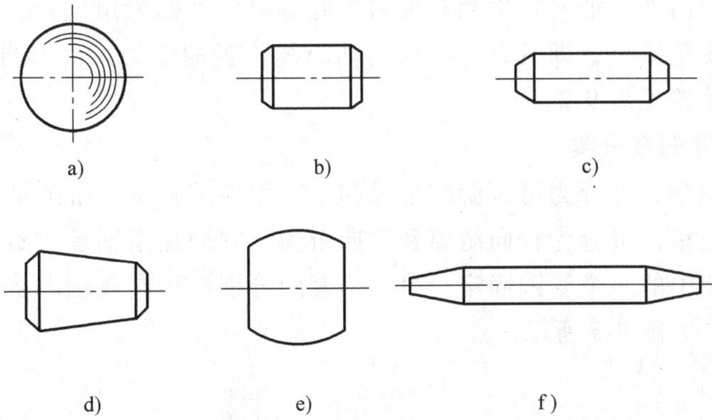

图 9-2 常用滚动体的形状

a) 球　b) 短圆柱滚子　c) 长圆柱滚子　d) 圆锥滚子　e) 球面滚子　f) 滚针

9.1.2 滚动轴承的类型

滚动轴承的类型很多，并有多种分类方法，主要有以下几种。

1. 按承载方向或公称接触角的不同分类

公称接触角是指滚动体与外圈接触处的法线与轴承的径向平面（垂直于轴承轴心线的平面）之间的夹角，用 α 表示，如图9-3所示。公称接触角 α 越大，轴承轴向承载能力也越大。

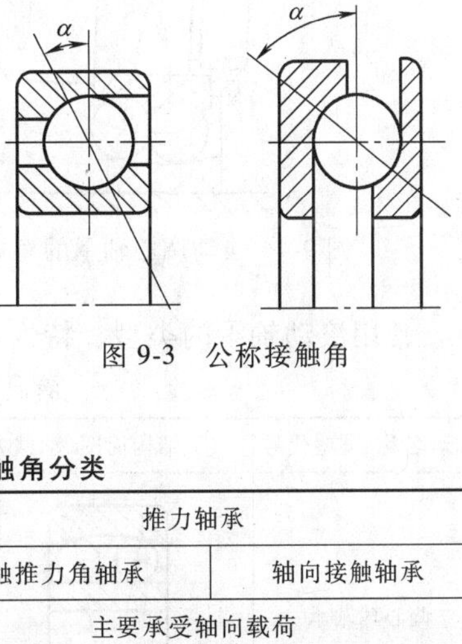

按承载方向不同，滚动轴承可分为向心轴承和推力轴承；按公称接触角 α 的不同，可分为径向接触轴承、角接触向心轴承、接触推力角轴承和轴向接触轴承，见表9-1。

图 9-3 公称接触角

表 9-1 滚动轴承按承载方向及公称接触角分类

轴承类型	向心轴承		推力轴承	
	径向接触轴承	角接触向心轴承	接触推力角轴承	轴向接触轴承
承载方向	主要承受径向载荷		主要承受轴向载荷	
	只能承受径向载荷	能同时承受径向载荷承受或较小的轴向载荷	能同时承受径向载荷和轴向载荷	只能承受轴向载荷
公称接触角	$\alpha = 0$	$0 < \alpha \leq 45°$	$45° < \alpha < 90°$	$\alpha = 90°$
图例	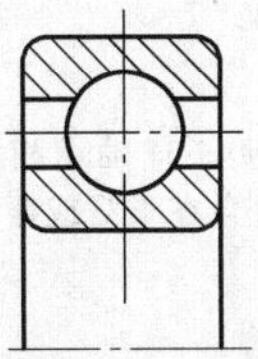	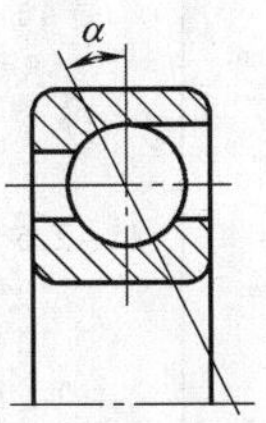	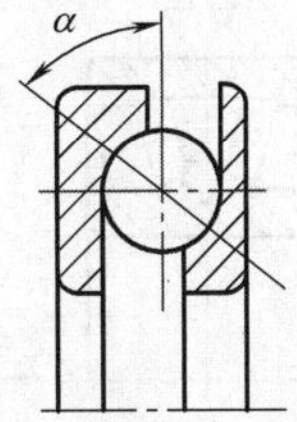	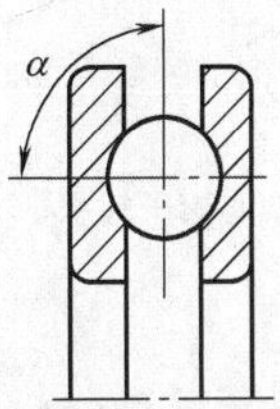

2. 按是否有自动调心性能分类

按是否有自动调心性能，可分为自动调心轴承和非自动调心轴承。轴承由于安装误差或轴的变形等都会引起内外圈轴向发生相对偏斜，此偏斜角 θ 称为角偏差，如图 9-4 所示。自动调心轴承允许出现角偏差，即具有自动调整轴心线位置的能力，而非自动调心轴承没有，各类轴承的允许角偏差见表 9-2。

3. 按游隙是否能调整分类

按游隙是否能调整，可分为可调游隙轴承和不可调游隙轴承。游隙是指滚动轴承内外圈与滚动体之间的间隙量，可分为径向游隙和轴向游隙。它们是指轴承在不承受任何外载荷情况下，将内圈或外圈中的一个套圈固定，另一个套圈分别沿径向或轴向从一端位置移到相反一端位置的移动量，如图 9-5 所示。

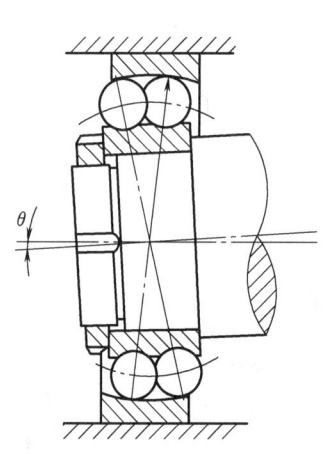

图 9-4 自动调心轴承的角偏差

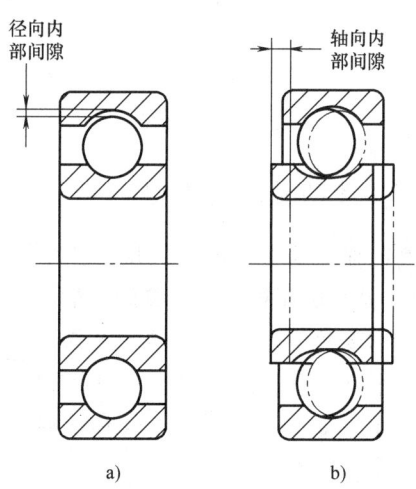

图 9-5 滚动轴承的游隙

常用滚动轴承的类型、特性及应用见表 9-2。

表 9-2 常用滚动轴承类型、特性及应用

轴承名称、类型代号	结构简图、承载方向	高速性能	允许角偏差	主要特性及应用
调心球轴承 1 GB/T 281—1994		中	1.5°～3°	主要承受径向载荷，也可同时承受少量双向轴向载荷，不宜承受纯轴向载荷。外圈滚道为球面，具有自动调心性能。适用于多支点轴、弯曲刚度小的轴以及难于精确对中的支承
调心滚子轴承 2 GB/T 1288—1994		差	1°～2.5°	特性与调心球轴承相同，但具有较大承载能力，适合在重载或振动载荷下工作

（续）

轴承名称、类型代号		结构简图、承载方向	高速性能	允许角偏差	主要特性及应用
圆锥滚子轴承 3		GB/T 297—2015	差	<3′	能承受较大的径向载荷和单向的轴向载荷，内、外圈可分离，装拆方便，可以调整轴承的径向和轴向游隙，通常成对使用，对称安装。适用于转速不太高、轴的刚性较好的场合
推力球轴承 5	单向	GB/T 301—1995	差	不允许	只能承受轴向载荷，且作用线必须与轴线相重合，单列承受单向推力，双列承受双向推力。 高速时，因滚动体离心力大，球与保持架摩擦发热严重，寿命较短。可用于轴向载荷大，转速不高的场合
	双向	GB/T 301—1995			
深沟球轴承 6		GB/T 276—1994	良	2′~10′	主要用于承受径向载荷，也可承受少量双向的轴向载荷。摩擦阻力小，极限转速高，结构简单，价格便宜，应用最广。但承受冲击载荷能力差。适用于高速场合，高速低载时可代替推力轴承
角接触球轴承 7		GB/T 292—2007	良	2′	能同时承受径向与单向轴向载荷，也可承受纯轴向载荷，接触角越大，轴向承载能力也越大。通常成对使用，对称安装。适用于高速、高精度场合以及支承刚性较大而跨距不大的轴

(续)

轴承名称、类型代号		结构简图、承载方向	高速性能	允许角偏差	主要特性及应用
圆柱滚子轴承	外圈无挡边 N	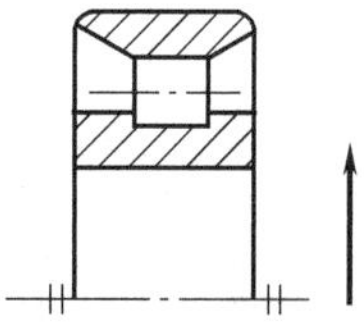 GB/T 283—2007	差	3′~4′	只能承受径向载荷，且因线接触，径向承载能力高。但只能用于刚性较大、对中良好的轴。内圈、外圈可分离，安装、拆卸方便，尤其是当要求内、外圈与轴、轴承座孔都是过盈配合时更显其优点
	内圈无挡边 NU	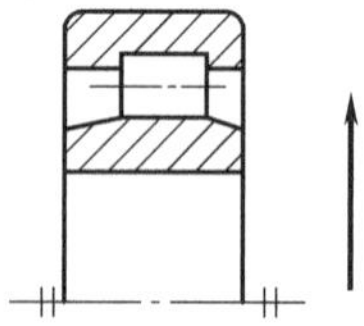 GB/T 283—2007			
滚针轴承 NA		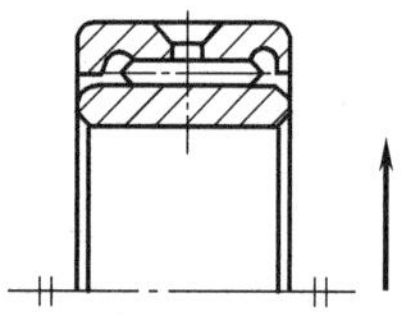 GB/T 5801—2006	良	极小	只能承受径向载荷，且径向承载能力高，在同样内径条件下，与其他类型轴承相比，径向结构紧凑，内圈、外圈可分离，工作时允许内、外圈有少量轴向移动。常用于转速较低而径向尺寸受限制的场合

9.1.3 滚动轴承的代号

滚动轴承代号由基本代号、前置代号和后置代号三部分组成，用字母和数字等表示。滚动轴承代号的构成见表9-3。

表9-3 滚动轴承代号的构成

前置代号	基本代号			后置代号（组）							
	1	2 3	4 5	1	2	3	4	5	6	7	8
成套轴承分部件	类型	尺寸系列	轴承内径	内部结构	密封与防尘套圈变型	保持架及其材料	特殊轴承材料	公差等级	游隙	配置	其他

注：1. 表中数字表示代号自左向右的位置序数。
  2. 表中基本代号的构成（滚针轴承除外），见 GB/T 272—1993。

1. 基本代号

滚动轴承的基本代号用来表示轴承的类型、宽度系列、直径系列和内径，一般最多为五位数。

（1）类型代号 滚动轴承类型代号用数字或大写拉丁字母表示，见表9-2。

（2）尺寸系列代号　轴承尺寸系列代号由宽度（用于向心轴承）或高度（用于推力轴承）和直径系列代号组成，见表9-4。

宽度（高度）系列代号用来区分具有相同内、外径而高度（宽度）不同的同类型轴承。

直径系列代号用来区分具有相同内径，但由于滚动体尺寸不同而外径和宽度不同的同类型轴承。

表9-4　轴承尺寸系列代号

直径系列代号	向心轴承								推力轴承			
	宽度系列代号								高度系列代号			
	宽度尺寸依次向右递增								高度尺寸依次向右递增			
	8	0	1	2	3	4	5	6	7	9	1	2
	尺寸系列代号											
7	—	—	17	—	37	—	—	—	—	—	—	—
8	—	08	18	28	38	48	58	68	—	—	—	—
9	—	09	19	29	39	49	59	69	—	—	—	—
0	—	00	10	20	30	40	50	60	70	90	10	—
1	—	01	11	21	31	41	51	61	71	91	11	—
2	82	02	12	22	32	42	52	62	72	92	12	22
3	83	03	13	23	33	—	—	—	73	93	13	23
4	—	04	—	24	—	—	—	—	74	94	14	24
5	—	—	—	—	—	—	—	—	—	95	—	—

（注：外径尺寸依次向下递增）

（3）内径代号　轴承内径代号用左起第四、五位数字表示，表示其公称直径的大小，见表9-5。

表9-5　轴承的内径代号

轴承公称内径（mm）	内径代号	示例
10 到 17：10 / 12 / 15 / 17	00 / 01 / 02 / 03	深沟球轴承：6200 内径 $d = 10$mm
20 到 480（22、28、32 除外）	公称内径除以5的商数，商数为一位数时需在商数左边加"0"，如08	调心滚子轴承：23209 内径 $d = 45$mm
大于和等于 500 以及 22,28,32	用公称毫米数直接表示，但在与尺寸系列之间用"/"分开	调心滚子轴承：230/500 内径 $d = 500$mm 深沟球轴承：62/22 内径 $d = 22$mm

注：轴承公称内径 $d < 10$mm 时，可查轴承标准 GB/T 272—1993。

2. 前置代号

前置代号用于表示轴承分部件，用字母表示，如L表示可轴承的可分离套圈，K表示轴承的滚子和保持架组件。

3. 后置代号

后置代号用于说明轴承的内部结构、密封盒防尘圈形状、材料、公差等级等，用大写拉丁字母或大写拉丁字母加数字表示。下面介绍几种常用的代号。

（1）内部结构代号　表示同一类型轴承的不同内部结构，用紧跟在基本代号后面的字母表示。如公称接触角 $\alpha = 15°$、$25°$、$40°$ 的角接触球轴承分别用 C、AC、B 表示结构的不同。

（2）公差等级代号　轴承的公差等级分为 0 级、6 级、6x 级等 6 个级别，见表 9-6。精度等级从左至右由低到高，0 级为普通级，应用最广，在轴承代号中不标出。

表 9-6　公差等级代号

公差等级	0 级	6 级	6x 级	5 级	4 级	2 级
代号	/P0	/P6	/P6x	/P5	/P4	/P2

（3）游隙代号　常用轴承的径向游隙分为 1 组、2 组、0 组、3 组、4 组和 5 组，共六个组，见表 9-7，游隙从左至右依次增大，0 组游隙是常用的游隙组别，在轴承代号中不标出。

表 9-7　游隙代号

组别	1 组	2 组	0 组	3 组	4 组	5 组
代号	/C1	/C2	—	/C3	/C4	/C5

【例 9-1】　解释轴承代号 6206、7212AC 的含义。

解　6206：深沟球轴承，轴承内径 $d = 6 \times 5 = 30\text{mm}$，宽度系列 0（省略），直径系列 2，0 级公差，0 组游隙。7212AC：角接触球轴承，轴承内径 $d = 12 \times 5 = 60\text{mm}$，宽度系列 0（省略），直径系列 2，公称接触角 $\alpha = 25°$，0 级公差，0 组游隙。

9.2　滚动轴承的选择

选择滚动轴承时，首先必须确定所选滚动轴承的类型。通常需要考虑以下因素。

1. 轴承承受的载荷

选择轴承类型的主要依据是轴承所承受载荷的大小、方向和性质。

基本外形尺寸相同时，球轴承较滚子轴承的承载能力和抗冲击能力弱，故轻载、无振动和冲击时，优先选用球轴承，而重载、有振动和冲击时宜选用滚子轴承。

对于纯轴向载荷，一般选用推力轴承。对于纯径向载荷，一般选用深沟球轴承、圆柱滚子轴承和滚针轴承，也可选用调心球轴承和调心滚子轴承。当轴承同时承受径向和轴向载荷时，一般选用角接触球轴承和圆锥滚子轴承，若轴向载荷很小而径向载荷很大，也可选用深沟球轴承；若轴向载荷很大而径向载荷很小，通常选用向心轴承和推力轴承组合在一起使用，以分别承受径向和轴向载荷。

2. 轴承的转速

在常用转速下，转速的高低对选择轴承类型的影响不大，只有当转速较高时，才会对选择轴承类型产生较大影响，具体可参考以下几点。

① 与滚子轴承相比，球轴承的极限转速更高，故高速时优先选用球轴承。

② 轴承类型相同时，其极限转速随着尺寸系列的不同而不同。当轴承内径相同时，外径越小，滚动体就越小，且运动时滚动体施加在外圈上的离心惯性力也越小，因此高速时优

先选用超轻特轻系列的轴承。

③ 保持架的材料和结构对轴承转速影响非常大。实体保持架比冲压保持架允许高一些的转速。

④ 由于推力轴承的极限转速都很低,因此当工作转速较高,而轴向载荷不大时,允许采用角接触球轴承或深沟球轴承来承受纯轴向载荷。

3. 轴承的自动调心性能

当轴的中心线与轴承座孔中心线有角度误差、同轴度误差或轴的变形量较大时等,均需选择有自动调心性能的轴承,如调心球轴承或调心滚子轴承。

4. 轴承的安装和拆卸

为方便安装和拆卸,常选用内、外圈可分离的轴承,如圆柱滚子轴承、圆锥滚子轴承和滚针轴承等。若在长轴上安装轴承时,优先选用带内锥孔或带紧定套的轴承,以便于装拆。

5. 经济性

由于球轴承比滚子轴承便宜,在满足基本要求的前提下,优先选用球轴承。当型号相同时,公差等级越高,价格越高,应慎重选用。

9.3 滚动轴承的计算

9.3.1 滚动轴承的受力分析、失效形式和计算准则

1. 向心轴承的受力分析

如图 9-6 所示为承受纯径向载荷 F_r 轴承的载荷分布情况。工作时,在径向载荷 F_r 的作用下,上半圈各滚动体不承受载荷,下半圈各滚动体承受的载荷大小不同,在 F_r 作用线上的滚动体所承受的载荷最大 (Q_{max}),离 F_r 作用线越远,滚动体承受载荷越小。随着滚动体相对内圈(或外圈)不断地转动,滚动体与内外圈滚道接触表面的应力是周期性地不稳定变化的。

2. 失效形式

(1) 疲劳点蚀 如图 9-6 所示的向心轴承,由于滚动体与内外圈间产生的应力是变应力,因此工作一段时间后,滚动体及内外圈的接触表面可能产生疲劳裂纹,从而导致接触面上发生金属剥落的疲劳点蚀现象。当发生疲劳点蚀后,继续运转会引起噪声和振动,发热严重,最后导致失效。

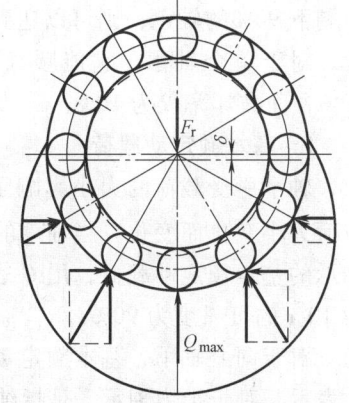

图 9-6 向心轴承的径向载荷分布

(2) 塑性变形 在较大的静载荷或冲击载荷的作用下,轴承滚道和滚动体接触处的局部应力会超过材料的屈服极限,使表面出现塑性变形凹坑。轴承继续运转会产生剧烈振动和噪声,以致不能正常工作。

其他还有因密封润滑不良或使用维护和保养不当引起的轴承早期磨损、胶合,内、外圈和保持架破损等失效形式。

3. 计算准则

在确定轴承尺寸时，通常针对主要失效形式进行计算。

对于润滑密封良好，工作转速较高又长期运转的滚动轴承，通常进行接触疲劳寿命计算和静强度计算，以防止疲劳点蚀破坏。

对于不转动或间歇摆动或低转速（$n \leqslant 10 \text{r/min}$）的轴承，通常只进行静强度计算，以防止产生过大的塑性变形。

对于高速轴承，由于发热大，常产生过度磨损和烧伤，除进行寿命计算之外，还应校核其极限转速。

9.3.2 滚动轴承的寿命计算

1. 寿命和基本额定寿命

大多数轴承都是因疲劳点蚀而失效。轴承中任一滚动体或内外圈滚道上出现疲劳点蚀前运转的总转数（或一定转速下的工作小时数）称为该轴承的寿命。

由于材料的不均匀和工艺过程中存在着差异等原因，即使在完全相同的条件下工作，同一批生产的同一型号的轴承的寿命也不同，有的甚至相差几十倍，故很难预知某个具体轴承的确切寿命。但对一批同样的轴承进行疲劳试验，可得轴承疲劳破坏的百分数（破坏率）与总转数 L（寿命）之间的稳定关系，见图 9-7。由图 9-7 可知，轴承疲劳破坏的百分数随着运转次数的增加而增大。

规定：一批在相同条件下运转的轴承，这批轴承中 10% 发生疲劳破坏时能够达到的寿命称为基本额定寿命，用，用 L_{10}（10^6 r）来表示。即一批同样的轴承达到基本额定寿命时，已有 10% 的轴承疲劳破坏，而剩下 90% 的轴承，则可以达到或超过这一寿命。因此，对于单个轴承，它能顺利达到此寿命的概率为 90%，而破坏率仅为 10%。

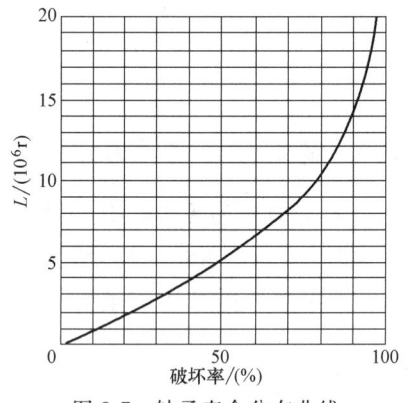

图 9-7 轴承寿命分布曲线

2. 基本额定动载荷

轴承所受载荷的大小影响了轴承的寿命，载荷越大，寿命越短。如图 9-8 所示，L_{10} 随载荷大小变化而变化。当轴承的基本额定寿命恰好为 10^6 r 时，轴承所能承受的载荷值称为轴承的基本额定动载荷，用 C 表示。即轴承所受载荷为基本额定动载荷 C 时，其工作寿命为 10^6 r 的可靠度为 90%。

对于向心轴承，基本额定动载荷是指纯径向稳定载荷，称为径向基本额定动载荷，用 C_r 表示。对于推力轴承，是指纯轴向稳定载荷，称为轴向基本额定动载荷，用 C_a 表示。C_r、C_a 值可查滚动轴承标准。

3. 寿命计算公式

图 9-8 为在大量实验研究基础上得到的 6305 轴承的载荷-寿命曲线。该曲线表示这类轴承的载荷 P 与基本额定寿命 L_{10} 之间的关系。曲线上相应于寿命 $L_{10} = 1$ 的载荷（22.4kN），即为 6305 轴承的径向基本额定动载荷 C_r。其他型号的轴承也有类似的载荷—寿命曲线，此曲线用公式表示为

$$L_{10} = \left(\frac{C}{P}\right)^{\varepsilon} \tag{9-1}$$

式中,L_{10} 的单位为 $10^6 r$;ε 是寿命指数,对于球轴承,$\varepsilon=3$,对于滚子轴承,$\varepsilon=10/3$。

实际计算时,用小时数 L_h(h)表示基本额定寿命比较方便。若轴承转速为 n(r/min),则式(9-1)可改写为

$$L_h = \frac{10^6}{60n}\left(\frac{C}{P}\right)^{\varepsilon} \tag{9-2a}$$

如果载荷 P 和转速 n 为已知,预期寿命 L_h'(h)又已取定,则所需轴承应具有的基本额定动载荷的计算值 C' 可根据式(9-2a)得出

$$C' = P\sqrt[\varepsilon]{\frac{60nL_h'}{10^6}} \tag{9-3a}$$

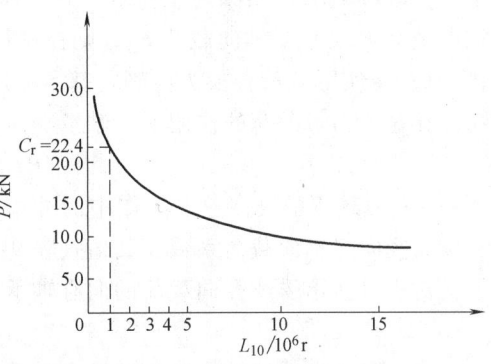

图 9-8 轴承的载荷-寿命曲线

滚动轴承标准中所列出的基本额定动载荷 C 值只适用于一般工作温度的滚动轴承。当轴承在工作温度高于 120℃时,基本额定动载荷 C 值有所下降,故引入温度系数 f_t 对 C 值给予修正,其值可查表 9-8。

因此式(9-2a)、式(9-3a)可写为

$$L_h = \frac{10^6}{60n}\left(\frac{f_t C_t}{P}\right)^{\varepsilon} \tag{9-2b}$$

$$C' = \frac{P}{f_t}\sqrt[\varepsilon]{\frac{60nL_h'}{10^6}} \tag{9-3b}$$

表 9-8 温度系数 f_t

轴承工作温度/℃	≤120	125	150	175	200	225	250	300	350
温度系数 f_t	1.00	0.95	0.90	0.85	0.80	0.75	0.70	0.60	0.50

式(9-2a)、式(9-2b)是常用轴承寿命的计算式,可确定轴承的寿命或型号。

某些机器上轴承的预期寿命推荐值见表 9-9,在选用轴承时可参考。

表 9-9 轴承预期寿命 L_h' 推荐值

使用条件	机械类型举例	预期寿命 L_h'/h
不经常使用的仪器或设备	闸门开闭装置等	300~3000
间断使用的机械,中断使用不致引起严重后果	手动机械、自动送料机、农业机械、装配吊车等	3000~8000
间断使用的机械,中断使用会引起严重后果	升降机、带式运输机、吊车、发电站辅助设备等	8000~12000
每天工作 8h 的机械,但经常不是满载荷使用	电机、一般齿轮传动装置、压碎机、起重机、一般机械等	12000~25000
每天工作 8h 的机械,满载荷使用	印刷机械、机床、木工加工机械、离心机、鼓风机等	20000~30000
24h 连续工作的机械	矿山升降机、纺织机械、泵、空气压缩机、轧机齿轮装置等	40000~50000
24h 连续工作的机械,中断使用会引起严重后果	电站主要设备、矿用通风机、给水装置、船舶螺旋桨轴等	≈100000

4. 当量动载荷

滚动轴承的基本额定动载荷是在一定的载荷条件下确定的。因向心轴承仅承受纯径向载荷 F_r，推力轴承仅承受轴向载荷 F_a，故轴承寿命计算所用的载荷 P 应为 F_r 或 F_a。但实际中，大多数轴承（如深沟球轴承、调心球轴承、角接触球轴承、圆锥滚子轴承等）即承受径向载荷 F_r 又承受轴向载荷 F_a，则在进行寿命计算时，不能直接利用 F_r 或 F_a 作为计算载荷 P，而应将实际载荷转换为与确定基本额定动载荷的载荷条件相一致的假想载荷，即当量载荷。在这个当量载荷的作用下，轴承寿命与实际载荷共同作用下的寿命相当。其计算公式为

$$P = f_p(XF_r + YF_a) \tag{9-4}$$

式中，f_p 为载荷系数，考虑工作中的冲击和振动对轴承寿命的影响，其值查表 9-10。X、Y 分别为径向、轴向载荷系数，其值查表 9-11。

对于只能承受纯径向载荷的向心轴承（如滚针轴承）

$$P = f_p F_r \tag{9-5}$$

对于只能承受纯轴向载荷的推力轴承（推力球轴承）

$$P = f_p F_a \tag{9-6}$$

表 9-10 载荷系数 f_p

载荷性质	f_p	举例
无冲击或轻微冲击	1.0~1.2	电机、汽轮机、通风机、水泵等
中等冲击或中等惯性力	1.2~1.8	车辆、动力机械、起重机、造纸机、冶金机械、卷扬机、机床、传动装置等
强大冲击	1.8~3.0	破碎机、轧钢机、石油钻机、振动筛等

表 9-11 径向系数 X 和轴向系数 Y

轴承类型		$\dfrac{F_a}{C_{0r}}$	单列轴承				e
			$F_a/F_r \leq e$		$F_a/F_r > e$		
			X	Y	X	Y	
深沟球轴承		0.014	1	0	0.56	2.30	0.19
		0.028				1.99	0.22
		0.056				1.71	0.26
		0.084				1.55	0.28
		0.11				1.45	0.30
		0.17				1.31	0.34
		0.28				1.15	0.38
		0.42				1.04	0.42
		0.56				1.00	0.44
角接触球轴承	$\alpha=15°$	0.015	1	0	0.44	1.47	0.38
		0.029				1.40	0.40
		0.058				1.30	0.43
		0.087				1.23	0.46
		0.12				1.19	0.47
		0.17				1.12	0.50
		0.29				1.02	0.55
		0.44				1.00	0.56
		0.58				1.00	0.56
	$\alpha=25°$	—	1	0	0.41	0.87	0.68
	$\alpha=40°$	—	1	0	0.35	0.57	1.14
调心球轴承		—	1	0	0.40	见 GB/T 281—1994	
调心滚子轴承		—				见 GB/T 288—1994	
圆锥滚子轴承		—	1	0	0.40	见 GB/T 297—1994	

注：C_{0r} 称为径向基本额定静载；α 为接触角。

5. 角接触球轴承和圆锥滚子轴承的载荷计算

S 由于角接触球轴承和圆锥滚子轴承的结构特点是在滚动体与滚道接触处存在着公称接触角 α，因此用式（9-4）计算当量动载荷 P 时，轴向载荷 F_a 并不完全由作用于轴上的轴向工作载荷 F_A 产生，而应根据轴上所有轴向力的平衡条件求得。

（1）轴承支反力作用点　角接触球轴承和圆锥滚子轴承受径向载荷 F_r 作用时，如图 9-9 所示，各滚动体的法向反力和轴承轴心线的交点称为载荷作用中心 O，及支反力作用点。点 O 到轴承宽边端面的距离为 a，可由轴承手册查出其具体数值。为计算方便，通常以轴承宽度中点作用轴承支反力作用点。

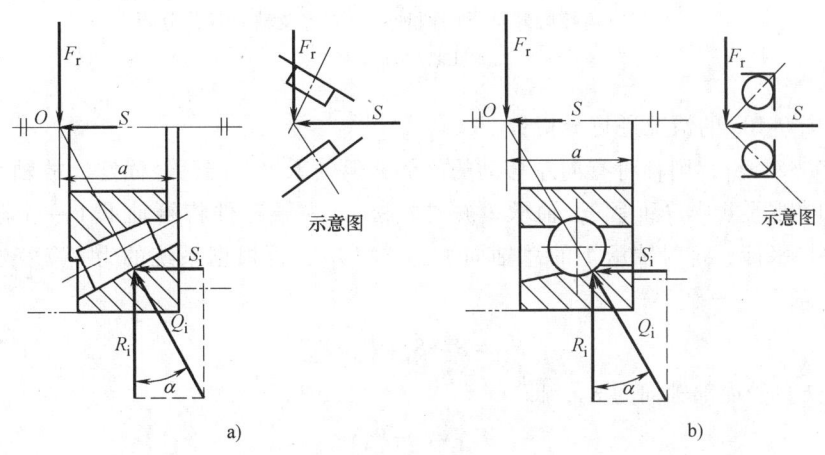

图 9-9　径向载荷产生的内部轴向力

（2）内部轴向力　由于公称接触角 α 的影响，当轴承承受径向载荷 F_r 时，作用在承载区内第 i 个滚动体上的法向反力为 Q_i，可分解为径向分力 R_i 和轴向分力 S_i（图 9-9）。各滚动体轴向分力的合力即为轴承的内部轴向力 S。S 的方向沿轴线由轴承外圈的宽边端面指向窄边端面，即迫使轴承内圈从外圈脱离的方向，其大小由表 9-12 中的公式计算得到。

表 9-12　角接触球轴承、圆锥滚子轴承的内部轴向力 S

角接触球轴承			圆锥滚子轴承
70000C（$\alpha=15°$）	70000AC（$\alpha=25°$）	70000B（$\alpha=40°$）	
$S=eF_r$	$S=0.68F_r$	$S=1.14F_r$	$S=F_r/(2Y)$

注：Y 是 $F_a/F_r>e$ 时的轴向系数。

为避免这两类轴承工作时产生轴向窜动，通常这两类轴承成对使用，对称安装。安装方式有两种：图 9-10a 所示为两轴承外圈窄边相对（正装），它使支承跨距缩短；图 9-10b 所示为两轴承外圈宽边相对（反装），它使支承跨距加大。

（3）轴向载荷的计算　F_{r1}、F_{r2} 分别为轴承 1、2 承受的径向载荷，如图 9-10a 所示，作用在轴心线上的轴向外载荷为 F_A，作用于轴上的径向外载荷为 F_R。S_1、S_2 分别为轴承 1、2 的内部轴向力，其方向随安装方式的不同而不同。在计算轴承 1、2 的轴向载荷 F_{a1}、F_{a2} 时必须同时考虑 F_A 和 S_1、S_2 的影响。取轴、轴承内圈和滚动体作为分离体，当达到轴向平衡时，应满足

$$F_A+S_2=S_1$$

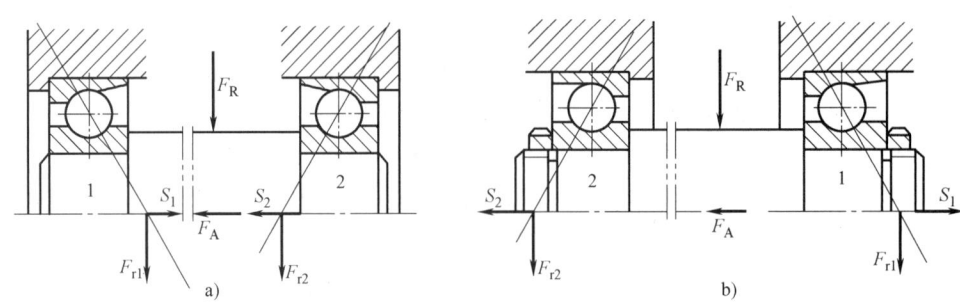

图 9-10 角接触球轴承的两种安装方式及轴向载荷分析
a) 正装 b) 反装

现在以图 9-10a 的情况进行分析：

① 若 $F_A+S_2>S_1$，则轴将有向左移动的趋势，但轴承 1 左端已经固定，故轴承并不会向左移动，此时轴承 1 被"压紧"，轴承 2 被"放松"。左端零件将给轴承 1 一个附加轴向反力 S_1'，以保持平衡，这时轴承 1 的总轴向力为 S_1+S_1'，再根据系统的力平衡条件可知 $S_1+S_1'=F_A+S_2$，故

$$F_{a1}=S_1+S_1'=F_A+S_2$$

则轴承 2 只受内部轴向力 S_2，即

$$\left. \begin{array}{l} F_{a1}=S_2+F_A \\ F_{a2}=S_2 \end{array} \right\} \tag{9-7}$$

② 若 $F_A+S_2<S_1$，轴将有向右移动的趋势，此时轴承 2 被"压紧"，轴承 1 被"放松"。此时右端零件将给轴承 2 一个附加轴向反力 S_2'，同理得

$$\left. \begin{array}{l} F_{a2}=S_1-F_A \\ F_{a1}=S_1 \end{array} \right\} \tag{9-8}$$

对于图 9-10b 的情况，读者可参考上述过程分析求出 F_{a1} 和 F_{a2}。

由此可得计算角接触球轴承、圆锥滚子轴承轴向载荷的步骤和方法如下。

第一步：根据轴承安装方式和类型，确定轴承内部轴向力 S_1、S_2 的方向和大小。

第二步：根据 F_A、S_1、S_2 分析轴的移动趋势，判断轴承的压紧端和放松端。

第三步：压紧端轴承的轴向载荷等于除本身内部轴向力外其余各轴向力的代数和，放松端轴承的轴向载荷等于自身内部轴向力。

求出 F_{a1}、F_{a2} 后，就根据式（9-4）分别计算出两个轴承的当量动载荷 P_1 和 P_2。

9.3.3 滚动轴承的静强度计算

对于低速、缓慢摆动或受载时基本不旋转（如起重吊钩上用的推力轴承）的轴承，应进行静强度计算，以防止滚动体与滚道接触处产生过大的塑性变形，保证轴承轻快、平稳工作。

轴承静强度的计算依据是基本额定静载荷 C_0（C_{0r} 或 C_{0a}）。基本额定静载荷是指滚动轴承受载后，在承载区内受力最大的滚动体与滚道接触处的接触应力达到一定值时所对应的静载荷，其值可查轴承手册。对于向心轴承，C_0 是径向载荷，常用 C_{0r} 表示；对于推力轴承，C_0 是轴向载荷，常用 C_{0a} 表示。

当轴承工作时，如果同时承受径向载荷和轴向载荷，则应按当量静载荷 P_0 进行计算，P_0 与实际载荷的关系为

$$P_0 = X_0 F_r + Y_0 F_a \tag{9-9}$$

式中，P_0 是当量静载荷（N）；F_r 是轴承的径向载荷（N）；F_a 是轴承的轴向载荷（N）；X_0 是静径向载荷系数，Y_0 是静轴向载荷系数，X_0、Y_0 的值可查轴承手册。

滚动轴承静强度校核公式为

$$C_0(C_{0r} \text{ 或 } C_{0a}) \geqslant S_0 P_0 \tag{9-10}$$

式中，S_0 是静强度安全系数，其值查表 9-13。

表 9-13 静强度安全系数 S_0

载荷性质和使用要求	S_0
有大的冲击载荷或对旋转精度及运转平稳性要求较高	1.2~2.5
正常使用	0.8~1.2
没有冲击载荷和振动或旋转精度及运转平稳性要求较低	0.5~0.8

【例 9-2】 齿轮减速器的高速轴，用一对深沟球轴承作为支承，转速 $n = 3000 \text{r/min}$，轴承径向载荷 $F_r = 4800\text{N}$，轴向载荷 $F_a = 2500\text{N}$，有轻微冲击，工作温度不超过 100℃。轴径 $d \geqslant 70\text{mm}$，要求轴承寿命 $L_h' \geqslant 5000\text{h}$，试选定轴承型号。

解 深沟球轴承的寿命指数 $\varepsilon = 3$。由于轴承型号未定，C_{0r}、e、X、Y 的值都无法确定，必须进行试算。试算时可先按轴颈直径选定一至二个型号进行核验，先定 6214、6314 两种轴承进行试算，由轴承标准查得轴承有关数据见表 9-14（D 是轴承套圈外径，B 是轴承内圈宽度）。

表 9-14 轴承数据

方案	轴承型号	基本额定动载荷 C_r/N	基本额定静载荷 C_{0r}/N	D/mm	B/mm	极限转速 $n/(\text{r/min})$
1	6214	60800	45000	125	24	4800
2	6314	105000	68000	150	35	4300

计算步骤见表 9-15。

表 9-15 计算步骤

计算项目	计算依据	单位	计算	
			方案 1	方案 2
F_a/C_{0r} 值			0.056	0.037
e	查表 9-11 方案 2 中 e、Y 值由内插法确定		0.26	0.23
F_a/F_r			0.52>e	0.52>e
X、Y			$X = 0.56$ $Y = 1.71$	$X = 0.56$ $Y = 1.91$
载荷系数 f_P	查表 9-10		1.2	1.2
温度系数 f_t	查表 9-8		1.00	1.00

（续）

计算项目	计算依据	单位	计算 方案1	计算 方案2
当量动载荷 P	$P=f_\mathrm{P}(XF_\mathrm{r}+YF_\mathrm{a})$	N	8355.6	8955.6
基本额定动载荷计算值 C'	$C'=\dfrac{P}{f_\mathrm{t}}\sqrt[\varepsilon]{\dfrac{60nL'_\mathrm{h}}{10^6}}$	N	80672>C_r	86465<C_r

结论：6314 型深沟球轴承可以满足要求。

【例 9-3】 某工程机械传动中轴承配置形式如图 9-11 所示。已知：轴向外载荷 $F_\mathrm{A}=$ 2000N，轴承径向载荷 $F_{\mathrm{r}1}=4000\mathrm{N}$，$F_{\mathrm{r}2}=$ 5000N，转速 $n=1500\mathrm{r/min}$，中等冲击，工作温度不超过 100℃，要求轴承预期寿命 $L'_\mathrm{h}=5000\mathrm{h}$。问采用 30311 轴承是否合适？

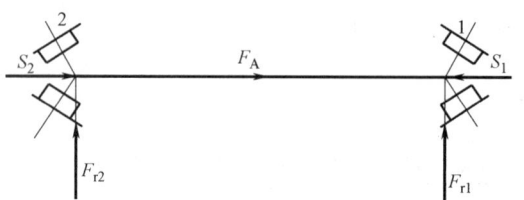

图 9-11 例 9-3 图

解 (1) 计算轴承所受轴向载荷 F_a 查表 9-11 知，由 GB/T 297—1994 查出 30311 轴承 $Y=1.7$，$e=0.35$，$C_\mathrm{r}=152000\mathrm{N}$；查表 9-12 可求得

$$S_1=\frac{F_{\mathrm{r}1}}{2Y}=\frac{4000}{2\times 1.7}\mathrm{N}=1176.5\mathrm{N}$$

$$S_2=\frac{F_{\mathrm{r}2}}{2Y}=\frac{5000}{2\times 1.7}\mathrm{N}=1470.6\mathrm{N}$$

因 $S_2+F_\mathrm{A}=(1470.6+2000)=3470.6\mathrm{N}>S_1=1176.5\mathrm{N}$，可知轴有向右移动的趋势，使轴承 1 "压紧"，轴承 2 "放松"，故

$$F_{\mathrm{a}1}=S_2+F_\mathrm{A}=(1470.6+2000)\mathrm{N}=3470.6\mathrm{N}$$

$$F_{\mathrm{a}2}=S_2=1470.6\mathrm{N}$$

(2) 计算当量动载荷 P

轴承 1：$\dfrac{F_{\mathrm{a}1}}{F_{\mathrm{r}1}}=\dfrac{3470.6}{4000}=0.8677>0.35$；由表 9-11 查得 $X=0.40$，已知 $Y=1.7$。载荷中等冲击，查表 9-10 取 $f_\mathrm{p}=1.6$，则

$$P_1=f_\mathrm{p}(XF_{\mathrm{r}1}+YF_{\mathrm{a}1})=1.6(0.40\times 4000+1.7\times 3470.6)\mathrm{N}=12000\mathrm{N}$$

轴承 2：$\dfrac{F_{\mathrm{a}2}}{F_{\mathrm{r}2}}=\dfrac{1470.6}{5000}=0.294<0.35$；由表 9-11 查得 $X=1$，$Y=0$，则

$$P_2=f_\mathrm{p}(XF_{\mathrm{r}2}+YF_{\mathrm{a}2})=1.6(1\times 5000+0\times 1470.6)\mathrm{N}=8000\mathrm{N}$$

(3) 验算基本额定动载荷 C 按公式 (9-3b) 计算所需的基本额定动载荷。查表 9-8 取 $f_\mathrm{t}=1.00$，因为是滚子轴承，$\varepsilon=10/3$，又因为 $P_1>P_2$，所以按 P_1 计算。

$$C'=\frac{12000}{1.0}\sqrt[\frac{10}{3}]{\frac{60\times 1500\times 5000}{10^6}}\mathrm{N}=75014\mathrm{N}<152000\mathrm{N}$$

结论：采用一对 30311 圆锥滚子轴承寿命足够。

9.4 滚动轴承的组合设计

为保证滚动轴承正常工作，除了合理选择滚动轴承类型和尺寸外，还应正确设计轴承装置的结构，它包括轴系支承结构型式、固定、游隙、配合、预紧、润滑、密封等。

9.4.1 轴承的定位与固定

轴承在轴上的轴向定位常用轴肩或套筒来实现。轴承内圈在轴上常用圆螺母、轴向弹性挡圈、轴端挡圈等做轴向固定，如图 9-12 所示。轴承外圈常用的轴向固定方式如图 9-12 所示，可用轴承盖、座孔凸肩（图 9-12a）、孔用弹性挡圈（图 9-12b）和套杯端面（图 9-12c）等。

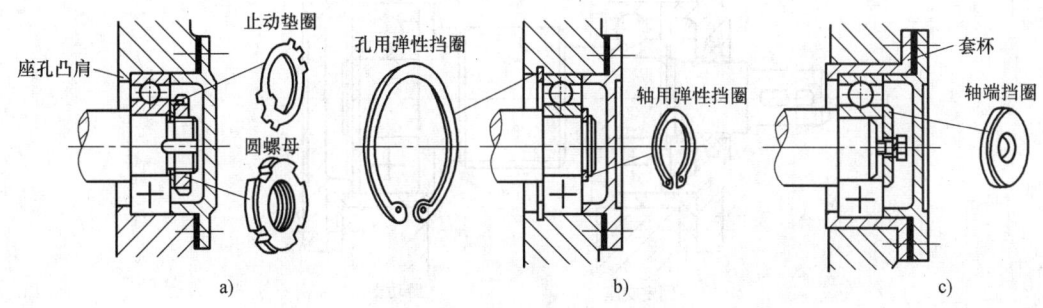

图 9-12 轴承的轴向固定
a）圆螺母固定 b）轴用弹性挡圈固定 c）轴端挡圈固定

滚动轴承是标准件，因此轴承的内圈与轴颈、外圈与轴承座孔采用过盈配合或过渡配合做周向相对固定，配合种类的具体选用参考相关手册。

9.4.2 轴承支承结构型式

轴系需要轴向固定，以保证轴系相对机座有确定的位置。轴在工作时，既要能传递轴向力而不发生轴向窜动，又要保证轴承不致因轴受热膨胀而卡住。常用的轴承支承结构型式有两种。

1. 两端固定式支承结构

轴系两端支承对称布置（图 9-13），用轴肩或套筒顶住两轴承的内圈，两端用轴承盖顶住两轴承的外圈，以实现轴系支承的固定。每个支承都能限制轴的单向移动，两个支承共同作用限制轴的双向移动，因此称为两端固定式支承。

因轴工作时有少量热膨胀，故在安装深沟球轴承时，在一端轴承与轴承盖间留出 $c=$

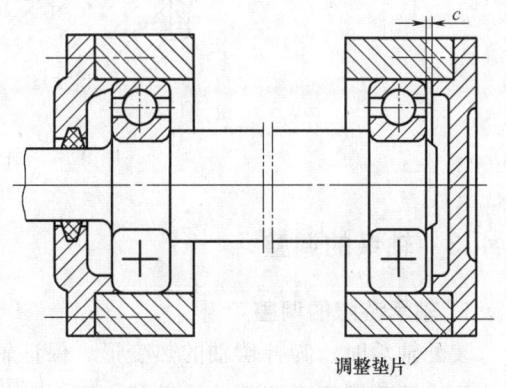

图 9-13 两端固定式支承结构

0.2~0.4mm 间隙；在正装角接触球轴承（或圆锥滚子轴承）时，由轴承游隙补偿轴的热膨胀。可用垫片或调节螺钉调整间隙 c 或轴承游隙。

两端固定式支承结构型式简单，装拆方便，常用于温升不高的短轴（跨距 $L \leq 350\mathrm{mm}$）。

2. 固定-游动式支承结构

如图 9-14 所示，当轴较长或工作时热伸量较长时，应采用一支承固定，另一支承游动的结构型式，以补偿较大的热膨胀。在这种固定-游动式支承结构中，固定端轴承的内外圈需双向都固定。游动端若使用内外圈可分离型轴承，则内外圈均需双向固定（图 9-14a）；若使用内外圈不可分离型轴承，只需双向固定内圈。在轴向力较大时，可使用角接触向心轴承作为固定端。

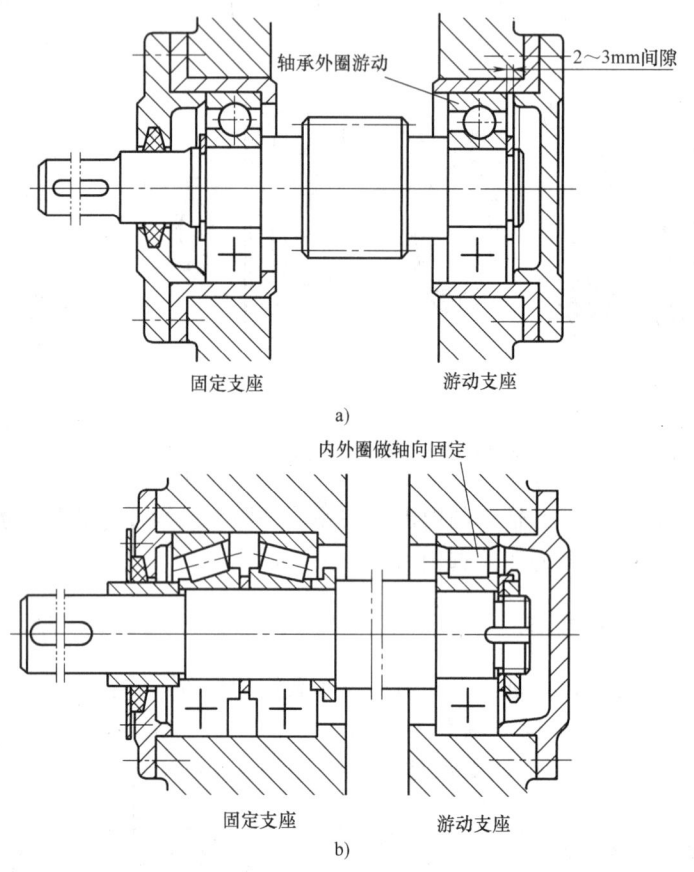

图 9-14 固定-游动式支承

9.4.3 轴系的调整

1. 轴承游隙的调整

装配轴承时，为补偿轴的热变形，保证轴承的正常运转，一般要留有适当游隙。常用调整垫片或调整螺钉来调整轴承游隙。图 9-15a 所示的结构，通过加减轴承盖与机座之间调整垫片的厚度来调整轴承游隙。图 9-15b 的结构，利用螺钉 1，靠轴承外圈压盖 3 的移动来调整轴承游隙，并用螺母 2 锁紧螺钉 1 以防止松动。

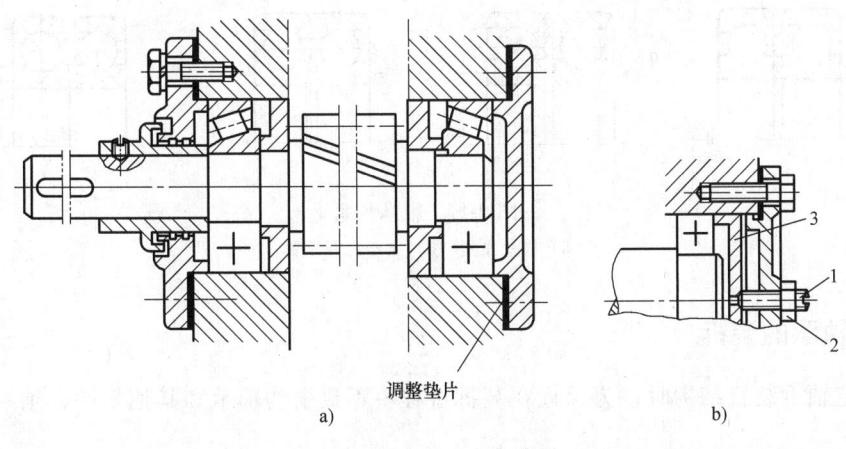

调整垫片

a)   b)

图 9-15 轴承游隙的调整
1—螺钉 2—螺母 3—压盖

2. 轴系轴向位置的调整

通过调整轴系轴向位置,可保证对工作中有准确轴向位置要求的传动零件。例如锥齿轮传动,若要使其正确啮合,需要两个节锥顶点相重合,可采用如图 9-16 所示的轴系位置的调整装置,垫片 1 的作用是调整锥齿轮的轴向位置,垫片 2 的作用是调整轴承间隙。

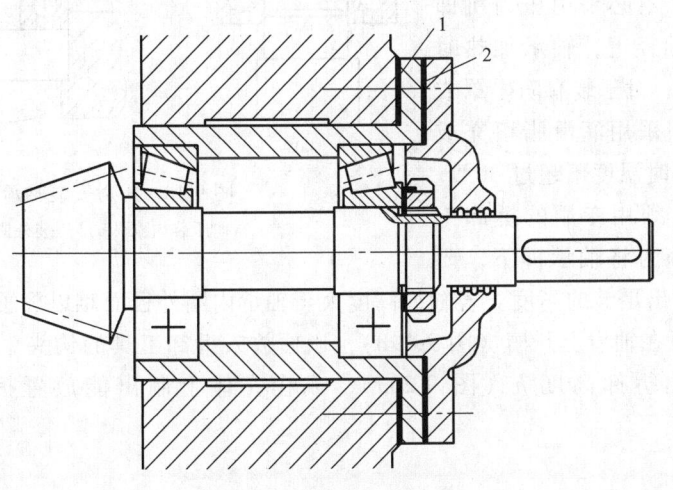

图 9-16 轴向位置的调整
1、2—垫片

3. 轴承的预紧

轴承的预紧,是指对某些内部游隙可调的轴承,在安装时给予一定的轴向作用力(预紧力),使内外圈产生相对位移,在内外圈和滚动体接触处产生弹性预紧变形,以保持内外圈处于压紧状态。

预紧的目的是为了消除内部游隙,提高轴承的定位精度和旋转精度,增加轴承的刚度,减小轴承的振动和噪声。通常用金属垫片或磨窄套圈等方法获得预紧力,如图 9-17 所示。

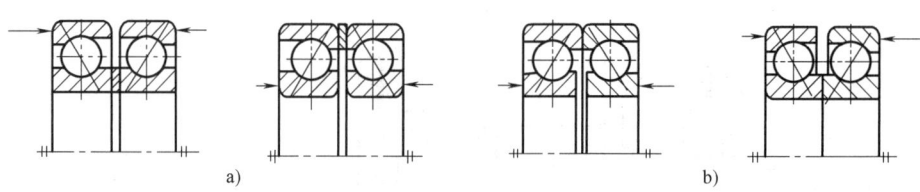

图 9-17 轴承预紧

a) 垫片预紧 b) 磨窄套圈预紧

9.4.4 轴承的装拆

在确定轴承装置结构时，为保证在装拆过程中不致损伤轴承和其他零件，须考虑轴承装拆方便。

如图 9-18 所示，通常轴承内圈与轴、轴承外圈与座孔配合较紧，在安装时应先加套筒，再用压力机或软锤（较小轴承）在内圈或外圈上加力，将轴承压套在轴径上或压入座孔内，避免损伤轴承和其他零件。对于过盈量较大的中、小型轴承，为了安装方便，常用热油或热蒸汽将轴承预热，不必采用压力机即可将轴承热装在轴径上，轴承加热时温度不超过 125℃。对于装有防尘罩或密封件的轴承，因采用润滑脂填充或密封材料，故加热时温度不超过 80℃。

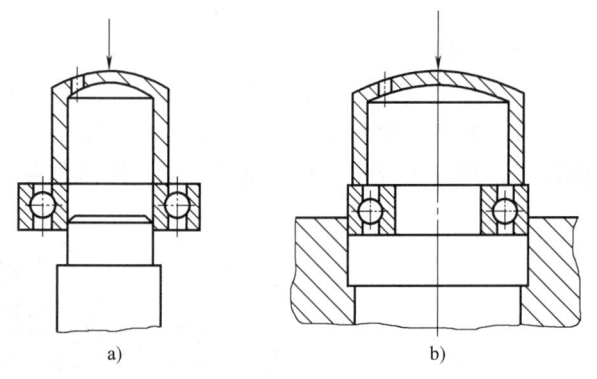

图 9-18 压力安装轴承

a) 压装内圈 b) 压装外圈

拆卸轴承时，须用专用的拆卸工具，通过向内圈施力将轴承拆下，要求内圈在轴肩处露出足够的高度。若轴肩高度大于轴承内圈外径而难以放置拆卸工具的钩头（图 9-19a）时，可在轴肩上开槽（图 9-19b），以便放入拆卸工具的钩头。在拆卸外圈时也要求如此，应留出拆卸高度 h（图 9-20a），或在壳体上制出能放置拆卸螺钉的螺孔（图 9-20b）。

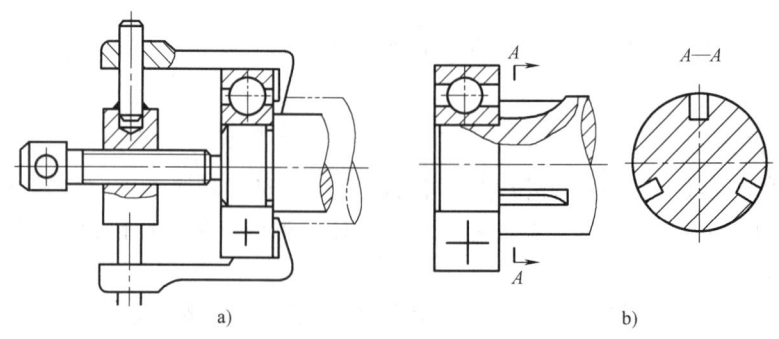

图 9-19 便于轴承内圈拆卸的结构

9.4.5 保证支承部分的刚度和同轴度

由于轴和安装轴承的机体或轴承座的变形会使滚动体的运动受到阻碍,影响轴承的旋转精度,甚至会使轴承过早损坏,故这些零件应具有足够的刚度。安装轴承的机体和轴承座孔必须具有足够的厚度。壁板上的轴承座悬臂应尽可能短,并用加强肋来增强支承部位的刚性(图 9-21)。

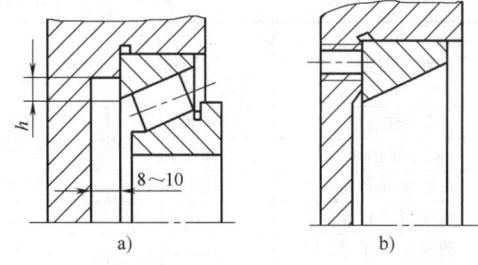

图 9-20 便于轴承外圈拆卸的结构

为避免轴承内外圈间产生过大的倾斜,同一轴上的两轴承座孔应有一定的同轴度。因此,尽可能采用整体结构的座体,并把安装轴承的两个孔一次镗出,若两轴承孔直径不同,可在直径较小的轴承处加衬套(图 9-22),以使两轴承孔直径相同,能一次镗出。

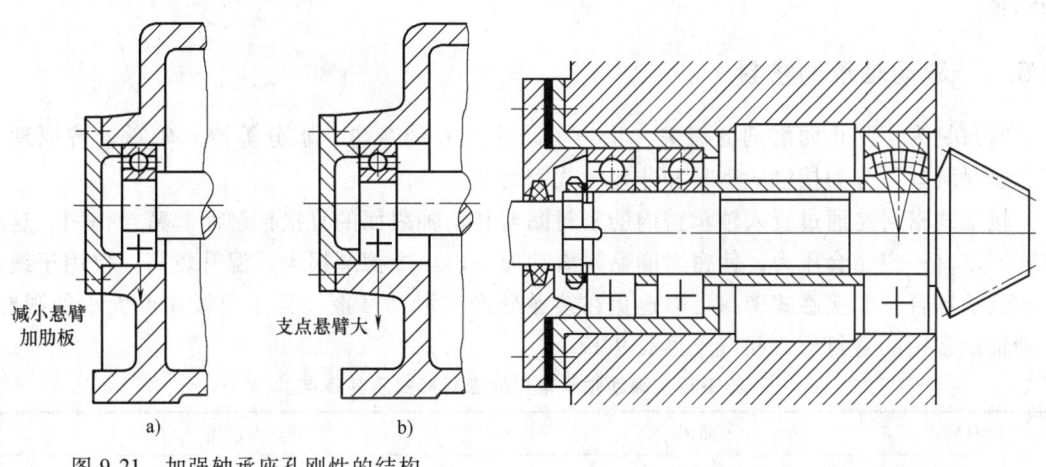

图 9-21 加强轴承座孔刚性的结构
a) 合理 b) 不合理

图 9-22 采用衬套的轴承座孔

9.5 滚动轴承的润滑与密封

9.5.1 滚动轴承的润滑

滚动轴承的润滑主要是为了降低摩擦阻力和减小磨损,也能起到散热、吸振和防锈等作用。

常用的滚动轴承的润滑剂有润滑油和润滑脂两种。对于温度高、载荷大、转速低时,滚动轴承宜选用高黏度的润滑剂;反之,则选用低黏度的润滑剂。滚动轴承的润滑方式可根据轴承线速度的速度因素 dn 值确定,见表 9-16。

对于 dn 值较小的滚动轴承可用润滑脂润滑。润滑脂不易流失,易于密封,充填一次润滑脂可运转较长时间。润滑脂的充填量一般不超过轴承内部有效空间的 $1/3 \sim 2/3$,过多会引起轴承发热,影响轴承正常工作。

对于 dn 值较大的滚动轴承应采用润滑油润滑。与润滑脂相比,润滑油的摩擦阻力小,散热效果更好。常用的润滑方式有油浴润滑、飞溅润滑、循环润滑和喷油润滑等。油浴润滑

表 9-16　各种润滑方式下轴承的 dn 值　　　　（单位：mm·r/min）

轴承内型	脂润滑	润滑油			
		油浴	滴油	循环油	喷雾
深沟球轴承	160000	250000	400000	600000	>600000
调心球轴承	160000	250000	400000	—	—
角接触球轴承	160000	250000	400000	600000	>600000
圆柱滚子轴承	120000	250000	400000	600000	—
圆锥滚子轴承	100000	160000	230000	300000	—
调心滚子轴承	80000	120000	—	250000	—
推力球轴承	40000	60000	12000	150000	—

常用于低、中速轴承,油面高度不能超过最低滚动体的中心。飞溅润滑广泛用于机床齿轮等闭式传动中,工作时利用转动的齿轮、叶片或甩油环将油溅向轴承壳体,再经油道流入轴承,以实现润滑。循环润滑、喷雾润滑或喷射润滑等兼有冷却作用,常用于高速高温下工作的轴承。

9.5.2　滚动轴承的密封

密封是为了阻止润滑剂的流失,也为了防止外界的灰尘、水分等侵入轴承。按原理不同,密封装置可分为接触式密封和非接触式密封两大类。

接触式密封是通过置入轴承盖内的密封圈与转动轴表面的直接接触而起密封作用。这种方式要求有一定贴合压力,使密封圈贴附滑动面,以至摩擦磨损大、温升较高,仅用于线速度较低的场合。非接触式密封可以避免在接触处产生滑动摩擦,且不受线速度大小的限制。滚动轴承常用的密封形式和特点见表 9-17。

表 9-17　滚动轴承常用的密封形式及其特点

密封形式		简图	特点及应用
接触式密封	毡圈密封		在轴承端盖的梯形断面槽内填充毛毡圈,使其与轴在接触处压紧达到密封。 适用于工作环境比较干净的脂润滑轴承密封,一般接触处的圆周速度 $v \leqslant 4 \sim 5$m/s,工作温度 $\leqslant 90$℃。如果轴表面经过抛光,毛毡质量较好,圆周速度 v 可允许到 $7 \sim 8$m/s
	密封圈密封	密封唇朝里 密封唇朝外	密封圈是用耐油橡胶制成,是标准件(GB/T 13871.1—2007)。安放在轴承端盖内,用弹簧圈把封油唇箍紧在轴上。 用于脂润滑或油润滑的轴承密封中,一般接触处的圆周速度 $v \leqslant 7$m/s,适合工作温度 $-40° \sim 100$℃。 安装时,密封唇朝里主要防止油泄出;密封唇朝外主要防灰尘、杂质侵入

(续)

密封形式		简图	特点及应用
非接触式密封	油沟密封	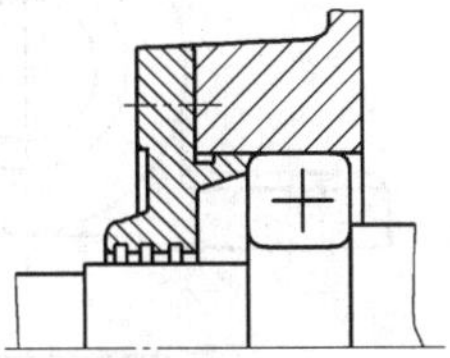	在端盖上开 3 个以上宽 3~4mm、深 4~5mm 的沟槽,并填充润滑脂,提高润滑效果。 适用于脂润滑轴承密封、轴颈速度较高的场合。但工作温度不宜太高,以防止润滑脂熔化而流失
	迷宫密封	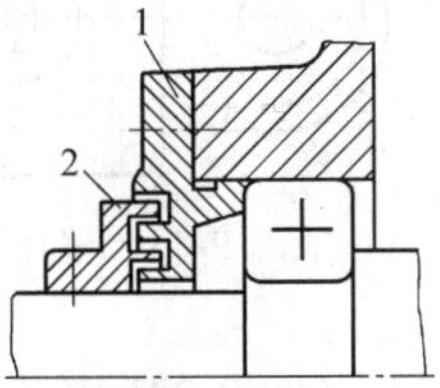	这种密封的静止件 1 与回转件 2 之间有拐了几道弯的缝隙,构成所谓"迷宫",缝隙中填充润滑脂,以加强密封效果 适用于比较脏的工作环境
	甩油密封	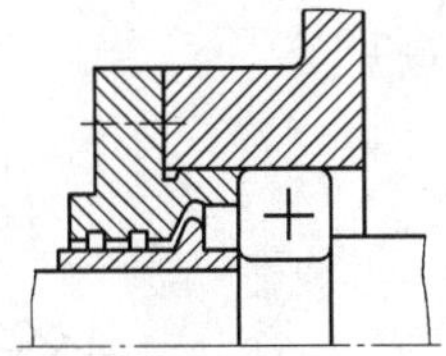	甩油环靠离心力将油甩掉,油再通过导油槽返回油池。这种密封方式无摩擦阻力损耗,密封效果可靠 适用于油、脂润滑轴承密封

9.6 滑动轴承简介

9.6.1 概述

滑动轴承工作时与轴颈接触表面间存在压力并有相对滑动,故存在滑动摩擦。

滑动轴承的类型很多,按轴承承载方向不同,滑动轴承可分为径向滑动轴承和推力滑动轴承两种。按轴承的摩擦状态不同,可分为液体摩擦轴承和非液体摩擦轴承。非液体摩擦轴承也称为非完全润滑轴承。液体摩擦轴承按其油膜形成原理,又可分为液体动压轴承和液体静压轴承。

对于寿命和精度等要求不高的轴承,一般采用非完全润滑轴承。本节只讨论非完全润滑轴承。

9.6.2 滑动轴承的典型结构

1. 整体式径向滑动轴承

如图 9-23 所示为典型整体式径向滑动轴承结构图。它由整体的轴承座、轴套及相应的润滑油孔组成,轴套压装在轴承座中,用螺栓把轴承座固定在机架上。

整体式径向滑动轴承的缺点是无法调节轴颈和轴承孔间的间隙,轴套磨损后,须更换轴套。另外，在安装轴时，需要做轴向位移，非常不方便。在机器装拆条件允许的情况下，适用于低速、轻载或间歇工作的机器中，如手动起重机和绞车等。

2. 剖分式径向滑动轴承

如图 9-24a 所示为典型剖分式径向滑动轴承的结构图。它由轴承座 1、下轴瓦 2、上轴瓦 3、油杯 4、螺栓联接 5、轴承盖 6 等组成。为便于安装对中和防止横向错动，轴承盖与轴承座的剖分面做成阶梯型。这类轴承装拆方便，并且剖分面间可放置少量垫片，以便在轴瓦磨损后用减少垫片的方法来调整轴与轴瓦之间的间隙。正常工作时，轴承所受径向载荷方向应该在垂直于剖分面的轴承中心线 35°左右的范围内，否则应采用斜剖分式（图 9-24b）。

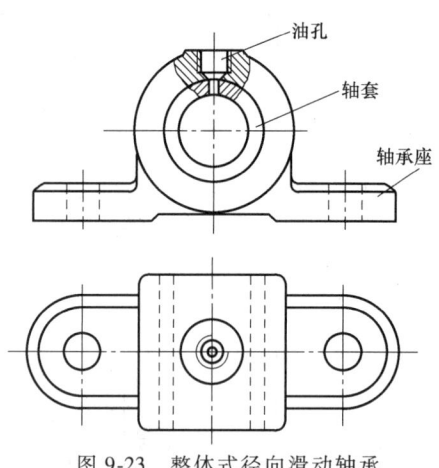

图 9-23　整体式径向滑动轴承

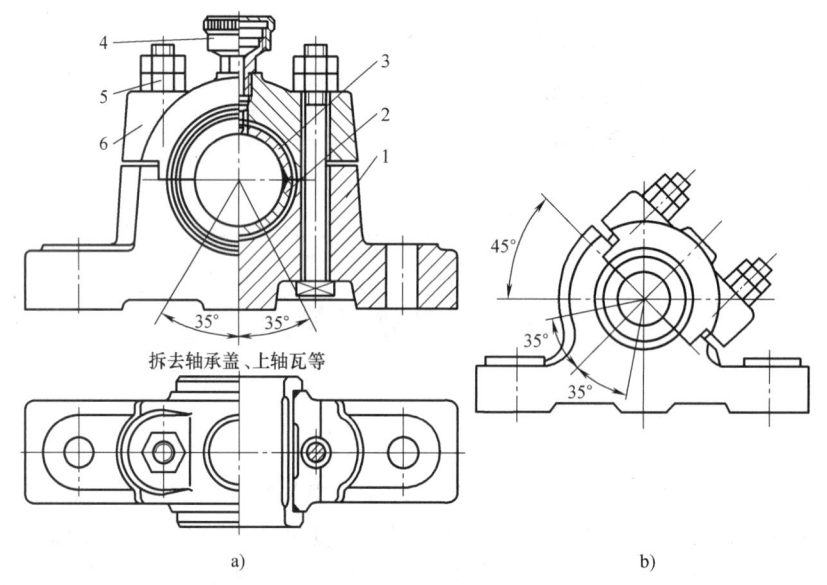

图 9-24　剖分式径向滑动轴承
a）剖分式正滑动轴承　b）剖分式斜滑动轴承
1—轴承座　2—下轴瓦　3—上轴瓦　4—油杯　5—螺栓联接　6—轴承盖

3. 自位式径向滑动轴承

图 9-25 为自位式径向滑动轴承的结构图。这类轴承轴瓦的外部中间做成外凸球面，与轴承盖和轴承座间的内凹球面配合，轴瓦可自动调整位置，以适应轴弯曲时轴颈产生的偏斜，从而使轴颈与轴瓦保持良好接触，常用于传动轴有偏斜的场合。

轴承宽度与轴颈直径之比（B/d）称为宽径比。当宽径比较大时，轴的弯曲变形或安装误差易造成轴颈与轴瓦端部的局部接触，形成集中载荷，引起剧烈的磨损和发热。当轴承宽径比较大（>1.5）时，宜采用自位式轴承。

4. 推力滑动轴承

如图 9-26 所示为推力滑动轴承的结构图。它由轴承座 1、止推轴瓦 2、防止止推轴瓦转动的销钉 3 和径向轴瓦 4 组成。轴承座 1 与止推轴瓦 2 以球面配合,起自动调心作用。油沟开在止推轴瓦 2 与轴端接触的表面上,方便润滑。

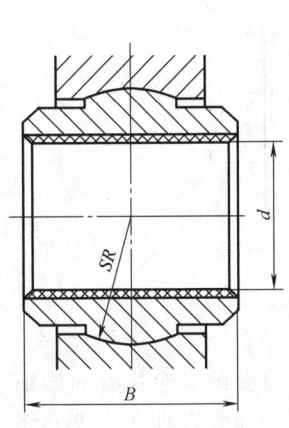

图 9-25　自位式径向滑动轴承

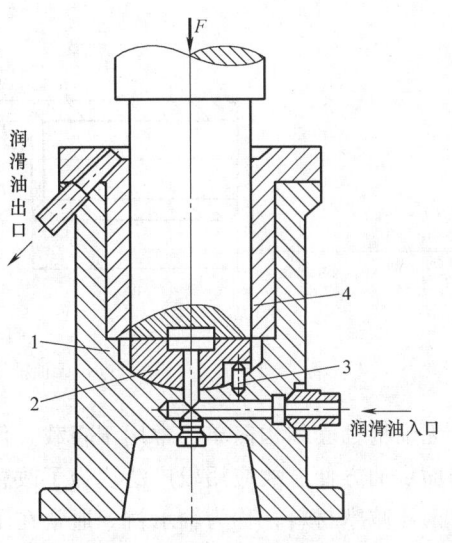

图 9-26　推力滑动轴承
1—轴承座　2—止推轴瓦　3—销钉　4—径向轴瓦

推力滑动轴承的承载面和轴上的止推面都为平面。止推面的结构形式有实心式、空心式、单环式和多环式四种,如图 9-27 所示。实心式结构简单,止推面上不同半径处滑动速度不同,则磨损不同,以至压力分布不同,因靠近轴心处压强很高,润滑油不易进入,故不利于润滑,通常不采用。空心式和单环式可提高止推面的承载能力,并改善润滑条件,应用较广。多环式止推轴承不仅可以承受较大轴向载荷,有时还能承受双向载荷。

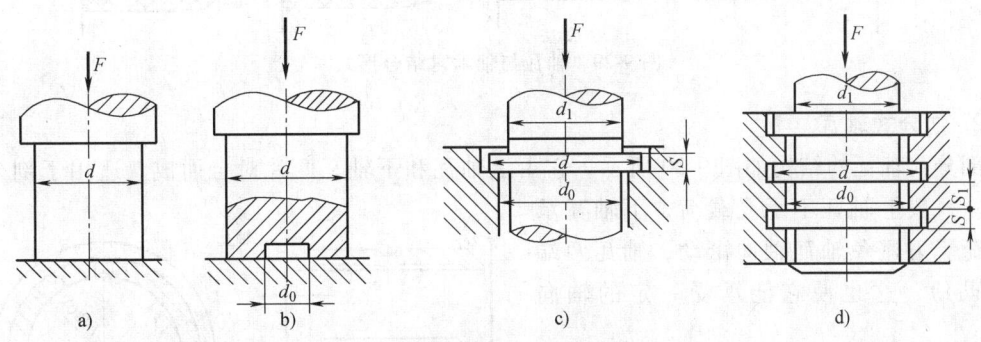

图 9-27　止推面形式
a) 实心式　b) 空心式　c) 单环式　d) 多环式

9.6.3　轴瓦结构

轴瓦是滑动轴承中的重要零件,它与轴直接接触。由于轴瓦承受载荷的工作面上存在摩擦，因此需采用减摩材料。轴瓦有整体式和剖分式两种。

1. 整体式轴瓦

整体式轴瓦也可称为轴套。它又分为无油槽轴套（9-28a）和有油槽轴套（9-28b）两种，用于整体式轴承。

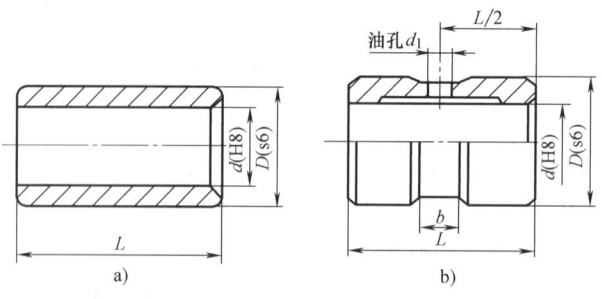

图 9-28　轴套
a）无油槽轴套　b）有油槽轴套

无油槽轴套结构简单，常用于轻载、低速或不经常转动和不重要的场合。有油槽轴套向工作面供油方便，故应用较广泛。为了改善轴瓦表面的摩擦状况，通常在轴瓦内表面浇注一层或两层减摩材料，称为轴承衬。通常在轴瓦内表面预制一些燕尾式沟槽（图 9-29），以使轴承衬与轴瓦可靠结合。

为避免轴套在轴承座孔中游动，孔和套之间可采用过盈配合，也可用紧定螺钉或销钉固定，重载时用薄型平键固定。

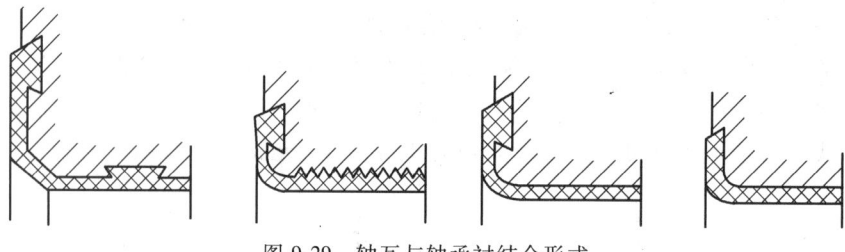

图 9-29　轴瓦与轴承衬结合形式

2. 剖分式轴瓦

剖分式轴瓦的结构如图 9-30 所示。它由上轴瓦和下轴瓦两片对合而成，适用于剖分式轴承。一般上轴瓦不承受载荷，下轴瓦承受载荷。为避免轴瓦轴向窜动，轴瓦两端制有凸缘，这也使它能承受一定的轴向载荷。

3. 油孔及油槽

为了把润滑油导入整个摩擦面之间，通常在轴瓦内壁上开设油孔和油槽。如图 9-31 所示，以油孔为中心，沿轴向、周向或斜向开设油槽。为方便供油，避免降低

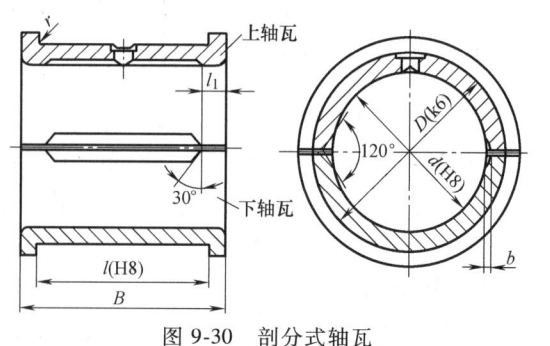

图 9-30　剖分式轴瓦

轴承的承载能力，常把油孔和油槽开在非承载区的上轴瓦内或压力较小的区域。通常轴向油槽的长短应短于轴瓦的长度，防止润滑油流失过多。

9.6.4 滑动轴承的材料

1. 对轴承材料的性能要求

一般滑动轴承的主要失效形式是轴瓦磨损、胶合（烧瓦）、疲劳剥伤、刮伤、腐蚀等和由于工艺原因而出现的轴承衬脱落。对滑动轴

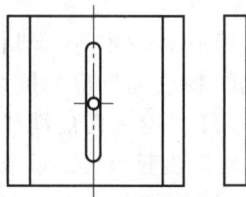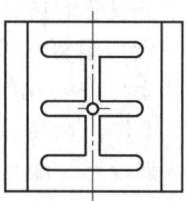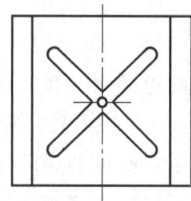

图 9-31　油孔和油槽（非承载轴瓦）

承材料性能的要求主要取决于滑动轴承的失效形式，故轴承材料应具备以下性能。

① 足够的强度，包括抗冲击强度、疲劳强度和抗压强度，避免发生疲劳剥伤和大的塑性变形。

② 良好的摩擦顺应性、嵌入性和磨合性。摩擦顺应性是指轴承材料能通过其表面的弹性变形来补偿和适应轴颈的变形和偏斜。嵌入性是指材料能容纳硬质颗粒嵌入，从而减轻轴承滑动表面发生刮伤或磨粒磨损。磨合性是指轴颈与轴瓦间经短期轻载运转，容易形成相互吻合的表面粗糙度。

③ 良好的减摩性、耐磨性和抗胶合性。是指与轴颈材料相配的摩擦因素小、磨损小，易形成油膜，耐热性、抗黏附性好。

④ 良好的制造工艺性，包括易于加工和浇铸，可获得光滑的摩擦表面。

⑤ 良好的导热性、耐腐蚀性。

⑥ 良好的经济性等。

2. 常用轴承材料

轴承材料是指轴瓦和轴承衬材料。没有一种材料能同时满足上述性能要求，故在选用轴承材料时，应根据最主要的使用要求，仔细分析后合理选用。也可把两、三种组合起来，做成多层轴瓦。常用的轴承材料有以下几种。

（1）轴承合金　轴承合金有铅锑轴承合金和锡锑轴承合金两大类。其具有良好的减摩性、耐腐蚀性和抗胶合性。缺点是强度低，价格较贵，不能单独制作轴瓦，一般仅用作轴承衬材料浇铸在钢铸铁、青铜或钢的轴瓦机体上。铅锑轴承合金适用于中速、中载的场合；锡锑轴承合金适用于高速、重载的场合。

（2）青铜　青铜有铝青铜、锡青铜和铅青铜等几种。青铜强度较高，减摩性和耐腐蚀性都较好。能单独制作轴瓦，也能浇铸在铸铁、钢轴瓦机体上。铝青铜适用于低速、重载的场合；锡青铜适用于中速、重载的场合；铅青铜适用于高速、重载的场合。

（3）多孔质金属材料　也称粉末冶金材料。这种材料是多孔结构，是用不同金属粉末经制粉、成形、烧结而成，空隙可储存润滑油，因此通常把用这种材料制成的轴承称为含油轴承。多孔质金属材料价格便宜、耐磨性好，但韧性差。常用于载荷平稳、无冲击载荷、中低速及不方便加油的场合。

（4）铝基轴承合金　它具有较高的疲劳强度，良好的减摩性和耐腐蚀性。这些性能使铝基轴承合金在部分领域取代了较贵的轴承合金和青铜。它可以单独制成轴瓦，也可制成以钢为轴承衬背、以铝基轴承合金为轴承衬的轴瓦。

(5) 铸铁　普通灰铸铁或加有镍、铬或钛等合金成分的耐磨灰铸铁，或者球墨铸铁，都具有一定的减摩性和耐磨性，可用作轴承材料。因铸铁材质较脆，跑合性能差，故只适用于低速、轻载和不受冲击载荷的场合。

(6) 非金属材料　例如塑料、橡胶和硬木等。塑料如酚醛树脂、尼龙、聚碳酸酯、聚四氟乙烯等，它们都不会与许多化学物质起反应，抗腐蚀能力特别强；具有一定的自润滑性，可在无润滑条件下工作，在高温下具有一定的润滑能力；嵌入性好，不易擦伤配合零件表面；减摩性和耐磨性都较好。缺点是热变形大，承载能力低，导热性和尺寸稳定性差。橡胶不仅能降低噪声、隔热，还能减小动载补偿误差，但导热性差，需加强冷切，高温时易老化，故常用于水、泥浆等工业设备中。木材具有多孔质结构，利用聚乙烯等填充剂可改善其性能，所制成的轴承能在较多灰尘的条件下工作，常用于建筑、农业中使用的带式运输机支承滚子的滑动轴承。

9.6.5 滑动轴承的润滑

滑动轴承润滑的目的是为了减少轴与轴承之间的摩擦和磨损，同时还可起到散热、吸振、防锈和减小噪声等作用。本节只介绍非液体润滑轴承的润滑。

1. 润滑剂的选择

常用的润滑剂是润滑油和润滑脂。

在选用润滑油时，应根据轴承平均压强 p（MPa）、轴颈线速度 v（m/s）及摩擦表面状态等情况来确定润滑油的规格。对于高温、有冲击的轴承，应选用黏度大的润滑油。对于轻载、高速轴承可选用黏度小的润滑油。非液体滑动轴承常用有色金属材料，轴承支承的主轴通常精度也较高，需特别注意防锈、防腐蚀问题。优质润滑油中通常含有少量抗氧化剂、清净剂和修复剂等多种添加剂。

润滑脂主要有钠基润滑脂、钙基润滑脂和锂基润滑脂三种。在选用润滑脂时，应根据工作温度、轴承压强和滑动速度来选择。钠基润滑脂耐热不耐水；钙基润滑脂耐水不耐热；锂基润滑脂耐热又耐水。润滑脂润滑不易流失，黏度大，方便密封，但摩擦损耗大，机械效率低，故常用于低速或有冲击载荷的机器，而不宜用于高速机械。

2. 润滑方式和润滑装置

润滑方式和相应的润滑装置有很多种。在正确选择润滑剂后，一般可根据轴承平均压强 p、轴颈线速度 v 的 $\sqrt{pv^3}$ 值合理选用润滑方法和相应润滑装置。根据不同 $\sqrt{pv^3}$ 值推荐的几种常见润滑方法和相应润滑装置见表 9-18。

表 9-18　润滑方法和润滑装置推荐表

$\sqrt{pv^3}$ 值	润滑剂	润滑装置	润滑方法	适用场合
≤2	润滑脂	旋盖式油杯润滑（杯盖、杯体）	油杯中填满润滑脂，定期旋转杯盖，使空腔体积减小而将润滑脂注入轴承内，只能间歇挤入	低速、轻载和次要轴承

(续)

$\sqrt{pv^3}$ 值	润滑剂	润滑装置	润滑方法	适用场合
>2~15	润滑油	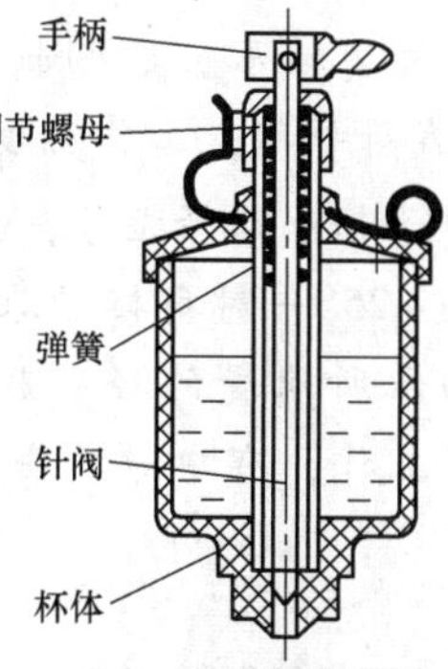 针阀式油杯润滑	手柄如图示位置时,针阀受弹簧推压向下而堵住底部油孔。手柄转90°变为直立状态时,针阀上提,下端油孔打开,润滑油流进轴承,调节螺母可调节油孔开口大小以控制流量	中低速、轻中载轴承
>15~30	润滑油	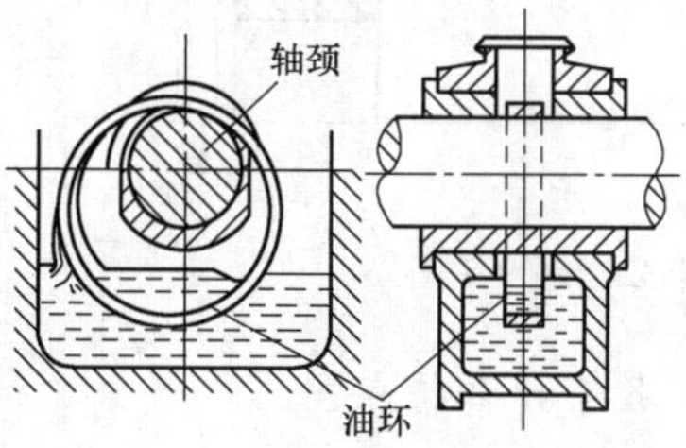 油环或飞溅润滑	图示为油环润滑,在轴颈上套一油环,油环下部浸入油池中,当轴颈旋转时,靠摩擦力带动油环旋转,把油引入轴承。油环浸在油池内的深度约为直径的四分之一时,供油量足以维持润滑状态	这种装置只能用于水平而连续运转的轴颈。常用于大型电机的滑动轴承
>30	润滑油	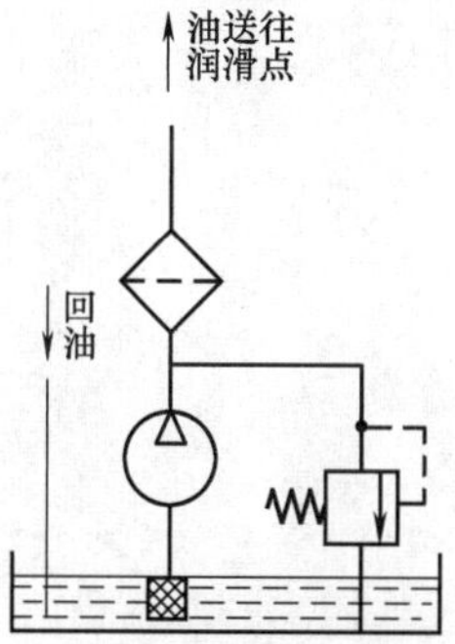 循环压力润滑	利用液压泵使循环系统的润滑油达到一定压力后输送到润滑部位,进行压力循环润滑	高速、重载、精密的重要设备的轴承

习 题

9-1 轴承的功用是什么?

9-2 试解释下列轴承代号的含义:N306/P4,6210,30208。

9-3 在选用滚动轴承时,需考虑哪些因素?

9-4 滚动轴承的基本额定寿命是指什么?它与滚动轴承寿命有何不同?

9-5 一水泵,决定选用深沟球轴承,已知轴径 $d=30\text{mm}$,转速 $n=1800\text{r/min}$,每个轴承承受径向载荷 $F_r=2000\text{N}$,室温下工作,载荷平稳,预期寿命 $L'_h=6000\text{h}$,试选择轴承型号。

9-6 根据工作条件,决定在轴的两端安装向心轴承。已知轴径 $d=35\text{mm}$,转速 $n=1200\text{r/min}$,每个轴承承受径向载荷 $F_r=5680\text{N}$,载荷平稳,工作温度 125℃,预期寿命 $L'_h=6000\text{h}$,试分别按深沟球轴承和外圈无挡边圆柱滚子轴承选择型号,并比较。

9-7 根据工作条件,决定在轴的两端安装 $\alpha=25°$ 一对角接触球轴承,如图 9-32 所示。已知轴径 $d=35\text{mm}$,转速 $n=6000\text{r/min}$,两个轴承所承受的径向载荷分别为 $F_{r1}=2390\text{N}$,$F_{r2}=1740\text{N}$,轴向外载荷 $F_A=900\text{N}$,一般温度下工作,有中等冲击,预期寿命 $L'_h=3000\text{h}$,试选择轴承型号。

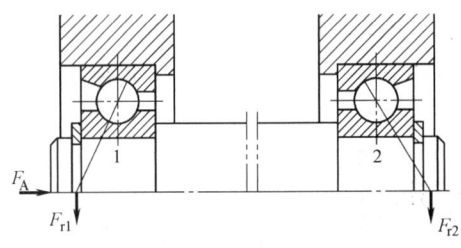

图 9-32 题 9-7 图

9-8 轴承的支承结构型式有哪几种?各有什么特点?

9-9 按承载方向不同,滑动轴承可分为哪几类?

9-10 剖分式滑动轴承的使用特点是什么?

 实验实训项目: 滚动轴承性能实验。

第10章

联轴器和离合器

联轴器和离合器是机械中常用的传动部件,主要用来将两轴或轴与其他回转零件直接连接起来以传递运动和转矩。用联轴器连接的两轴,只有在机器停止运转后,经过拆卸才能使两轴分离;而用离合器连接的两轴,不必拆卸,在机器工作中随时可完成两轴的结合和分离。

如图10-1所示为联轴器和离合器应用的两个实例。

如图10-1a所示为带式运输机,主要由电动机1、减速器3和卷筒5三个部件组成,其作用是把电动机1的高速回转通过减速器3变成卷筒5的低速回转。其中减速器3的输入轴和输出轴分别通过联轴器2、4与电动机轴和卷筒轴相连。

如图10-1b所示为曲柄压力机,主要由电动机1、带传动2、离合器3、齿轮传动4、曲轴5、冲头6组成,其作用是把电动机1的高速回转变成曲轴5的低速回转和冲头6的低速往复运动。离合器3装在从动带轮轴上,以便于电动机1连续回转时,可随时控制冲头6的启停。

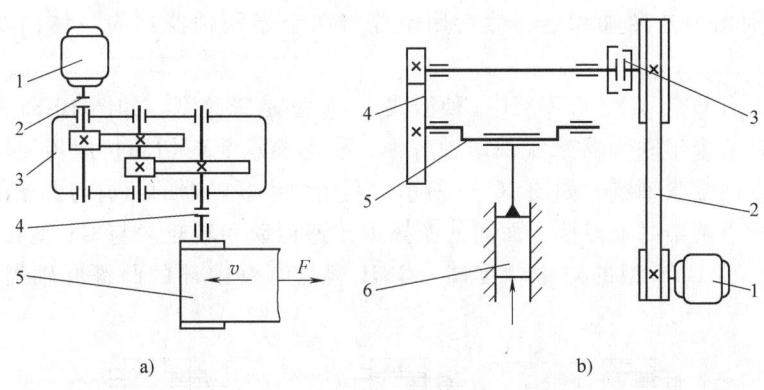

图 10-1 联轴器与离合器的应用
a)带式运输机   b)曲柄压力机
1—电动机 2、4—联轴器   1—电动机 2—带传动 3—离合器
3—减速器 5—卷筒   4—齿轮传动 5—曲轴 6—冲头

10.1 联 轴 器

10.1.1 联轴器的类型

联轴器所连接的两轴,由于制造及安装误差、受载后的变形以及温度变化的影响等,可

能产生某种程度的位移，使两轴不能保证严格的对中，如图 10-2 所示，分别表示轴向位移、径向位移、角位移和综合位移。

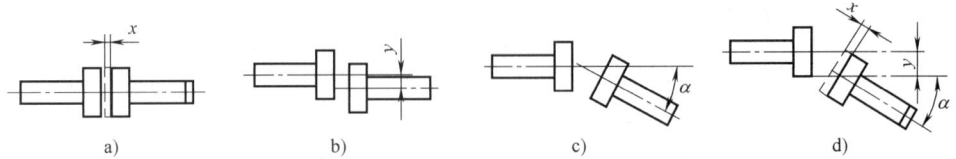

图 10-2　两轴轴线的相对位移

a）轴向位移 x　b）径向位移 y　c）角位移 α　d）综合位移 x、y、α

联轴器按是否具有补偿两轴间相对位移的能力，可分为刚性联轴器、挠性联轴器和安全联轴器三种类型。挠性联轴器按内部是否含有弹性元件，又可分为有弹性元件的挠性联轴器和无弹性元件的挠性联轴器。挠性联轴器具有补偿两轴间相对位移的能力，对于含有弹性元件的挠性联轴器，还具有不同程度的缓冲、吸振的作用。安全联轴器具有过载保护的作用，当其传递的转矩超过极限值时，其内部的特定元件会发生折断，从而自动停止转动，以保护机器中的重要零件不致损坏。

10.1.2　常用联轴器

1. 刚性联轴器

刚性联轴器有凸缘式、套筒式和夹壳式等，这里主要介绍凸缘式和套筒式。

（1）凸缘式　凸缘联轴器是应用最广的刚性联轴器，它由两个带凸缘的半联轴器组成。两个联轴器分别用键与两轴相连，然后用螺栓将两个半联轴器连为一体，以传递运动和转矩。

凸缘联轴器有 GY、GYS 和 GYH 三种型式。GY 型是普通型，如图 10-3a 所示，利用铰制孔用螺栓联接两个半联轴器来实现两轴对中，靠螺栓承受剪切和挤压传递转矩。GYS 型是有对中凸榫的凸缘联轴器，如图 10-3b 所示。利用两半联轴器的凸肩与凹槽的相互配合来保证两轴对中，靠两半联轴器接合面间的摩擦力传递运动和转矩。与 GY 型相比，GY 型能传递的转矩大，而 GYS 型的对中精度高。GYH 型是有对中环的凸缘联轴器，如图 10-3c 所示。

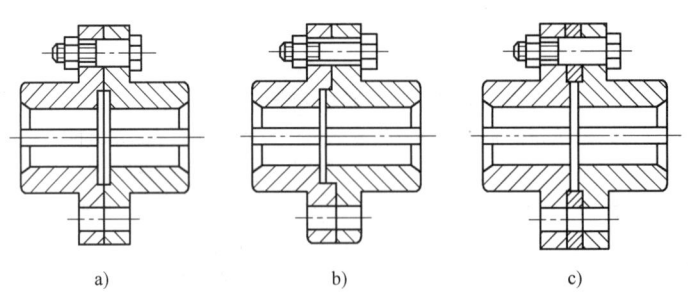

图 10-3　凸缘联轴器

a）GY 型　b）GYS 型　c）GYH 型

凸缘联轴器的结构简单、刚性好、对中精确、可传递较大的转矩、使用方便，但不能补偿两轴相对位移、不能缓冲吸振，其对两轴的对中精度要求高，故常用于载荷平稳、速度较低、两轴能很好对中的场合。

（2）套筒联轴器　套筒联轴器是用一个圆柱形套筒、两个平键或圆锥销将两轴相连，如图10-4所示。图10-4b所示的联轴器中，如果销的尺寸设计适当，在使用过程中销因过载被剪断，从而保护了机器中的重要零件不被损坏，则此套筒联轴器可作为安全联轴器使用。

套筒联轴器的结构简单、容易制造、径向尺寸销，转动惯量也小，但装拆较困难，不能补偿两轴相对位移，也不能缓冲吸振，故常用于径向尺寸受限、两轴对中性高、工作较平稳、速度较低、经常正反转的场合。

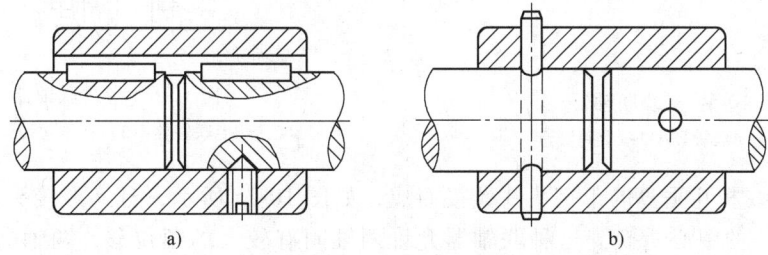

图10-4　套筒联轴器

2. 挠性联轴器

（1）无弹性元件的挠性联轴器　这种联轴器可补偿两轴的相对位移，但因为没有弹性元件，故不能缓冲吸振。常用的有滑块联轴器、齿式联轴器和万向联轴器等，其中万向联轴器包括单十字轴万向联轴器和双十字轴万向联轴器。

① 滑块联轴器　如图10-5所示，滑块联轴器是由两个端面开有凹槽的半联轴器1、3和一个两端具有相互垂直凸块的中间圆盘2组成。联轴器工作时，凸块与凹槽嵌合，并可相对滑动，以补偿两轴的相对位移。在两轴线间有相对位移的情况下工作，且转速较高时，中间圆盘的偏心将会产生较大的离心力和磨损，并给轴和轴承带来附加动载荷。为了防止中间圆盘的凸块和半联轴器的凹槽过早磨损，除了使工作表面有较高硬度（46~60HRC）之外，还应注意润滑，可在中间圆盘的小孔中注入润滑剂。

滑块联轴器的结构简单，具有一定的补偿两轴间相对位移的能力，但转动惯量大，需润滑，故适用于低速、轴的刚度较大且无冲击载荷的场合。

② 齿式联轴器　如图10-6所示，齿式联轴器主要由两个具有外齿圈的半联轴器1、4和两个具有内齿圈的外壳2、3组成。两半联轴器分别用键与主动轴和从动轴相连，两外壳用螺栓5连成一体，内外齿圈通过相互啮合来实现两半联轴器的连接，以传递转矩。内外齿圈的轮齿为压力角为20°的渐开线齿廓，且齿数相等，齿数一般为30~80。由于外齿的齿顶制成椭球面，球面中心在轴线上，故轮齿间有适当的顶隙和侧隙，能补偿两轴的综合位移。在外壳内腔注入润滑油，可减少轮齿间的磨损和摩擦，并在联轴器两端装有密封圈，可防止润滑油泄露。

齿式联轴器能传递很大的转矩，可补偿适量的综合位移量，工作可靠，但其结构复杂、质量大、制造成本高，常用于起动频繁、需经常正反转的重型机械中。

③ 万向联轴器　单十字轴万向联轴器主要由两个分别固定在主、从动轴上的叉形接头

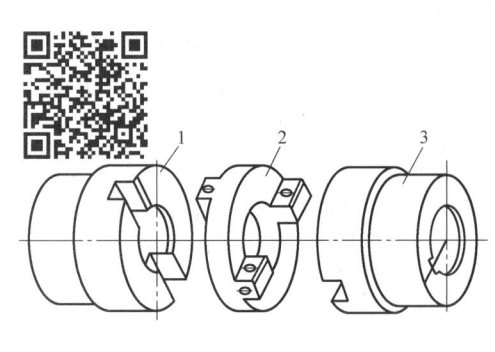

图 10-5 滑块联轴器
1、3—半联轴器 2—中间圆盘

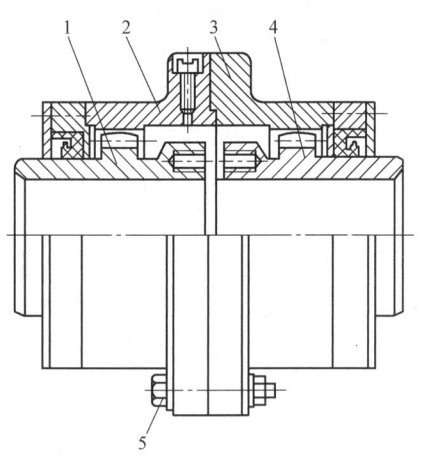

图 10-6 齿式联轴器
1、4—半联轴器 2、3—外壳 5—螺栓

1、2 和一个轴线相互垂直的十字头 3 铰接而成，如图 10-7a 所示，且叉形接头 1、2 的轴线交点与十字头 3 的中心重合。这种联轴器允许两轴间有较大的角位移，两轴夹角最大可达 30°~45°。若两轴线不重合，即使主动轴以等角速度 ω_1 转动，从动轴的角速度 ω_2 仍将在一定范围内周期性变化，从而在传动中引起附加动载荷。

双十字轴万向联轴器可以避免这种缺点，如图 10-7b 所示，它是将两个十字轴万向联轴器用中间轴连接起来。要使主动轴和从动轴实现同步转动，在安装时必须满足：中间轴两端的叉形接头必须在同一平面内；主动轴、从动轴和中间轴三轴线必须在同一平面内；主动轴、从动轴与中间轴之间的夹角必须相等。

十字轴万向联轴器能可靠地传递运动和转矩，结构紧凑，维护方便，可用于相交轴或平行轴的连接，或有较大位移的场合，广泛应用于汽车、拖拉机、轧钢机和多头钻床等机器中。

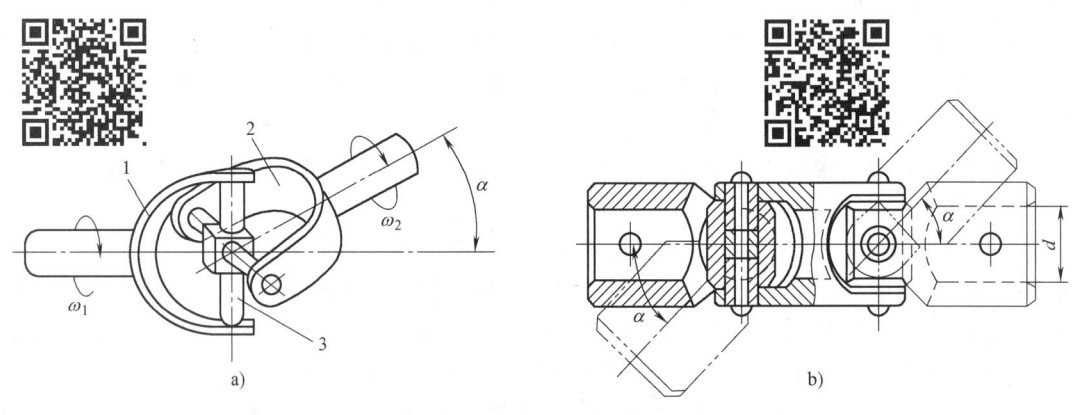

图 10-7 万向联轴器
a) 单十字轴万向联轴器 b) 双十字轴万向联轴器
1、2—叉形接头 3—十字头

（2）有弹性元件的挠性联轴器 这种联轴器中装有弹性元件，故不仅可以补偿两轴的相对位移，还具有缓冲吸振的能力。常用的有弹性套柱销联轴器、弹性柱销联轴器和轮胎式

联轴器等。

① 弹性套柱销联轴器。如图10-8所示，弹性套柱销联轴器的结构与凸缘联轴器相似，只是用套有弹性套圈1的柱销2代替了螺栓。

这种联轴器的结构简单，更换、维护方便，容易制造，成本较低，但弹性套容易磨损，寿命较短，具有一定补偿两轴的相对位移和缓冲、减振的能力。适用于载荷平稳、转速较高、启动频繁和经常正反转的场合。

② 弹性柱销联轴器。如图10-9所示，弹性柱销联轴器可看成由弹性套柱销联轴器简化而成，它采用弹性柱销1代替了弹性套圈和金属柱销。为增大两轴间的角位移量，弹性柱销的一端制成柱形，另一端制成鼓形。为了防止柱销滑出，在半联轴器外侧装有挡板2。

弹性柱销联轴器结构简单，制造安装方便，耐久性好，具有一定补偿两轴的相对位移和缓冲、减振的能力。常用于起动频繁、转速较高、需经常正反转和对缓冲要求不高的场合。可代替弹性套柱销联轴器。

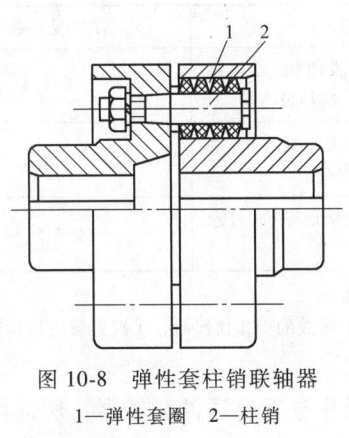

图10-8 弹性套柱销联轴器
1—弹性套圈 2—柱销

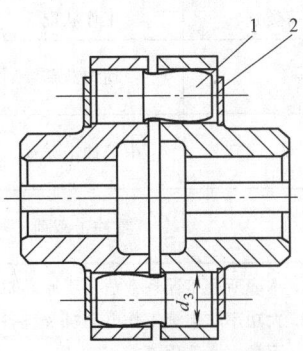

图10-9 弹性柱销联轴器
1—弹性柱销 2—挡板

③ 轮胎式联轴器。如图10-10所示，轮胎式联轴器主要由两个半联轴器4、5和一个像轮胎一样的弹性元件组成。弹性元件由盖板和螺钉分别与两个半联轴器相连。

轮胎式联轴器的结构简单，径向尺寸较大，但轴向尺寸较窄，有利于缩短串接机组的总长度，其最大转速可达5000r/min，具有一定补偿两轴的相对位移和缓冲吸振的能力。常用于有冲击振动、起动频繁、经常正反转和潮湿多尘的场合。

10.1.3 联轴器的选择

常用的联轴器大部分已经标准化。一般情况下主要是正确选择联轴器的类型和型号。先根据具体工作要求选择合适的类型，再根据计算转矩、转速和两轴的直径选择合适的型号。必要时才对其薄弱零件进行强度校核。

1. 选择联轴器的类型

在选择联轴器类型时应综合考虑两轴间的相对位移、所

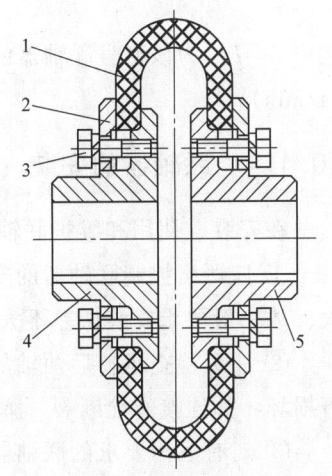

图10-10 轮胎式联轴器
1—弹性元件 2—压板
3—螺栓 4、5—半联轴器

需传递轴载荷的大小、联轴器的外廓尺寸、工作环境、使用寿命以及润滑、密封和经济性等条件,参考国家标准或企业说明书,选择一种合适的联轴器类型。

通常对于速度较低、刚性较大的短轴可选用刚性联轴器;对于速度较低、刚性小的长轴可选用无弹性元件的挠性联轴器;对于传递转矩较大的重型机械可选用齿式联轴器;对于高速、有振动和冲击的机械,可选用有弹性元件的挠性联轴器;对于轴线位置有较大变动的两轴,可选用万向联轴器;对于有安全保护要求的轴,可选用安全联轴器。

2. 选择联轴器的型号

在确定联轴器的类型后,需要确定计算转矩 T_c,按下式确定:

$$T_c = K_A T \tag{10-1}$$

式中,T_c 是联轴器的计算转矩(N·m);T 是联轴器的名义转矩(N·m);K_A 是工作情况系数,它是考虑机器起动时的惯性力和过载等影响的修正值,其值见表 10-1。

表 10-1 工作情况系数 K_A

载荷类别	工作状况	设备名称举例	工作情况系数 K
I	均匀载荷	离心式鼓风机和压缩机、发电机、运输机(均匀加载)、废水处理设备、搅拌设备等	1.0~1.5
II	中等冲击载荷	洗衣机、木材加工机械、混凝土搅拌机、旋转式粉碎机、起重机和卷扬机等	1.5~2.5
III	重冲击载荷	破碎机、往复式给料机、摆动运输机、可逆输送辊道等	≥2.5

注:1. 本表所列工况系数适用于原动机为电动机和蒸汽涡轮机传动系统。
　　2. 大功率非连续工作电动机及设备,在承受激烈冲击载荷或易产生事故的工作情况时,工况系数应作特殊考虑,不按本表选用。

根据计算转矩、转速和两轴的直径等,可从相关手册中选择合适的联轴器,所选择的型号应该同时满足:

$$T_c \leqslant [T]; n_{max} \leqslant [n]$$

式中,$[T]$ 为该型号联轴器的许用转矩(N·m);$[n]$ 为该型号联轴器所允许的最高转速(r/min)。

10.1.4 联轴器的安装、使用和维护

在安装、使用和维护联轴器时,应注意下面几个方面的内容。

① 应严格控制联轴器的安装误差。在承受载荷后,所连接的两轴的相对位移有可能增大,故一般要求安装误差不大于许用补偿量的 1/2。

② 注意检查运转后两轴的对中情况,尽可能地减少相对位移量。定期检查传力零件是否损坏,如连接螺栓断裂、弹性套磨损失效等,以便及时更换。

③ 对有润滑要求的联轴器,如齿式联轴器等,要定期检查润滑油的质量、油量及密封情况,必要时补充或更换润滑油。

④ 对于高速旋转机械上的联轴器,要求其径向尺寸小,重量轻,一般要进行动平衡试验。严格限制其联接螺栓之间的重量差,不得任意更换。

10.2 离合器

10.2.1 离合器的类型

离合器是在传递运动和动力过程中，根据需要随时将主、从动轴接合或分离的一种机械装置。对离合器的要求为：工作可靠，结合、分离迅速而平稳，调节和维修方便，操作灵活，外廓尺寸小，重量轻和耐磨性好等。

离合器按其工作原理可分为牙嵌式和摩擦式；按控制方式可分为操纵式和自控式，操纵式离合器需借助人力或动力（如电磁、液压、气压）进行操纵，而自控式离合器不需要，如超越式离合器、离心式离合器和安全式离合器都在一定条件下能自动实现接合和分离。

10.2.2 常用离合器

1. 牙嵌式离合器

如图 10-11 所示的牙嵌式离合器，主要由两个端面带牙的半离合器 1、2 组成。其中半离合器 1 用平键与轴联接，而半离合器 2 利用导向平键安装在从动轴上。利用操纵杆（图中未画出）带动滑环 3 可使半离合器 2 轴向移动，实现离合器的接合或分离。可动的半离合器应装在从动轴上，以避免滑环的过量磨损。工作时依靠两个半离合器接触端的凸牙和凹槽相互嵌合来传递转矩。

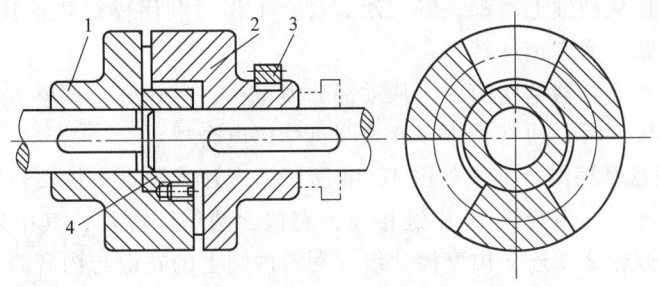

图 10-11 牙嵌式离合器

1、2—半离合器 3—滑环 4—对中环

牙嵌式离合器沿圆柱面上展开的牙型有矩形、三角形、梯形和锯齿形等，如图 10-12 所示。

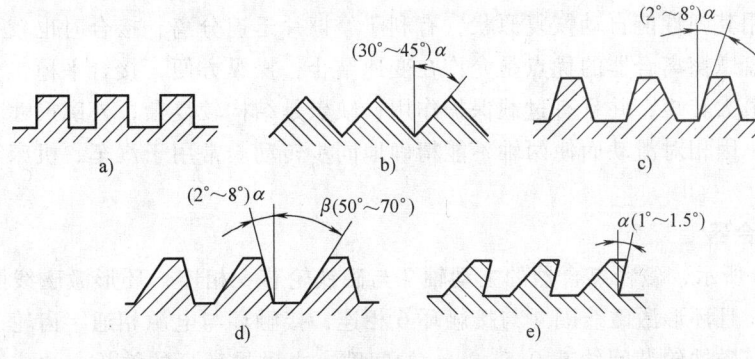

图 10-12 沿圆柱面上展开的牙型

a) 矩形 b) 三角形 c) 等腰梯形 d) 斜梯形 e) 锯齿形

(1) 矩形　矩形牙无轴向分力，传递转矩大，但接合、分离困难，牙的强度低，磨损后无法补偿，为便于接合常采用较大的牙间间隙。常用于静止或极低转速下的手动结合，牙数一般为 3～15。

(2) 三角形　三角形牙接合、分离容易，但牙的强度较弱，多用于传递小转矩的低速离合器，牙数一般为 15～60。

(3) 梯形　梯形牙强度较高，接合、分离比较容易，结合后牙间间隙较小，且能自动补偿牙的磨损和间隙，能避免速度变化时因间隙而产生的冲击，因此这种牙型的离合器应用广泛，牙数一般为 3～15。

(4) 锯齿形　锯齿形牙强度高，接合容易，可传递较大转矩，但只能单向传动，反转时因工作面间产生较大的轴向力迫使离合器自行分离而不能正常工作，牙数一般为 3～15。

牙嵌式离合器的优点是结构简单，尺寸小，接合后牙间没有相对滑动，并能传递较大转矩；缺点是在运转中接合时有冲击，为避免将牙撞断，一般只宜在两轴的转速差较小或停车的情况下接合。

2. 摩擦式离合器

摩擦式离合器是靠接触面间产生的摩擦力来传递转矩。摩擦式离合器的种类很多，最常用的是圆盘摩擦离合器，可分为单片式和多片式两种。

(1) 单片式圆盘摩擦离合器　如图 10-13 所示，单片式圆盘摩擦离合器的圆盘 1 用平键与主动轴相连，而圆盘 2 利用导向平键安装在从动轴上，通过操纵杆（图中未画出）和滑环 3 可使半圆盘 2 在从动轴上滑动，以实现离合。工作时利用操纵机构让两圆盘相互压紧，使接触面间是产生摩擦力来传递转矩。

单片式圆盘摩擦离合器结构简单，从动部分惯量小，散热好，调整方便，但传递的转矩较小。当传递转矩较大时，通常采用多片式圆盘摩擦离合器。

(2) 多片式圆盘摩擦离合器　如图 10-14 所示，多片式圆盘摩擦离合器的主动轴 1 与外鼓轮 2 相连，从动轴 9 与内套筒 10 用键相连，它包含两组摩擦片，其中外摩擦片组 4 利用外圆上的花键与外鼓轮 2 相连，内摩擦片组 5 利用内圆上的花键与内套筒 10 相连。工作时，滑环 8 做轴向移动，从而拨动曲臂压杆 7，使压板 3 压紧或松开内、外摩擦片组，以实现离合器的结合或分离。螺母 6 用来调节摩擦片间的压力。多片式有多对摩擦面，若要求传递大转矩，可增加摩擦片数，但摩擦片数过多，会导致压力分布不均，故一般不超过 12～15 片。图 10-15a、b 为外摩擦片、内摩擦片的结构形状。若将内摩擦片改为右图所示的蝶形，在离合器分离时利用其弹性能自动恢复原状，有利于摩擦片迅速分离，接合时也较平稳。

多片式圆盘摩擦离合器的优点是允许在变速结合，操纵方便，接合平稳，分离平稳，可调整所传递的最大转矩，并且有过载保护作用；缺点是结构较复杂，外廓尺寸较大，成本较高，散热不好，因相对滑动而使两轴不能精确地同步转动。常用于汽车、机床等转速差较大的场合。

3. 磁粉离合器

如图 10-16 所示，磁粉离合器的主动轴 7 与磁铁轮芯 5 相连，环形激磁线圈 4 绕在轮芯外缘的凹槽内，且环形激磁线圈 4 与接触环 6 相连，接触环与电源相通，齿轮 1 与从动外鼓轮 2 相连，并与磁铁轮芯间约有 0.5～2mm 的间隙，由磁导率高的铁粉、油或石墨的混合物填充。这样，当线圈通电时，形成一个经磁铁轮芯、从动外鼓轮又回到磁铁轮芯的闭路磁通，使铁粉磁化而产生磁连接力。当主动轴旋转时，利用磁粉间的结合力和磁粉与主、从动件间的摩擦力带动从动外鼓轮一起旋转来传递转矩。当线圈断电时，磁粉恢复为松散状态，离合器马上分离。

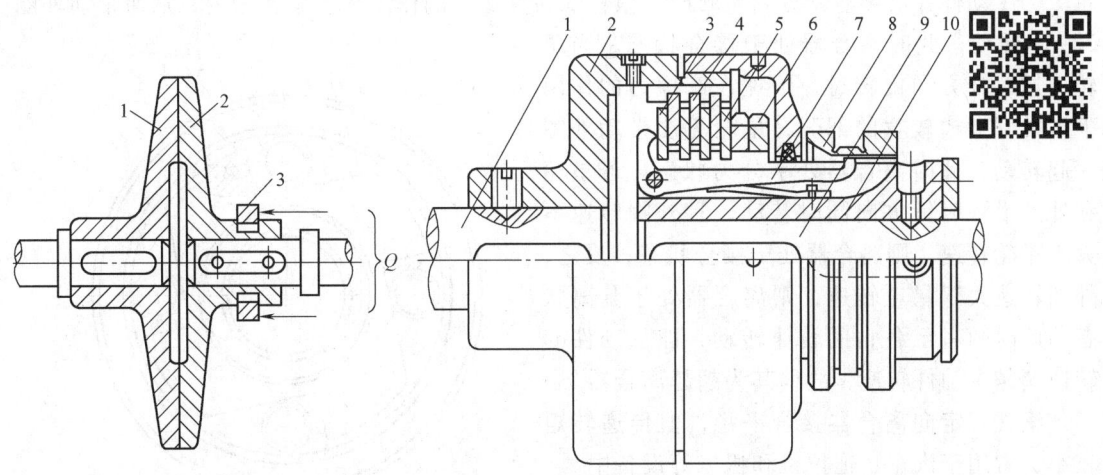

图 10-13　单片式圆盘摩擦离合器
1、2—圆盘　3—滑环

图 10-14　多片式圆盘摩擦离合器
1—主动轴　2—外鼓轮　3—压板　4—外摩擦片组　5—内摩擦片组
6—螺母　7—曲臂压杆　8—滑环　9—从动轴　10—内套筒

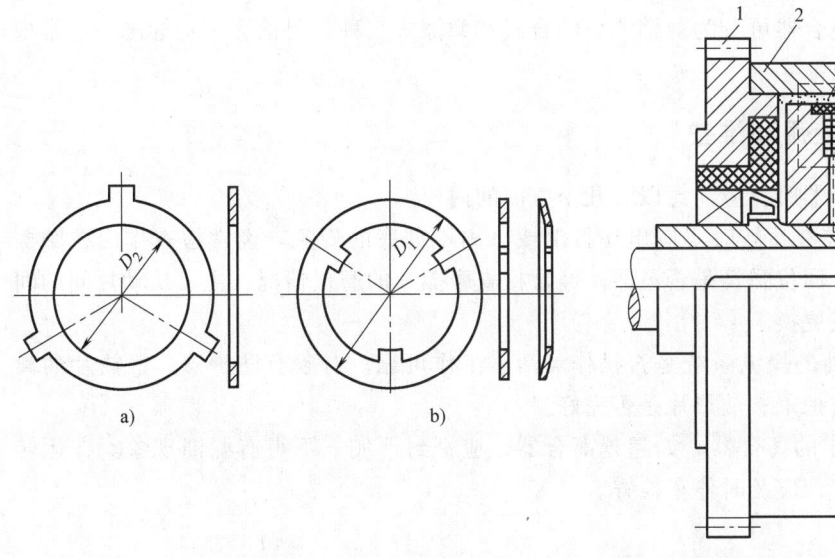

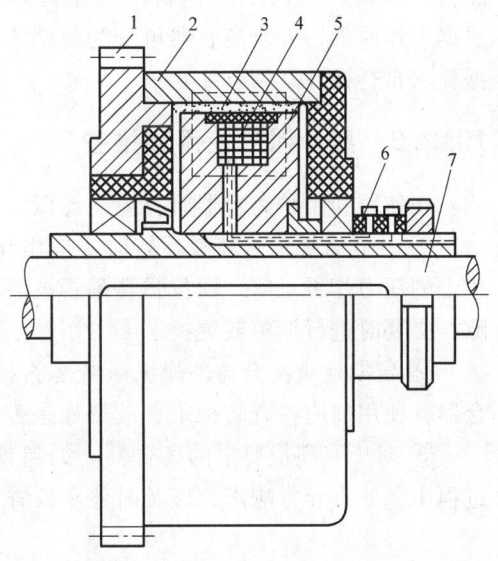

图 10-15　摩擦片
a）外摩擦片　b）内摩擦片

图 10-16　磁粉离合器
1—齿轮　2—从动外鼓轮　3—油或石墨的混合物
4—环形激磁线圈　5—磁铁轮芯　6—接触环　7—主动轴

磁粉离合器的优点是几何平稳，动作迅速，使用寿命长，可远距离操纵，且有过载保护作用，缺点是外廓尺寸较大，重量较大。常用于数控机床、电子计算机中的控制机构和矿山提升机械、起重机械中。

4. 定向离合器

如图 10-17 所示，滚柱式定向离合器主要由星轮 1、滚柱 3 和弹簧 4 组成。弹簧顶杆 4 将滚柱压向星轮的楔形槽柱内，使之与星轮和外圈接触。星轮和外圈均可作为主动件。当星轮 1 为主动件并沿顺时针方向旋转时，滚柱 3 在摩擦力的作用下楔紧在槽内，从而带动外圈 2 一起转动，此时离合器处于接合状态。当星轮 1 逆时针方向旋转时，滚柱在摩擦力的作用下被推到楔槽较宽的部分，星轮无法带动外圈一起转动，此时离合器处于分力状态。若星轮和外圈沿顺时针方向同时转动，且外圈转速不大于星轮转速，则离合器处于接合状态；反之，外圈转速大于星轮转速，则离合器处于分离状态，此时两者已各自的转速转动，即从动件的转速超越主动件转速，故称其为超越离合器。

滚柱式定向离合器接合平稳，但传递转矩较小，常用于汽车、拖拉机和机床等设备中。

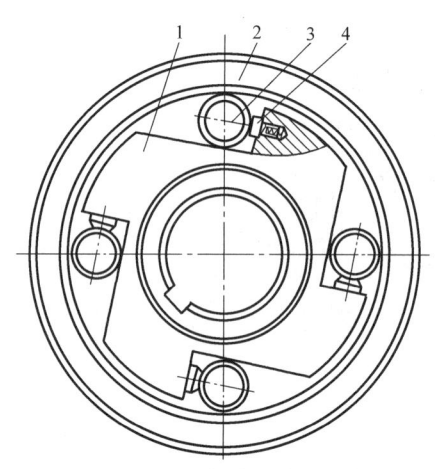

图 10-17　滚柱式定向离合器
1—星轮　2—外圈　3—滚柱　4—弹簧顶杆

5. 安全离合器

安全离合器能调整工作转矩的大小，当机器的转矩、转速或转向变化达到规定限度时，能自行脱离，适用于工作精度要求高的场合。根据工作原理，安全离合器可分为剪销式、啮合式和摩擦式三种。目前无统一标准，通常根据要求自行设计。

10.2.3 离合器的使用和维护

在使用和维护离合器时，应注意以下几个方面的内容。

① 片式摩擦离合器在运转时不应出现打滑或分离不彻底的现象。经常检查作用在摩擦片上的压力是否足够，回位弹簧是否灵活。经常检查摩擦片的磨损情况，主、从动片间的间隙，必要时进行调整或更换。

② 定期检查离合器的操纵系统是否操作灵活，工作可靠。对于有防护罩、散热片的离合器，使用前应检查防护罩、散热片是否完好。

③ 对于有润滑要求的离合器，如超越离合器，应密封严实，不得有漏油现象。在运转过程中，如有异常响声，应及时停车检查。

习　题

10-1　联轴器和离合器的功用是什么？它们有哪些主要区别？

10-2　常用的联轴器有哪些类型？它们的特点是什么？各适用于什么场合？

10-3　齿式联轴器和弹性套柱销联轴器的使用场合是否相同？

10-4　选择如图 10-18 中电动机与二级斜齿圆柱齿轮减速器之间的联轴器。已知电机功率 $P=7.5\mathrm{kW}$，转速 $n=720\mathrm{r/min}$，电机轴直径 $d_1=38\mathrm{mm}$，工作机为带式运输机。

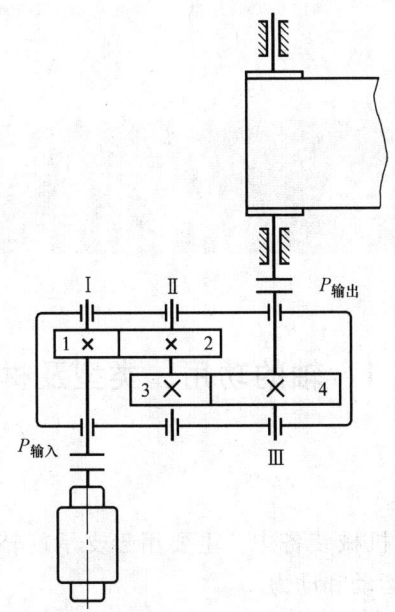

图 10-18 题 10-4 图

第11章 轴及轴毂连接

11.1 轴的功用、类型及材料

11.1.1 轴的功用和类型

轴广泛应用于各种机器和机械装备中,主要用于支承旋转零件(如齿轮、车轮、电动机转子、铣刀等),并能传递运动和动力。

按轴承受载荷情况的不同,可将轴分为以下三类。

(1)转轴 轴同时承受转矩和弯矩,如齿轮减速器输出轴(图11-1)。

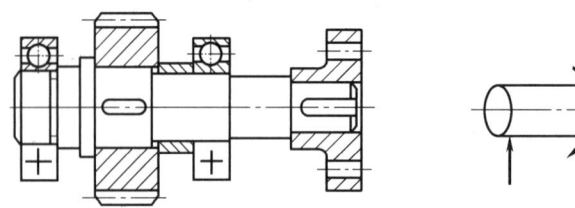

图11-1 齿轮减速器输出轴及受力简图

(2)传动轴 轴主要承受转矩,不承受弯矩或弯矩很小,如汽车传动轴(图11-2)。

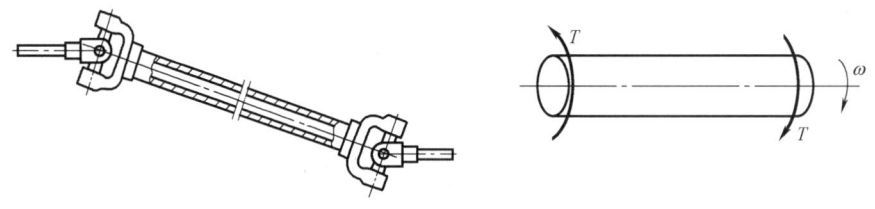

图11-2 汽车传动轴及受力简图

(3)心轴 轴只承受弯矩不承受转矩。心轴又可分为转动心轴和固定心轴。转动心轴承受变应力,如铁路机车轮轴(图11-3),固定心轴承受静应力,如自行车前轮轴(图11-4)。

按轴的轴线形状不同,可将轴分为直轴、曲轴和钢丝软轴。直轴常用于一般机械中,如图11-1所示的齿轮减速器输出轴;曲轴(图11-5)常用于往复式机械中,如曲柄压力机、内燃机等,以实现运动方式的转换;钢丝软轴(图11-6)常用于受连续振动的场合,可将

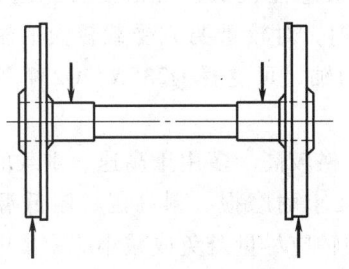
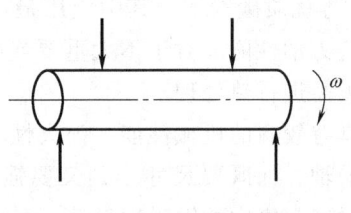

图 11-3　铁轮机车轮轴及受力简图

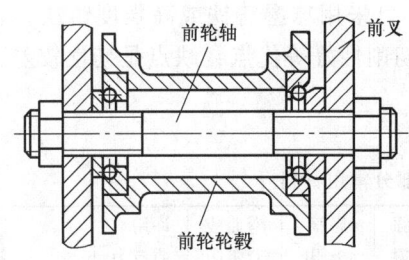
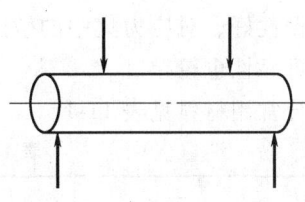

图 11-4　自行车前轮轴及受力简图

旋转运动和转矩传递到所需要的任何位置，但结构刚度较低，常用于建筑机械中，如混凝土震动器等。

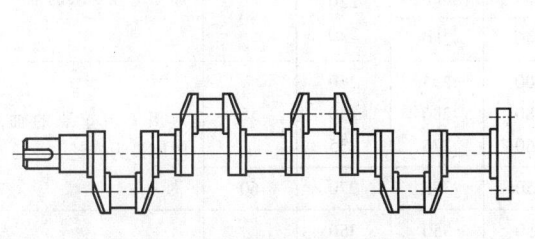

图 11-5　曲轴

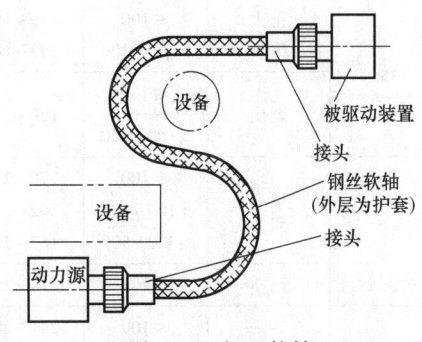

图 11-6　钢丝软轴

按轴的结构形状不同，可将轴分为光轴（图 11-2）、阶梯轴（图 11-1）、实心轴、空心轴等。光轴的直径不变，常用于农业机械和纺织机械中。阶梯轴的各段直径不同，可用于一般机械。为满足使用上的需要（如需要输送润滑油或在轴内放置其他零件），或者需要减轻重量，可采用空心。

本章只研究实心阶梯轴。

11.1.2　轴的材料

应根据轴的功用和受载情况选择轴的材料。所选择的材料应具有足够的强度、刚度、耐磨性、韧性、耐腐蚀性、较小的应力集中敏感性、良好的加工性和经济性。

轴的材料常采用碳素钢或合金钢。钢轴毛坯常用锻件或轧制圆钢。

优质碳素钢有较好的机械性能，对应力集中的敏感性较低，价格便宜。例如30、35、40、45和50等优质碳素钢，其中应用最广的是45钢。对较重要或受载较大的轴，可通过热处理以改善力学性能。对于不太重要或受力较小的轴，可选择Q235A、Q237等普通碳素结构钢，其无需进行热处理。

合金钢具有较高的机械性能，淬火性较好，但价格较高。多用于高速、重载的重要轴或有特殊要求的轴，如既要尺寸小，又要强度高，且要求耐磨损、耐高温、耐低温和耐腐蚀等。合金钢对应力集中的敏感性较高，采用合金钢的轴应尽量避免或减小应力集中。在一般工作温度下（200°C），一般碳素钢和合金钢的弹性模量相差不多，用合金钢代替碳素钢来提高轴的刚度效果甚微。

对于形状复杂的轴（如凸轮轴、曲轴等），可采用球墨铸铁或高强度铸铁。它们具有价格低廉、吸振性好、对应力集中的敏感性低和切削性好等优点，缺点是韧性较差，不易控制轴的品质，可靠性也较差。

轴的部分常用材料见表11-1。

表11-1 轴的部分常用材料

材料牌号	热处理	毛坯直径 d/mm	硬度（HBW）	抗拉强度极限 σ_b	屈服极限 σ_s	弯曲疲劳极限 σ_{-1}	许用弯曲应力 $[\sigma_{-1}]$	应用说明
				σ/MPa				
Q235A	热轧或锻后空冷	≤100		400~420	225	170	40	用于不重要或受载荷不大的轴
		>100~250		375~390	215			
35	正火回火	≤100	149~187	520	270	210	45	用于有一定强度和加工塑性要求的轴
		>100~300	143~187	500	260	205		
	调质	≤100	156~207	560	300	230	50	
		>100~300		540	280	220		
45	正火回火	≤100	170~217	600	295	260	55	用于较重要的轴，应用最为广泛
		>100~300	162~217	580	286	240		
		>300~500	162~217	560	275	235		
	调质	≤200	217~255	650	355	270	60	
40Cr	调质	≤100	241~286	750	550	350	70	用于载荷较大，而无很大冲击的重要轴
		>100~300	229~269	700	500	320		
		>300~500	229~269	650	450	295		
35SiMn（42SiMn）	调质	≤100	229~286	800	520	355	70	性能接近于40Cr，用于中、小型轴
		>100~300	219~269	750	450	320		
		>300~400	217~255	700	400	295		
40MnB	调质	≤200	241~286	750	500	335	70	性能接近于40Cr，用于重要的轴
35CrMo	调质	≤100	207~269	750	550	350	70	用于重载荷的轴
		>100~300		700	500	320		
		>300~500		650	450	295		
20Cr	渗碳淬火回火	≤60	表面56~62 HRC	650	400	280	60	用于要求强度、韧性及耐磨性均较好的轴，如齿轮轴、蜗杆轴

(续)

材料牌号	热处理	毛坯直径 d/mm	硬度（HBW）	抗拉强度极限 σ_b	屈服极限 σ_s	弯曲疲劳极限 σ_{-1}	许用弯曲应力 $[\sigma_{-1}]$	应用说明
				\multicolumn{4}{c}{σ/MPa}	
1Cr18Ni9Ti	淬火	≤60 >60~100 >100~200	≤192	550 540 500	220 200 200	205 195 185	45	用于高、低温及腐蚀条件下工作的轴
QT400-15			156~197	400	300	145		用于制造结构形状复杂的轴
QT500-7			187~255	500	380	180		

11.2 轴的结构设计

轴的结构设计就是确定轴的形状和尺寸。在对轴进行结构设计时，需要考虑轴的工作要求，包括轴上零件的类型、尺寸、布置和固定方式等，同时也应考虑轴的毛坯、制造和装配工艺、安装和运输等因素的影响。

对轴的结构形状和尺寸大小的基本要求是：
① 轴和轴上零件要有准确的工作位置。
② 轴上各零件应有可靠的相对固定。
③ 轴的结构应便于轴上零件的装拆。
④ 轴应具有良好的制造和装配工艺性。
⑤ 轴的结构应使应力集中小、受力合理，以提高轴的强度。
⑥ 各轴段的直径和长度尺寸要合理。

下面以二级圆柱齿轮减速器的输出轴为例，具体说明这些问题。

减速器简图如图11-7所示。滚动轴承内侧距箱体内壁的距离为 s；齿轮距箱体内壁的距离为 a；两齿轮之间的距离为 c；联轴器与轴承端盖的距离为 l。

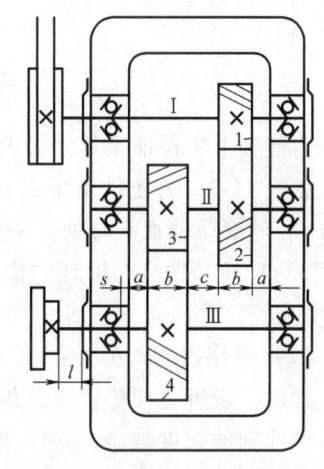

图11-7 二级圆柱齿轮减速器的简图
$s=5$~15mm　$a≥10$mm　$c=5$~20mm
l 根据轴承端盖和联轴器的装拆要求定出

11.2.1 轴上零件的装配方案

输出轴的两种装配方案如图11-8所示。

11.2.2 轴上零件的定位和固定

轴与轴上零件应有准确的工作位置，这一要求通常是由轴上的定位结构来保证。而且轴上零件在受载时不能相对于轴发生沿轴向或周向的相对运动，这就需要对轴上零件的工作位置进行固定，即需要对轴上零件进行轴向和周向固定。

1. 轴上零件轴向定位和固定

（1）轴肩及轴环　轴肩和轴环都是相邻两轴段因直径变化而形成的结构，如图11-9所

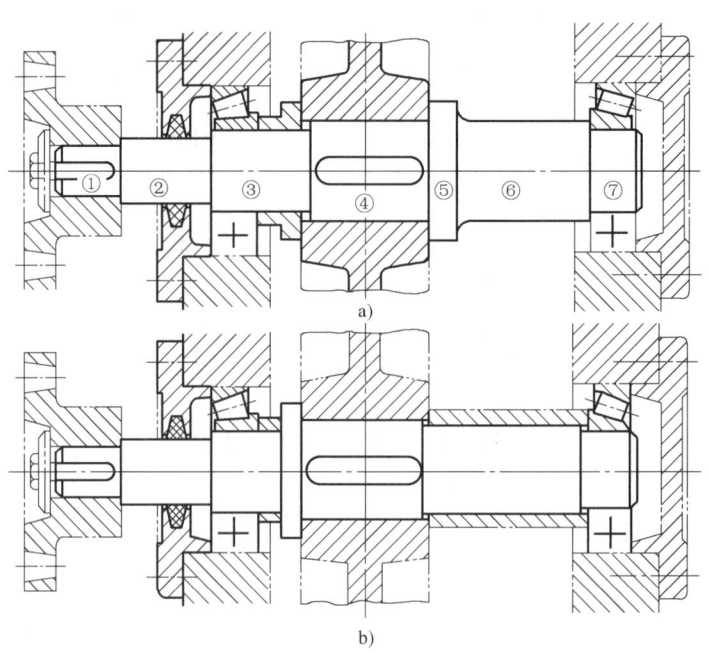

图 11-8 输出轴的两种装配方案

示。为使轴上零件能紧靠定位面，应要求 $r<C$ 或 $r<R$，r 取值见表 11-2。若为非定位轴肩，r 取值见表 11-3。为使轴上零件定位可靠，定位轴肩高度 $h>R$（或 C），通常取 $h=(0.07\sim 0.1)d$。与滚动轴承配合处（轴颈）r、h 值，可查轴承标准。采用轴环可减轻轴的重量，其宽度 $b\approx 1.4h$。轴肩和轴环结构简单，固定可靠，能承受较大轴向力，广泛应用于各种轴上零件的固定。

（2）弹性挡圈　弹性挡圈大多与轴肩联合使用，如图 11-10 所示。弹性挡圈有结构简单、紧凑、装拆方便等优点，缺点是只能承受较小的轴向力，可靠性较差，因需要在轴上开环形槽使轴的强度减小。多用于固定滚动轴承。

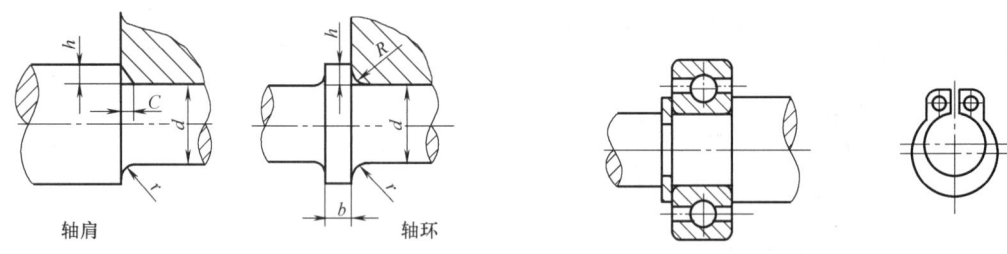

图 11-9 轴肩和轴环　　　　　图 11-10 弹性挡圈

表 11-2　轴肩配合表面过渡圆角半径 r 和零件倒角尺寸 c（摘自 GB/T 6403.4—2008）

（单位：mm）

轴的直径	>10~18	>18~30	>30~50	>50~80	>80~120
r、c	0.8	1.0	1.6	2.0	2.5

表 11-3 轴肩自由表面过渡圆角半径 r　　　　　　　　（单位：mm）

D-d	2	5	8	10	15	20	25	30	35	40
r	1	2	3	4	5	8	10	12	12	16
D-d	50	55	65	75	90	100	130	140	170	180
r	16	20	20	25	25	30	30	40	40	50

注：当尺寸（D-d）是表中两邻数值的中值时，应按较小尺寸选取 r，例：D-d=98，则按 90 选 r=25。

（3）套筒 如图 11-11 所示，套筒结构简单，固定可靠，可以承受较大的轴向力。因不需要在轴上开槽、钻孔和切制螺纹，故不影响轴的强度。为避免增加套筒的质量和材料，一般用于零件间距较小的场合，因套筒和轴的配合较松，不宜用于转速较高的场合。

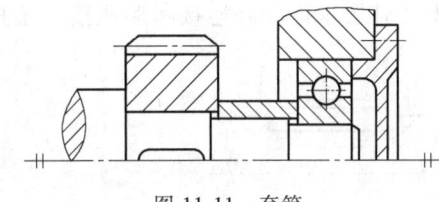

图 11-11 套筒

（4）圆螺母 如图 11-12 所示，圆螺母固定可靠、装拆方便，即可承受较大的轴向力，又可承受剧烈振动和冲击载荷，其结构尺寸见 GB/T 810—1988、GB/T 812—1988。因螺纹引起应力集中，削弱了轴的疲劳强度，因此一般采用细牙螺纹或固定，常用于固定轴端零件。若零件间距较大，也可用圆螺母代替套筒以减小结构重量，使用时应采用双圆螺母或止动垫圈，以防松脱。止动垫圈结构尺寸见 GB/T 858—1988。

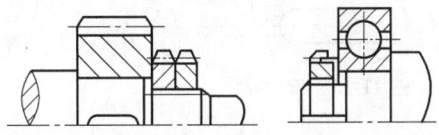

图 11-12 圆螺母和止动垫圈

（5）紧定螺钉和锁紧挡圈 如图 11-13 所示，其结构简单，可调节零件位置，但不能承受大的轴向力，加上锁紧挡圈可防止螺钉松动。适用于低载、低速或防止偶然轴向窜动的场合，兼有轴向固定作用。常用于光轴上零件的固定。紧定螺钉结构尺寸见 GB/T 71—1985，锁紧挡圈结构尺寸见 GB/T 884—1986。

（6）轴端挡圈与圆锥面 如图 11-14 所示，圆锥面能消除轴与轮毂间的径向间隙，装拆方便，可兼做周向固定。适用于承受冲击载荷和同轴度要求较高的轴端零件，通常与轴端挡圈联合适用，能实现双向轴向固定。为防止挡圈转动，可用止动垫片等防松措施。圆锥形轴伸尺寸见 GB/T 1570—2005，轴端挡圈结构尺寸见 GB/T 891—1986、GB/T 892—1986。

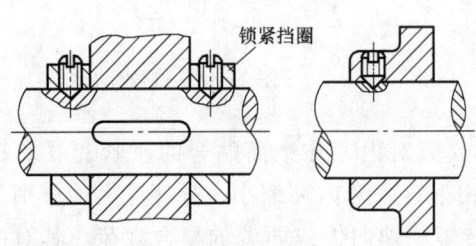

图 11-13 紧定螺钉和锁紧挡圈

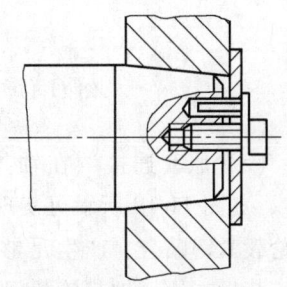

图 11-14 轴端挡圈和圆锥面

2. 轴上零件周向定位和固定

(1) 键联接　键（图11-15）结构简单、装拆方便工作可靠，能传递较大转矩，应用最为广泛，大多已标准化，具体见11.4节。

(2) 花键联接　由具有多个均匀分布键齿的花键轴（图11-16）和具有相应键槽的轮毂组成。花键联接因多齿工作，故承载能力高，且键槽较浅，齿根处应力集中较小，轴与轮毂强度的削弱小。花键按齿形不同，可分为矩形花键和渐开线花键，矩形花键的结构尺寸见GB/T 1144—2001，渐开线花键的结构尺寸见 GB/T 3478.1—2008。花键联接常用于载荷大和对中性要求高的静连接和动连接，尤其是零件在轴上滑移的重要连接场合。

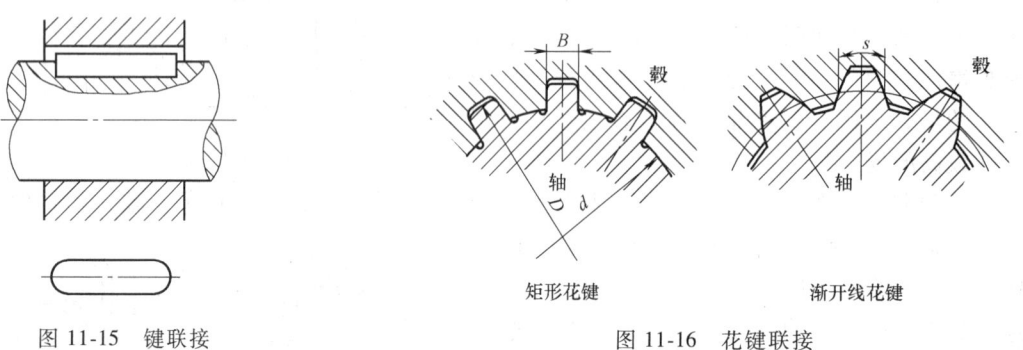

图11-15　键联接　　　　　　　图11-16　花键联接

(3) 销联接　销既可用来固定零件的相对位置（图11-17a），又可用于轴毂间周向连接（图11-17b），还可充当过载剪断元件。因销孔对轴的削弱较大，故多用于固定受力不大或不重要、但需要轴向固定零件的场合。圆锥销的结构尺寸见 GB/T 117—2000。

(4) 过盈连接　利用轴与毂孔间的过盈配合（图11-18）而实现的连接，能同时实现周向与周向固定。其结构简单，对中性好，对轴的削弱小，但装配时配合面易擦伤，配合边缘产生应力集中，且装拆困难。常用于载荷较大或有冲击的场合。

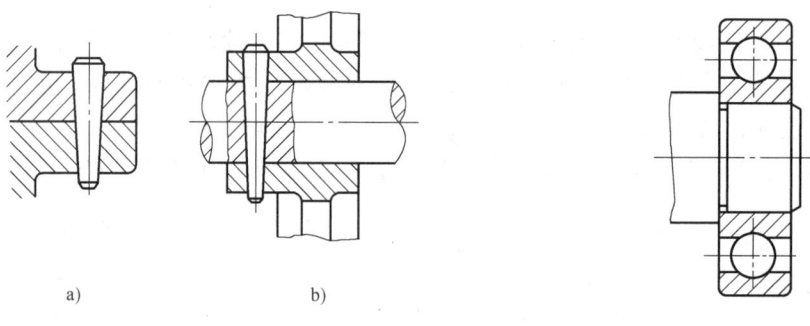

图11-17　销联接　　　　　　　图11-18　过盈配合

(5) 胀套连接　在轴与轮毂孔间放置一对或数对内、外锥面贴合的胀紧套（简称胀套），如图11-19所示可实现连接。在轴向力作用下，胀套内环缩小，外环胀大，分别与轴和轮毂紧密贴合，产生足够的摩擦力，以传递转矩、轴向力或两者的复合载荷。其对中性好，装拆方便，轴与轮毂间的相对位置容易调整，无应力集中，承载能力高，对轴削弱小，且有密封效果。多用于要求精度高、尺寸较大和重载的场合。

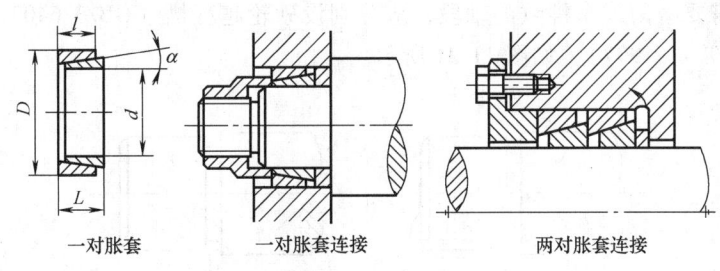

图 11-19 胀套连接

（6）成形连接　成形连接（图 11-20）是利用非圆截面的轴与形面相同的毂孔所构成的连接。其对中性好，装拆方便，承载能力高，但加工困难，故目前应用不是很普遍。

11.2.3　各轴段的直径和长度

1. 各轴段的直径

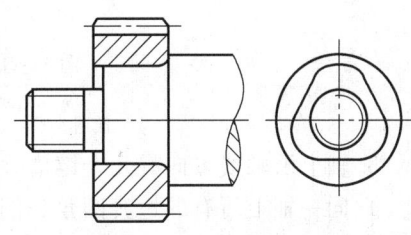

图 11-20　成形连接

由于各轴段的直径和长度都未确定，故支反力的作用点未知，无法确定轴各截面弯矩的大小情况，因此不能按轴所承受的实际载荷来确定直径。但可求得轴各截面转矩，因此可按轴所传递的转矩确定轴上受扭段的最小直径 d_{min}，可按式 11-2 初步计算，也可凭经验或类比法初步给定。然后根据轴上零件的装配方案和定位要求，从 d_{min} 处依次确定其他轴段直径。

在确定各轴段的直径时应注意：

1）图 11-8a 中①、③、⑦为装配标准件轴段，故其直径必须符合标准件的标准直径系列值。

2）图 11-8a 中④为与一般零件（齿轮）配合轴段，故其直径应与相配合的齿轮毂孔直径一致，并采用标准尺寸（GB/T 2822—2005），其他轴段可不取标准尺寸。

3）图 11-8a 中①与②、④与⑤、⑥与⑦之间的轴肩为定位轴肩，其高度应符合相应原则，其他②与③、③与④、⑤与⑥之间的非定位轴肩，其高度一般为 1~3mm。

2. 各轴段的长度

在确定各轴段的长度时应注意：

1）在保证零件所需的装配或调整空间（如图 11-7 中 l 值应根据联轴器和轴承端盖的装拆要求定出）的同时，还要使结构尽可能紧凑。

2）各轴段的长度主要根据与轴配合的各零件的轴向尺寸和各零件在箱体中的相对位置尺寸（如图 11-7 中 s、a、c、l 等确定。

3）图 11-8a 中①、④的长度为轴与传动件（联轴器、齿轮）的配合部分，为保证传动件轴向固定可靠，一般应比轮毂长度短 2~3mm。

11.2.4　轴的装配和制造工艺性

① 在满足使用要求的前提下，轴的形状应尽可能简单以便于加工。应尽可能采用阶梯轴，以便于装拆。

② 对轴上需要磨削或车螺纹的轴段，应分别设砂轮越程槽（GB/T 6403.5—2008）和螺纹退刀槽（GB/T 3—1997），如图 11-21 所示。

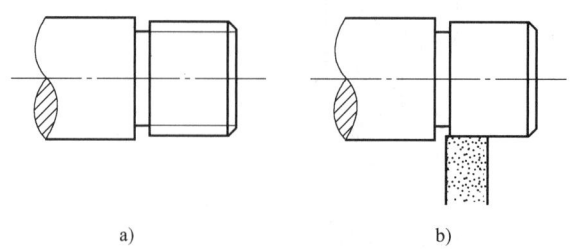

图 11-21　螺纹退刀槽和砂轮越程槽
a）螺纹退刀槽　b）砂轮越程槽

③ 轴上沿轴线方向有几个键槽时，应沿轴的同一母线布置（图 11-8a），以便于加工。

④ 同一轴上所有的过渡圆角、倒角、键槽、越程槽、退刀槽和中心孔等尺寸应尽可能分别一致，以减少刀具规格和换刀次数。

⑤ 为使轴上零件便于装拆和去除毛刺，轴端和轴肩端部应有 $c \times 45°$ 倒角，c 值见表 11-2。

⑥ 对于过盈配合轴段，其装入端常加工导向倒角（图 11-22a），尺寸见表 11-4，以便于装配。也可采用图 11-22b 的形式。

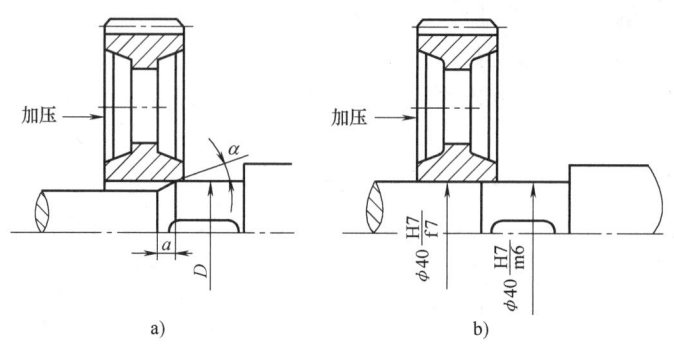

图 11-22　便于轴上零件装配的导向倒角

表 11-4　过盈配合轴段导向倒角尺寸

D	≤10	>10~18	>18~30	>30~50	>50~80	>80~120	>120~180	>180~260
a	1	1.5	2	3	5	5	8	10
α	30°				10°			

⑦ 为使轴的各轴段具有较高的同轴度和便于加工，常在轴的两端设置中心孔（GB/T 145—2001）。

11.2.5　提高轴的强度和刚度

轴的结构和轴上零件的布置，直接影响轴的受力情况，从而影响轴的强度和刚度。

1. 减少应力集中

轴大多在变应力下工作，结构设计时应尽量减少应力集中，以提高轴的疲劳强度，尤其是合金钢轴。

轴截面尺寸突变会引起应力集中，故对阶梯轴，相邻两轴段直径不宜相差太大，在截面尺寸变化处应采用较大的过渡圆角，并尽量避免在轴上（特别是应力大的部位）开孔、凹槽或切口。在重要结构中可采用凹切圆角、过渡肩环、减载槽等结构（图11-23），以减小应力集中。

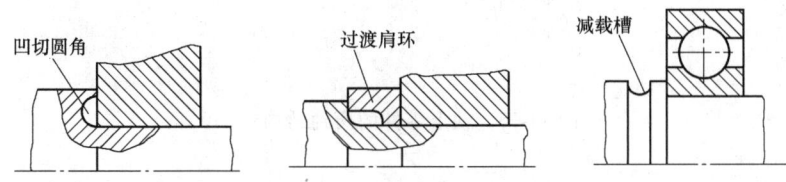

图 11-23 减小应力集中的结构

当轴与轮毂为过盈配合时，配合边缘处会产生较大的应力集中（图11-24a），可在轮毂上或轴上开卸载槽（图11-24b、图11-24c）或增大配合部分直径（图11-24d）来减小应力集中。

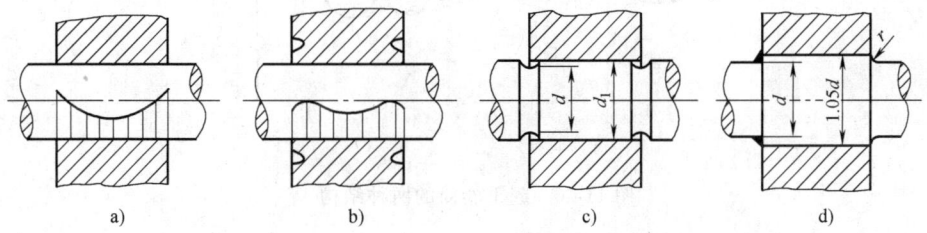

图 11-24 减小过盈配合边缘处应力集中的结构
a）过盈配合应力集中　b）轮毂上开卸载槽　c）轴上开卸载槽　d）增大配合部分直径
$d_1 = (1.06 \sim 1.08)d \quad r > (0.1 \sim 0.2)d$

2. 改进轴的表面质量

轴的表面质量对轴的疲劳强度有较大影响。降低轴的表面粗糙度，有助于改善轴的抗疲劳性能。采用碾压、碳氮共渗、氮化、高频或火焰表面淬火等表面强化方法，都可以提高轴的疲劳强度和承载能力。

3. 改善轴的受力情况

改进轴上零件的结构，可以减小轴的载荷。例如图11-25a中轮毂较长，轴的弯矩较大，可将轮毂改成图11-25b所示的结构，即可减小轴的弯矩，提高轴的强度和刚度，又能使轴孔配合良好。

又如图11-26所示的起重卷筒机构，图11-26a是大齿轮和卷筒联成一体的结构，转矩经大齿轮直接传给卷筒，使卷筒轴只受弯矩不受转矩，而图11-26b中卷筒轴既受弯矩又受转矩。当起重同样载荷 W 时，图 11-26a 结构中轴的直径可小于图 11-26b 结构中轴的直径，故图 11-26a 结构更合理。

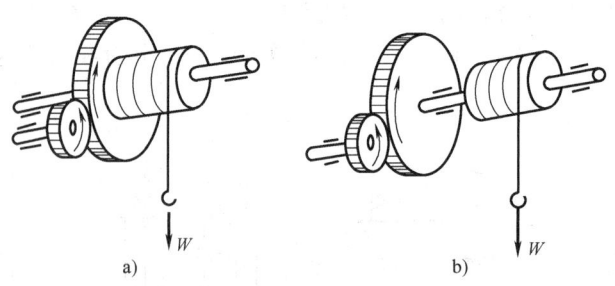

图 11-26　起重卷筒的两种结构

合理布置轴上零件，可以减小轴的载荷。例如图 11-27a 所示布置，轴所受的最大转矩等于输入转矩，为 T_1+T_2，若将输入轮布置在中间（图 11-27b），则轴所受的最大转矩减小为 T_1（$T_1>T_2$），故后者更合理。

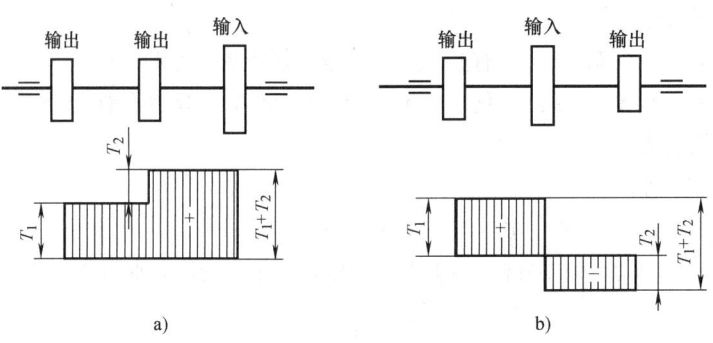

图 11-27　轴上零件的两种布置方案

11.3 轴的计算

11.3.1 轴的强度计算

1. 抗扭强度计算

这种计算方法主要应用于主要承受转矩或仅承受转矩作用的传动轴,也可以初步估算同时承受弯矩和转矩作用的转轴的直径,以此为基础确定轴的结构。

实心轴的抗扭强度条件为

$$\tau_T = \frac{T}{W_n} \approx \frac{9.55 \times 10^6}{0.2 d^3} \frac{P}{n} \leqslant [\tau_T] \tag{11-1}$$

式中,τ_T 为轴的扭转切应力(MPa);T 为轴传递的转矩(N·mm);W_n 为轴的抗扭截面系数(mm³);P 为轴转递的功率(kW);n 为轴的转速(r/min);d 为轴的直径(mm);$[\tau_T]$ 为许用扭转切应力(MPa)。

由上式可得轴的直径

$$d \geqslant \sqrt[3]{\frac{9.55 \times 10^6 P}{0.2 [\tau_T] n}} = A \sqrt[3]{\frac{P}{n}} \tag{11-2}$$

式中,$A = \sqrt[3]{9.55 \times 10^6 / (0.2 [\tau_T])}$。几种常用轴材料的 $[\tau_T]$、A 值见表 11-5。

表 11-5 轴的几种常用材料的 $[\tau_T]$、A 值

轴的材料	Q235A,20	35,1Cr18Ni9Ti	45	40Cr,35SiMn,40MnB
$[\tau_T]$/MPa	15~25	20~35	25~45	35~55
A	149~126	135~112	126~103	112~97

注:1. 表中 $[\tau_T]$ 值是考虑了弯矩影响而降低了的许用扭转切应力。
 2. 在下述情况时,$[\tau_T]$ 取较大值,A 取较小值:当弯矩较小或只受转矩作用、载荷较平稳、无轴向载荷或只有较小的轴向载荷、减速器的低速轴、轴只做单向旋转;反之,$[\tau_T]$ 取较小值,A 取较大值。

若轴上开有键槽,考虑键槽对轴强度的削弱,应适当增大轴径的计算值(表 11-6)。

表 11-6 轴上有键槽时轴径的增大值

轴的直径 d/mm	<30	30~100	>100
有一个键槽时的增大值/%	7	5	3
有两个相隔180°键槽时的增大值/%	15	10	7

2. 弯扭合成强度计算

对于同时承受弯矩和转矩作用的转轴,当轴的支点位置和轴上的载荷大小、方向和作用点确定后,就可求出轴的支承反力,画出弯矩图和转矩图,从而按弯矩合成进行强度校核或按弯矩合成强度计算、设计轴的直径。

在计算时,首先要画计算简图,一般将轴的支承视作铰链支座,支承反力的作用点可根据轴承的类型和布置方式按图 11-28 确定,图中 11-28a 的数值可查滚动轴承标准。轴上传动件传至轴的载荷可简化为集中力,传动件轮缘宽度的重点作为集中力的作用点(图 11-29)。轴上转矩则从传动件轮毂宽度的中点算起。

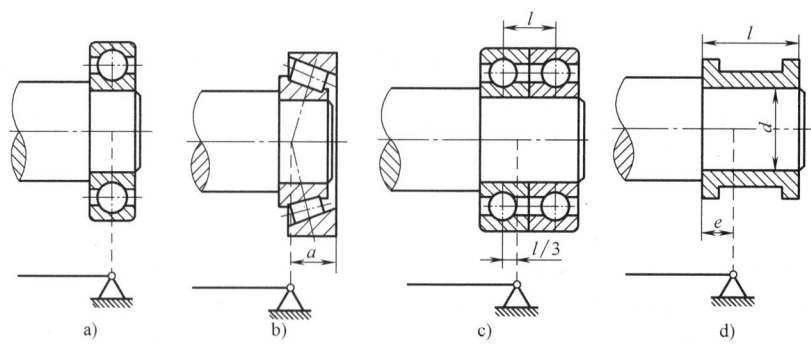

图 11-28 轴上支承点的位置

a) 向心轴承 b) 向心推力轴承 c) 并列向心轴承 d) 滑动轴承

当 $l/d \leqslant 1$ 时，$e=0.5l$；当 $l/d>1$ 时，$e=0.5d$，但 $e \geqslant 0.25l$。对调心轴承：$e=0.5l$

实心轴的弯扭合成强度条件为

$$\sigma_d = \frac{M_d}{W_z} = \frac{\sqrt{M^2+(\alpha T)^2}}{0.1d^3} \leqslant [\sigma_{-1}] \quad (11\text{-}3)$$

式中，σ_d 为轴的当量弯曲应力（MPa）；M_d 为轴在计算截面上的当量弯矩，$M_d = \sqrt{M^2+(\alpha T)^2}$（MPa）；$M$ 为轴在计算截面上合成弯矩（MPa），$M = \sqrt{M_H^2 + M_V^2}$，M_H 为水平面的弯矩，M_V 为垂直面的弯矩；α 为求当量弯矩 M_d 时引入的校正系数，其取值按下面情况决定：转矩不变时，$\alpha \approx 0.3$；转矩脉动循环时，$\alpha \approx 0.6$；转矩对称循环时，$\alpha \approx 1$；W_z 为轴的抗弯截面系数（mm^3），对于直径为 d 的实心圆轴，$W_z \approx 0.1d^3$；$[\sigma_{-1}]$ 为轴的许用弯曲应力（MPa），见表 11-1。

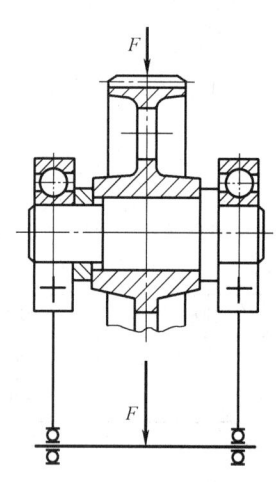

图 11-29 轴上载荷的简化

由上式可得轴的直径

$$d \geqslant \sqrt[3]{\frac{10\sqrt{M^2+(\alpha T)^2}}{[\sigma_{-1}]}} \quad (11\text{-}4)$$

当计算只承受弯矩的心轴时，可利用公式（11-4），但此时 $T=0$。

对于一般用途的轴，按上述方法计算已足够准确。对于受重载或重要的轴，还需用安全系数法作进一步的强度校核。其计算方法可参阅相关文献。

3. 轴的强度计算实例

对于一般轴的强度计算顺序如下：

① 作出轴的计算简图（图 11-30a）。

② 分别作出水平面内和垂直面内的受力图，并求出这两个平面内的支反力（图 11-30b）。

③ 分别作出水平面内的弯矩（M_H）图与垂直面内的弯矩（M_V）图（图 11-30c）。

④ 计算合成弯矩 M，作出合成弯矩图（图 11-30d）。

⑤ 作出转矩（T）图（图 11-30e）。

⑥ 计算当量弯矩 M_d，作出当量弯矩图（图 11-30f）。
⑦ 用式（11-3）校核轴危险截面的强度。

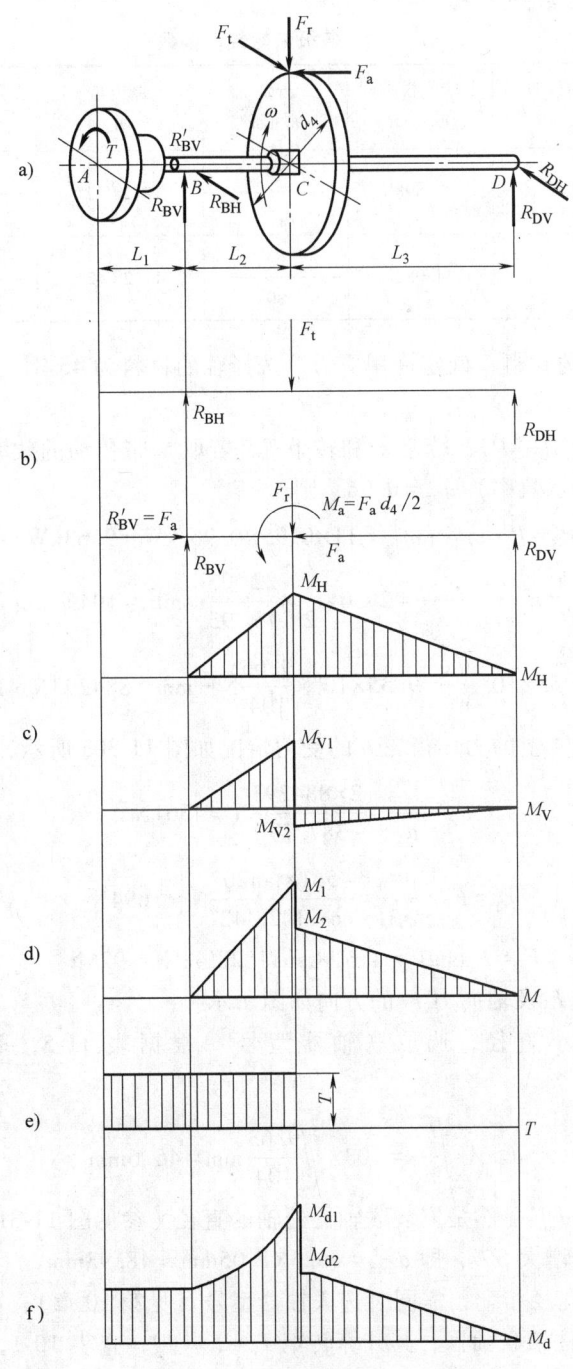

图 11-30 轴的受力及弯矩、扭矩图

【例 11-1】 某输送装置运转平稳，工作转矩变化很小，试确定其减速装置中二级圆柱齿轮减速器输出轴的结构尺寸（图 11-7），并分析其工作能力。电动机与减速器输入轴间用普通 V 带传动，减速器输出轴通过联轴器与工作机相联，输出轴为单向旋转（从装有半联轴器的一端看为顺时针转）。已知电动机功率 $P=15\text{kW}$，转速 $n=2930\text{r/min}$，V 带传动比 $i_{带}=2$。各级齿轮传动参数列见表 11-7。

表 11-7 各级齿轮传动参数

齿轮序号	齿数 z	法向模数 m_n/mm	端面模数 m_t/mm	齿宽 b/mm	螺旋角 β	齿向	分度圆直径 d/mm
1	22	3.5	3.598	80	13°24′12″	右旋	79.16
2	75			75		左旋	269.85
3	23	4	4.082	85	11°28′42″	左旋	93.87
4	95			80		右旋	387.79

解 （1）选择轴的材料，确定许用应力 选择轴的材料为 45 钢，正火处理，由表 11-1 查得 $[\sigma_{-1}]=55\text{MPa}$。

（2）求输出轴上的功率 P_3、转速 n_3 和转矩 T_3 若取 V 带传动的效率 $\eta_{带}=0.95$；每对齿轮传动的效率（包括轴承效率）$\eta_{齿}=0.96$，则

$$P_3 = P \cdot \eta_{带} \cdot \eta_{齿}^2 = 11 \times 0.95 \times 0.96^2 \text{kW} = 9.63\text{kW}$$

$$n_3 = n \cdot \frac{1}{i_{带} \cdot i_{齿}} = 2930 \times \frac{1}{2} \times \frac{22}{75} \times \frac{23}{95} \text{r/min} = 104\text{r/min}$$

$$T_3 = 9.55 \times 10^6 \frac{P_3}{n_3} = 9.55 \times 10^6 \times \frac{9.63}{104} \text{N}\cdot\text{mm} = 884293 \text{N}\cdot\text{mm}$$

（3）求作用在齿轮 4 上的力 齿轮 4 的受力情况如图 11-30a 所示，则

$$F_t = \frac{2T_3}{d_4} = \frac{2 \times 884293}{387.79} \text{N} \approx 4561\text{N}$$

$$F_r = F_t \frac{\tan\alpha_n}{\cos\beta_4} = \frac{4561 \times \tan 20°}{\cos 11°28′42″} \text{N} \approx 1694\text{N}$$

$$F_a = F_t \tan\beta_4 = 4561 \times \tan 11°28′42″ \text{N} \approx 926\text{N}$$

圆周力 F_t、径向力 F_r 及轴向力 F_a 的方向如图所示。

（4）估算轴的最小直径，选取联轴器型号 根据表 11-5，取 $A=103$，并由式（11-2）得

$$d \geqslant A\sqrt[3]{\frac{P_3}{n_3}} = 103 \times \sqrt[3]{\frac{9.63}{104}} \text{mm} = 46.6\text{mm}$$

输出轴的最小直径 $d_{\min}$ 显然是安装联轴器处轴的直径（参见图 11-31）。考虑轴上有一键槽，依据表 11-6 将轴径增大 5%，即 $d_{\min}=46.6 \times 1.05\text{mm} \approx 48.93\text{mm}$

为使 $d_{\min}$ 与联轴器孔径相配，需同时选联轴器型号（见第 10 章），考虑补偿两轴间可能的相对偏移，选择弹性柱销联轴器，其计算转矩 $T_c = K \cdot T_3$，查表 10-1，考虑工作转矩变化很小，故取 $K=1.4$，则

$$T_c = K \cdot T_3 = 1.4 \times 884293 = 1238010 \text{N}\cdot\text{mm}$$

按照计算转矩 T_c 应小于联轴器的公称转矩 T_n 的条件，查标准 GB/T 5014—2003，选用 LX4 型弹性柱销联轴器，其公称转矩 $T_n=2500000\text{N}\cdot\text{mm}$，半联轴器的孔径选取 50mm，半

联轴器的长度为 112mm，与轴配合的毂孔长度为 84mm。故取输出轴的最小直径 $d_{min} = 50$mm。

（5）确定轴的结构

① 拟定轴上零件的装配方案。本题的装配方案，已在前面分析比较，现选用图 11-8a 所示的装配方案，轴的结构及装配如图 11-31 所示。

② 根据轴向定位要求确定各轴段的直径和长度。具体步骤见表 11-8。

表 11-8 确定各轴段的直径和长度的步骤

轴段	结构尺寸	依据	结果
联轴器处 （图中①处）	直径 d_1	与所选联轴器毂孔径一致	$d_1 = 50$mm
	长度 l_1	为保证轴端挡圈只压在半联轴器上而不压在轴的端面上，l_1 应比所选联轴器毂孔长度短 2~3mm	$l_1 = 82$mm
左端 轴承端盖处 （图中②处）	直径 d_2	联轴器右端采用轴肩定位，按 $d_1 = 50$mm，轴肩高度 $h = (0.07 \sim 0.1)d_1 = 3.5 \sim 5$mm，取 $h = 5$mm，则 $d_2 = d_1 + 2 \times 5 = 50 + 2 \times 5$	$d_2 = 60$mm
	长度 l_2	由减速器及轴承端盖的结构确定轴承端盖的总宽度为 20mm，为便于轴承端盖的装拆及对轴承添加润滑脂，取端盖的外端面与半联轴器右端面的距离为 30mm，故 $l_2 = 20 + 30$	$l_2 = 50$mm
左端轴承处 （图中③处）	直径 d_3	d_3 应与所选轴承内径一致。因轴承同时承受径向力和轴向力，故选用单列圆锥滚子轴承（参见第 9 章），为便于左端轴承从左端装拆，轴承内径应稍大于 d_2，并符合滚动轴承标准（GB/T 297—2015），初定轴承型号为 30313，其尺寸 $d \times D \times T = 65 \times 140 \times 36$，即 $d_3 = d = 65$mm	$d_3 = 65$mm
	长度 l_3	取齿轮左端距箱体内壁之距离 $a = 16$mm；考虑箱体铸造误差，取滚动轴承与箱体内壁的距离 $s = 8$mm；为使齿轮定位可靠，齿轮毂孔宽度比与其配合的轴段长度大 2mm；已知滚动轴承宽 $T = 36$mm，故 $l_3 = T + s + a + 2 = 36 + 8 + 16 + 2$	$l_3 = 62$mm
右端轴承处 （图中⑦处）	直径 d_7	两端轴承相同，$d_7 = d_3 = 65$mm	$d_7 = 65$mm
	长度 l_7	取轴承宽度，即 $l_7 = T$	$l_7 = 36$mm
齿轮处 （图中④处）	直径 d_4	考虑齿轮从左端装入，齿轮孔径应稍大于轴承处轴段直径 d_3，并取标准系列值（GB/T 2822—2005）	$d_4 = 70$mm
	长度 l_4	根据轴段长度比齿轮轮毂宽度小 2~3mm，而齿轮轮毂宽 $b = 80$mm，故取 $l_4 = 80 - 2$	$l_4 = 78$mm
轴环处 （图中⑤处）	直径 d_5	齿轮右端采用轴环定位，按 $d_4 = 70$mm，轴环处轴肩高度 $h = (0.07 \sim 0.1)d_4 = (4.9 \sim 7)$mm，取 $h = 6$mm，则 $d_5 = d_4 + 2 \times 6 = 70 + 2 \times 6$	$d_5 = 82$mm
	长度 l_5	由轴环宽度 $b \approx 1.4h = 1.4 \times 6 = 8.4$mm，取 $b = 10$mm $= l_5$	$l_5 = 10$mm
右端轴承 至轴环处 （图中⑥处）	直径 d_6	右端轴承采用轴肩定位，由滚动轴承标准查得 30313 型轴承的定位轴肩处直径 $d_6 = 77$mm	$d_6 = 77$mm
	长度 l_6	取右端轴承距箱体内壁的距离 $s = 8$mm；高速级大齿轮宽度 $b = 75$mm，并取其距箱体内壁的距离 $a = 16$mm，距低速级大齿轮右端的距离 $c = 10$mm，故 $l_6 = s + a + b + c - l_5 = 8 + 16 + 75 + 10 - 10$	$l_6 = 99$mm

③ 轴上零部件的周向定位与固定。齿轮、半联轴器与轴的周向固定均采用 A 型普通平键连接。齿轮处采用"GB/T 1096 键 20×12×70"。为保证齿轮与轴配合有良好的对中性,选择齿轮轮毂与轴的配合为 H7/m6。联轴器处采用"GB/T 1096 键 14×9×70",半联轴器与轴的配合为 H7/k6。

滚动轴承与轴的周向固定是借过渡配合来保证的,此处滚动轴承内圈与轴的配合采用基孔制,轴的直径尺寸公差为 m6。

上述轴与齿轮、联轴器、滚动轴承配合种类的选用参阅有关资料。

④ 确定轴上过渡圆角和倒角尺寸。依据表 11-2、表 11-3 以及轴承标准,并考虑各处过渡圆角或倒角尺寸尽量一致,确定该轴上各处过渡圆角半径如图 11-31 所示;轴端倒角为 C2。

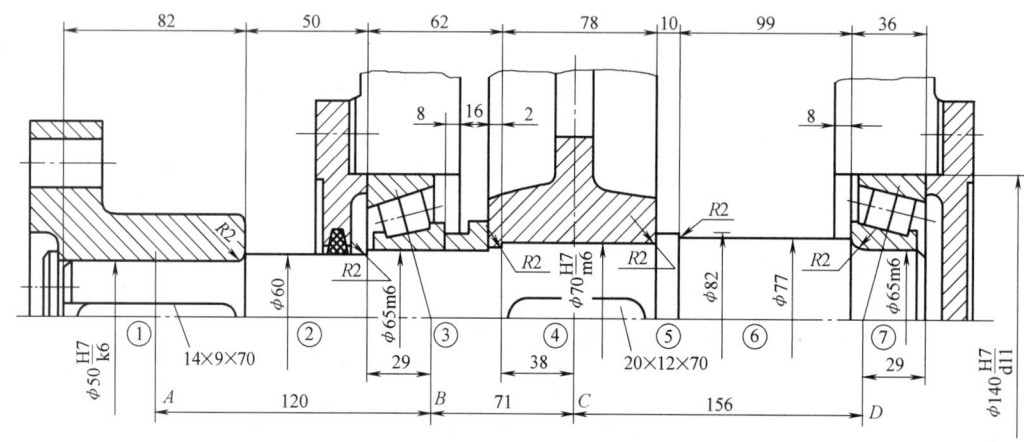

图 11-31 减速器输出轴的结构草图

(6) 求轴上载荷

① 定跨距。在确定轴承支点位置时,应从轴承标准中查取 a 值(参看图 11-28),对于 30313 型圆锥滚子轴承,查得 a=29mm。因此,作为简支梁的轴,其支承跨距 $L_2+L_3=[(62+38-29)+(40+10+99+36-29)]$mm=(71+156)mm=227mm($L_2$、$L_3$ 见图 11-30a)。

② 作轴的计算简图并求轴的支反力。根据轴的结构(图 11-31),作出轴的计算简图(图 11-30a)。

水平面的支反力(图 11-30b)

$$R_{BH}=\frac{F_t \times L_3}{L_2+L_3}=\frac{4561 \times 156}{227}\text{N}=3134\text{N}$$

$$R_{DH}=F_t-R_{BH}=(4561-3134)\text{N}=1427\text{N}$$

垂直面的支反力(图 11-30b)

$$R_{BV}=\frac{F_a \cdot d_4/2+F_r \cdot L_3}{L_2+L_3}=\frac{926 \times 387.79/2+1694 \times 156}{227}\text{N}=1955\text{N}$$

$$R_{DV} = F_r - R_{BV} = (1694-1955)\text{N} = -261\text{N}$$

③ 作弯矩图及转矩图。

水平面弯矩图如图 11-30c 所示。

$$M_H = R_{BH} \times L_2 = 3134 \times 71 \text{N} \cdot \text{m} = 222514 \text{N} \cdot \text{mm}$$

垂直面弯矩图如图 11-30c 所示。

$$M_{V1} = R_{BV} \times L_2 = 1955 \times 71 \text{N} \cdot \text{m} = 138805 \text{N} \cdot \text{mm}$$

$$M_{V2} = R_{DV} \times L_3 = -261 \times 156 \text{N} \cdot \text{m} = -40716 \text{N} \cdot \text{mm}$$

合成弯矩图如图 11-30d 所示。

$$M_1 = \sqrt{M_{V1}^2 + M_H^2} = \sqrt{138805^2 + 222514^2} \text{N} \cdot \text{mm} = 262258 \text{N} \cdot \text{mm}$$

$$M_2 = \sqrt{M_{V2}^2 + M_H^2} = \sqrt{40716^2 + 222514^2} \text{N} \cdot \text{mm} = 226209 \text{N} \cdot \text{mm}$$

转矩图如图 11-30e 所示。

$$T = 884293 \text{N} \cdot \text{mm}$$

当量弯矩图如图 11-30f 所示。

$$M_{d1} = \sqrt{M_1^2 + (\alpha T)^2} = \sqrt{262258^2 + (0.6 \times 884293)^2} \text{N} \cdot \text{mm} = 591853 \text{N} \cdot \text{mm}$$

$$M_{d2} = M_2 = 226209 \text{N} \cdot \text{mm}$$

(7) 按弯扭合成应力校核轴的强度 由轴的结构简图及当量弯矩图可知截面 C 处当量弯矩最大，是轴的危险截面。进行校核时，通常只校核轴上承受最大当量弯矩的截面的强度，则由式 (11-3) 可得

$$\sigma_d = \frac{M_{d1}}{W_z} = \frac{591853}{0.1 \times 71^3} \text{MPa} \approx 16.54 \text{MPa}$$

前面已查得 $[\sigma_{-1}] = 55 \text{MPa}$。因此 $\sigma_d < [\sigma_{-1}]$，故安全。

(8) 绘制轴的工作图（略）。

11.3.2 轴的刚度简介

轴在载荷作用下的扭转和弯曲变形量如果超过了一定的限度，就会影响轴上零件正常工作。因此，对于某些有刚度要求的轴，还需进行刚度校核计算。

轴的刚度包括弯曲刚度和扭转刚度。弯曲刚度以挠度 y 或偏转角 θ 度量。扭转刚度以扭转角 ψ 来度量。轴的刚度计算就是要求轴的挠度 y、偏转角 θ 和扭转角 ψ 在允许的范围内，即

$$y \leqslant [y] \qquad \theta \leqslant [\theta] \qquad \psi \leqslant [\psi] \tag{11-5}$$

式中，挠度 y、偏转角 θ 和扭转角 ψ 的计算公式可查阅相关文献。$[y]$、$[\theta]$、$[\psi]$ 分别为许用挠度、许用偏转角和许用扭转角，见表 11-9。

表 11-9 轴的许用挠度 [y]、许用偏转角 [θ] 和许用扭转角 [ψ]

变形种类	适用场合	许用值	变形种类	适用场合	许用值
[y] /mm	一般用途的轴	$(0.0003 \sim 0.0005)L$	[θ] /rad	滑动轴承	≤0.001
	刚度要求较高的轴	≤$0.0002L$		深沟球轴承	≤0.005
	感应电动机轴	≤0.1δ		调心球轴承	≤0.05
	安装齿轮的轴	$(0.01 \sim 0.03)m_n$		圆柱滚子轴承	≤0.0025
	安装蜗轮的轴	$(0.02 \sim 0.05)m_t$		圆锥滚子轴承	≤0.0016
	L—支承间跨距; δ—电动机定子与转子间的间隙; m_n—齿轮法面模数; m_t—蜗轮端面模数			安装齿轮处的截面	≤0.001~0.002
			[ψ]	精密传动	$(0.25 \sim 0.5)°/m$
				一般传动	$(0.5 \sim 1)°/m$
				精密程度要求不高的传动	>1°/m

11.4 轴毂连接

轴毂连接一般是用来连接轴与轴上传动零件（如齿轮、带轮等）的轮毂。11.2.2 所述的轴与轮毂间的周向固定是轴毂连接的主要形式。其中键联接是最常用的一类轴毂连接，不仅能实现轴与轮毂间的周向固定以传递转矩，有些键联接还能实现轴上零件的轴向固定或轴向移动。

11.4.1 键联接的类型、特点及应用

1. 平键联接

平键按其用途可分为普通平键、导向平键、滑键三种。其中普通平键应用最广泛。

（1）普通平键联接　普通平键（图 11-32a）的端部形状有圆头（A 型）、平头（B 型）、半圆头（C 型）三种。A 型普通平键用在轴的中部，键在轴上的键槽用指状铣刀铣出，键在槽中固定良好，但键槽引起较大的应力集中；B 型普通平键也用在轴的中部，键在轴上的键槽用盘铣刀铣出，轴的应力集中较小；C 型普通平键用在轴段，键在槽中固定良好，但键槽引起较大的应力集中。

普通平键工作时用键和键槽侧面的挤压来传递转矩，故两侧面为工作面。它具有对中性好，精度较高和易装拆等优点，缺点是不能实现轴向零件的轴向固定。可用于轴毂间无相对轴向移动的静连接，适用于要求高精度、高速度或承受变载、冲击的场合。普通型平键和薄型平键的结构尺寸分别见 GB/T 1096—2003 和 GB/T 1567—2003。

（2）导向平键联接　导向平键（图 11-32b）和键槽侧面为动配合，没有轴向固定作用。导向平键较普通平键长，常用螺钉把键固定在轴上的键槽中。为拆卸方便，在键的中部设有起键螺孔。

导向平键工作时用键和键槽侧面的挤压来传递转矩。对中性好，易装拆，常用于沿轴向移动量不大的零件的动连接，如变速箱中的滑移齿轮。导向平键的结构尺寸见 GB/T

1097—2003。

（3）滑键联接　滑键（图 11-32c）与轴上零件固定为一体，可沿轴上键槽作轴向滑移。工作面也是两侧面，对中性好，易装拆。适用于沿轴向移动量较大的轴上零件的动连接。

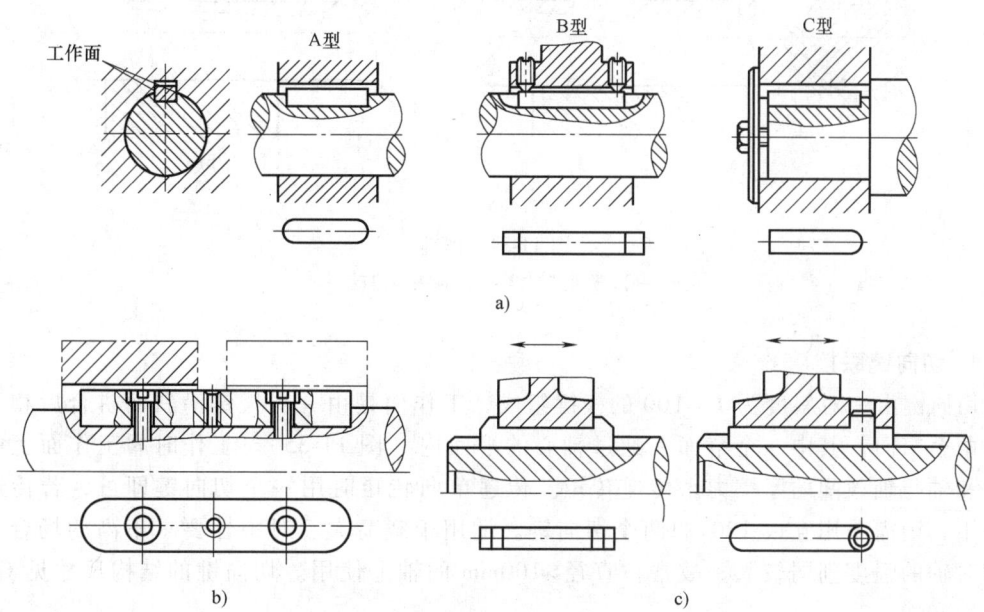

图 11-32　平键

a）普通平键　b）导向平键　c）滑键

2. 半圆键联接

半圆键（图 11-33）的侧面为半圆形，轴上键槽用尺寸与键相同的圆盘铣刀铣出，故键能在轴槽中绕槽底圆弧曲率中心摆动，以适应轮毂中键槽的倾斜。工作时也是靠两侧面传递转矩。易装配，但键槽较深，对轴的强度削弱较大，适用于轻载或轴的锥形端部。半圆键的结构尺寸见 GB/T 1099—2003。

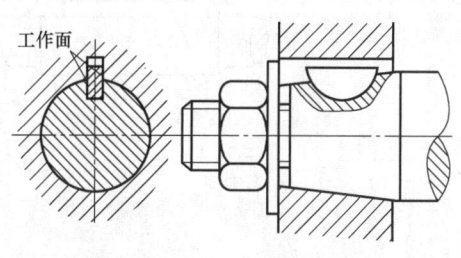

图 11-33　半圆键

3. 楔键联接

键的上表面和与它相配的轮毂槽底面各有 1∶100 的斜度，工作面为上下面，工作时靠键楔紧后产生的摩擦力传递转矩，并能承受单向轴向力，对轮毂有单向轴向固定作用。楔键与键槽的两侧面间有很小的间隙，当转矩过载而使轴与轮毂发生相对转动时，键的侧面能像平键那样参与工作。由于键楔紧后轴和轮毂产生偏心，故适用于对中性要求不高、低速和载荷平稳的场合，如带轮、链轮轮毂与轴的连接等。

楔键有普通型楔键（图 11-34a）和钩头型楔键（图 11-34b）两种。普通型楔键的端部形状有圆头（A 型）、平头（B 型）、单圆头（C 型）三种。钩头型楔键易于拆卸，若安放在轴端，应加装防护罩。普通型楔键的结构尺寸见 GB/T 1564—2003，钩头型楔键的结构尺寸见 GB/T 1565—2003。

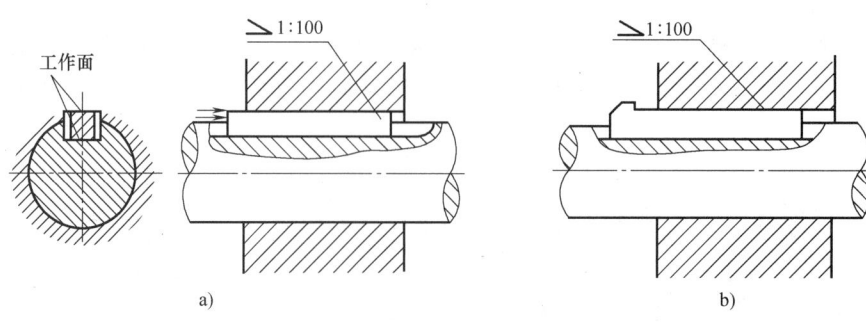

图 11-34 楔键

a) 普通型楔键 b) 钩头型楔键

4. 切向键联接

切向键由一对斜度为 1∶100 的楔键组成，工作面是由一对楔键沿斜面拼合后相互平行的两个窄面，其中一个窄面在通过轴心的平面内（图 11-35）。工作时靠工作面上的挤压力和轴与轴毂间的摩擦力来传递转矩。传递单向转矩时用一个切向键即可，若传递双向转矩，则需采用互成 120°的两个切向键。适用于载荷大、对中性要求不高的场合，因键槽对轴的强度削弱较大，故常在直径>100mm 的轴上使用。切向键的结构尺寸见 GB/T 1974—2003。

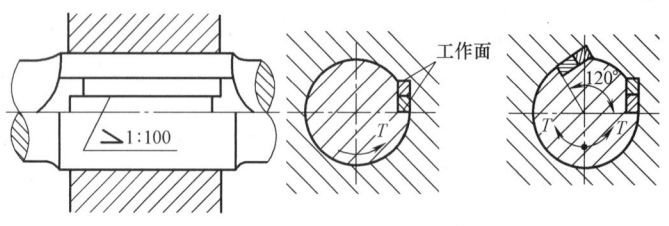

图 11-35 切向键

11.4.2 平键的选择和强度校核

1. 平键的选择

平键是标准件，应根据工作条件和键联接的结构特点选定平键的类型，并按标准规格、结构尺寸和强度要求确定平键的尺寸。平键的主要尺寸为宽度 b、高度 h 与长度 L，键的规格尺寸 $b×h×L$ 按轴径 d 从标准中（见表 11-10）选定，键的长度 L 略小于轮毂宽度 B，一般 $L=B-(5\sim10)$mm，并符合标准规定的长度系列。

平键的标记示例：

普通 A 型平键，$b=16$mm，$h=10$mm，$L=100$mm，标记为

GB/T 1096　键 16×10×100

普通 B 型平键，$b=16$mm，$h=10$mm，$L=100$mm，标记为

GB/T 1096　键 B16×10×100

表 11-10 普通平键及键槽的尺寸与公差（摘自 GB/T 1095—2003、GB/T 1096—2003）

（单位：mm）

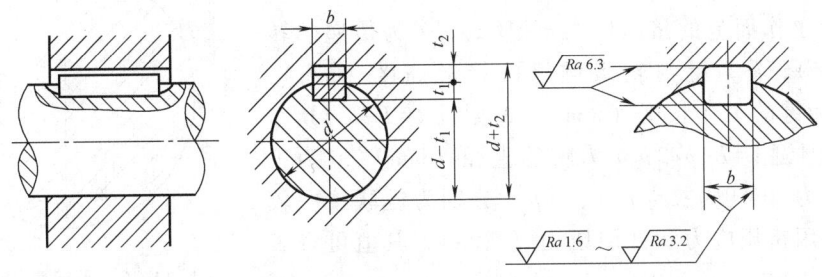

轴颈	键	键槽									
		宽度 b						深度			
公称直径 $d>$	公称尺寸 $b×h$	基本尺寸	极限偏差					轴 t_1	$d-t_1$ 极限偏差	毂 t_2	$d+t_2$ 极限偏差
			松联接		正常联接		紧密联接				
			轴 H9	毂 D10	轴 N9	毂 Js9	轴和毂 P9				
12~17	5×5	5	+0.030	+0.078	0	±0.015	−0.012	3.0	0	2.3	+0.1
17~22	6×6	6	0	+0.030	−0.030		−0.042	3.5	−0.1	2.8	0
22~30	8×7	8	+0.036	+0.098	0	±0.018	−0.015	4.0		3.3	
30~38	10×8	10	0	+0.040	−0.036		−0.051	5.0		3.3	
38~44	12×8	12						5.0		3.3	
44~50	14×9	14	+0.043	+0.120	0	±0.0215	−0.018	5.5		3.8	
50~58	16×10	16	0	+0.050	−0.043		−0.061	6.0	0	4.3	+0.2
58~65	18×11	18						7.0	−0.2	4.4	0
65~75	20×12	20						7.5		4.9	
75~85	22×14	22	+0.052	+0.149	0	±0.026	−0.022	9.0		5.4	
85~95	25×14	25	0	+0.065	−0.052		−0.074	9.0		5.4	
95~110	28×16	28						10.0		6.4	
键的公称长度 L 系列	6~22（2 进位），25，28，32，36，40，45，50，56，63，70，80，90，100，110，125，140，160，180，200，220，250，280，320，360，400，450，500										

2. 平键联接的强度校核

平键的受力情况如图 11-36 所示，假定挤压应力均布在键的工作面上，并忽略摩擦力。普通平键联接（静连接）的主要失效形式为工作面被压溃，很少出现键被剪断，故一般只校核其挤压强度。其计算式为

$$\sigma_p = \frac{2T}{kld} \leq [\sigma_p] \tag{11-6}$$

导向平键和滑键联接（动连接）的主要失效形式为工作面过度磨损，故通常校核其耐

磨性，限制压强。其计算式为

$$p=\frac{2T}{kld}\leq [p] \tag{11-7}$$

式中，σ_p 为工作面上的挤压应力（MPa）；T 为传递的转矩（N·mm）；k 为键与轮毂键槽的接触高度（mm），$k\approx h/2$；l 为键的工作长度（mm），A 型键 $l=L-b$，B 型键 $l=L$，C 型键 $l=L-b/2$；d 为轴的直径（mm）；p 为工作面上的压力（MPa）；$[\sigma_p]$、$[p]$ 分别为键联接中较弱零件的许用挤压应力和许用压力（MPa），其值可查表 11-11。

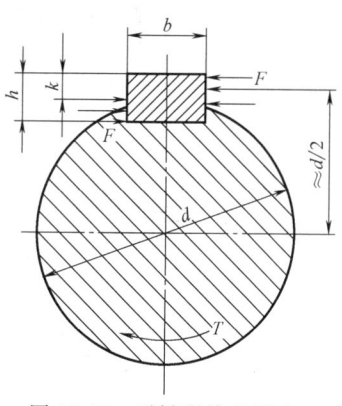

图 11-36 平键联接的受力

表 11-11 键联接的许用挤压应力和许用压力　　　　　　　　（单位：MPa）

许用值	联接方式	键、轴或轮毂的材料	载荷性质		
			静载荷	轻度冲击	冲击
$[\sigma_p]$	静联接	钢	120~150	100~120	60~90
		铸铁	70~80	50~60	30~45
$[p]$	动联接	钢	50	40	30

注：1. 当被连接件表面经过淬火时，$[p]$ 可提高 2~3 倍。
　　2. 许用挤压应力 $[\sigma_p]$ 和许用压力 $[p]$ 取键、轴或轮毂三者中最小值。

若键联接的强度不够，在结构允许的情况下，可适当增加键长和毂宽，为避免载荷沿键长分布不均，应使键的长度 $L\leq (1.6\sim 1.8)d$；也可使双键相隔 180° 布置，考虑到载荷在两个键上分布不均现象，双键联接的强度按 1.5 个键计算。

习　　题

11-1　按轴承受载荷情况，轴可以分为哪几类？

11-2　试分析图 11-37 所示起重机中 Ⅰ~Ⅴ 各轴分别属于传动轴、心轴还是转轴。

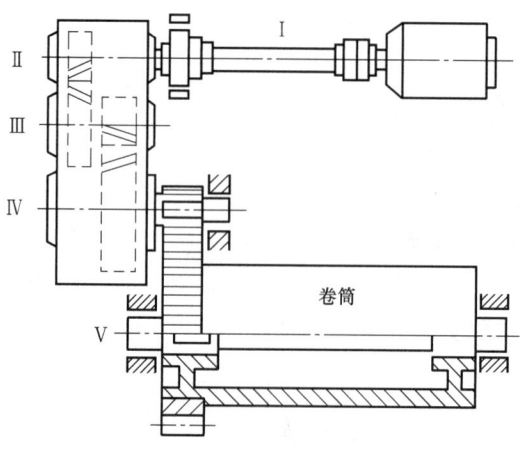

图 11-37　题 11-2 图

11-3 轴的常用材料有哪几种？

11-4 对轴进行结构设计时有哪些基本要求？

11-5 轴上零件轴向（周向）定位和固定有哪些方法？

11-6 图 11-38 所示为某斜齿圆柱齿轮减速器的输出轴（从装有半联轴器的一端看为顺时针转）。已知斜齿圆柱齿轮的圆周力 $F_t = 3345\text{N}$，径向力 $F_r = 1125\text{N}$，轴向力 $F_a = 817\text{N}$，齿轮分度圆直径 $d = 300\text{mm}$，轴的材料为 45 钢，调质处理，硬度为 217~255HBW。试校核该轴的强度。

11-7 试设计图 11-39 所示的单级斜齿圆柱齿轮减速器输出轴（Ⅱ轴）。已知电动机额定功率 $P = 4.2\text{kW}$，转速 $n_1 = 900\text{r/min}$，从动轴转速 $n_2 = 150\text{r/min}$。输出轴上大齿轮分度圆直径 $d_2 = 300\text{mm}$，齿宽 $B_2 = 90\text{mm}$，螺旋角 $\beta = 12°$，法向压力角 $\alpha_n = 20°$。要求：（1）完成该轴的结构设计；（2）按弯扭合成法验算该轴的强度。

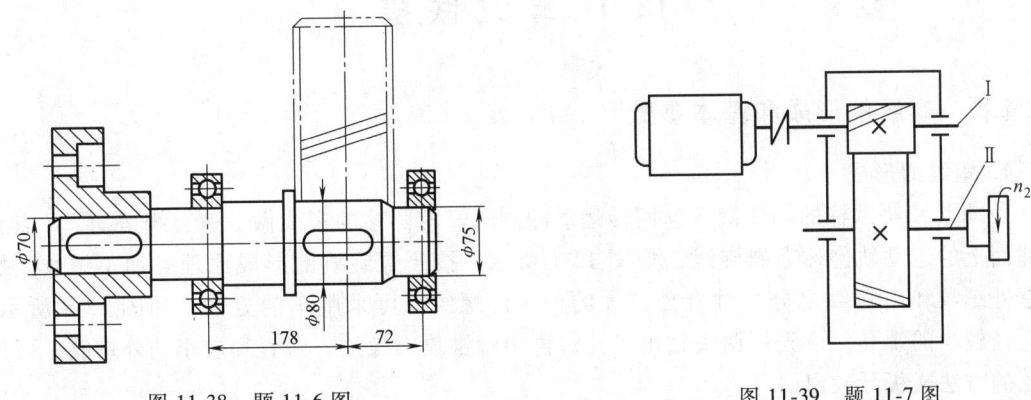

图 11-38 题 11-6 图　　　　　　　　图 11-39 题 11-7 图

11-8 试设计一轴与齿轮的普通平键联接。已知传递的功率 $P = 4\text{kW}$，转速为 $n = 800\text{r/min}$，轴径 $d = 65\text{mm}$，轮毂宽 $B = 80\text{mm}$，轴和齿轮材料都为 45 钢，有轻微冲击。

实验实训项目：轴系结构设计实验。

第12章 螺纹联接和螺旋传动

螺纹联接是利用螺纹零件组成的一种可拆卸的连接。螺旋传动是利用螺纹零件来传递运动和动力。两者的功能不同,但都依靠螺纹实现。

12.1 螺 纹 联 接

12.1.1 螺纹的形成和基本参数

1. 螺纹的形成

一动点 K 绕圆柱的轴线做等速回转运动的同时又沿圆柱的素线做等速直线运动,K 点在圆柱面上的运动轨迹称为螺旋线,如图12-1所示。按照螺旋线的形成原理可加工螺纹。螺纹有外螺纹和内螺纹之分。对直径较大的外、内螺纹,可采用车削方法,如图12-2所示;对直径较小的螺孔,可先用钻头钻出光孔,再用丝锥攻出螺纹,对直径较小的外螺纹,可用辗压的方法或板牙铰出。

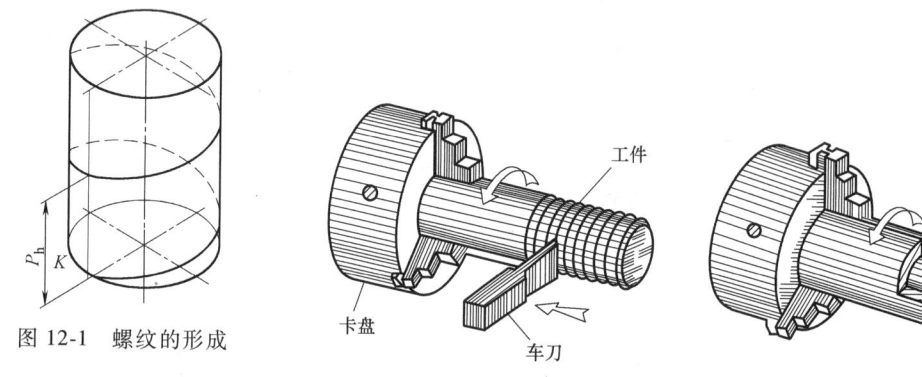

图 12-1 螺纹的形成

图 12-2 车制外、内螺纹

2. 螺纹的基本参数

内、外螺纹相互旋合形成螺纹副。如图12-3所示,普通圆柱螺纹的基本参数有以下几项。

(1) 大径 与外螺纹牙顶(内螺纹牙底)相重合的假想圆柱面的直径,在标准中定为公称直径,用 d(或 D)表示。

(2) 小径 与外螺纹牙底或内螺纹牙顶相重合的假想圆柱面的直径,用 d_1(或 D_1)表示。在强度计算中常作为螺杆危险剖面的计算直径。

(3) 中径　螺纹轴向界面内牙厚与牙间宽相等处的假想圆柱面直径，处于大径和小径之间，用 d_2（或 D_2）表示。

(4) 螺距　螺纹上相邻两牙对应点之间的轴向距离，用 P 表示。

(5) 线数　螺纹的螺旋线数目，用 n 表示，一般 $n \leqslant 4$。沿一条螺旋线形成的螺纹称为单线螺旋，沿 n（$n \geqslant 2$）条等距螺旋线形成的螺纹称为多线螺旋。单线螺旋一般用于联接，多线螺旋一般用于传动。

(6) 导程　螺旋线任一点沿螺旋线旋转一周所移动的轴向距离，用 P_h 表示。单线螺旋 $P_h = P$；多线螺旋 $P_h = nP$。

(7) 螺纹升角　螺纹的切线与垂直于螺纹轴线的平面间的夹角，用 λ 表示。

$$\tan\lambda = \frac{P_h}{\pi d_2} = \frac{np}{\pi d_2} \qquad (12\text{-}1)$$

(8) 牙型角　螺纹牙在轴向剖面内两侧边之间的夹角，用 α 表示。

(9) 牙侧角　螺纹牙在轴向剖面内的一侧边与螺纹轴线的垂直平面间的夹角，用 β 表示。

(10) 工作高度　内、外螺纹旋合后接触面的径向高度，用 h 表示。

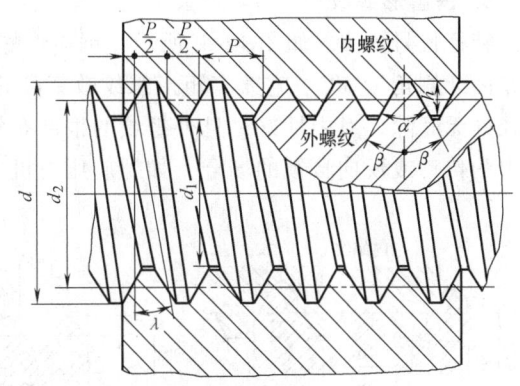

图 12-3　螺纹的基本参数

12.1.2　常用螺纹的类型、特点和应用

1. 普通螺纹

特征代号为 M。如图 12-4a 所示，普通螺纹的牙型角 $\alpha = 60°$，为三角形，牙根较厚，牙根强度较高。应用广泛，主要用于联接。同一公称直径，可有多种螺距，有粗牙细牙之分，一般情况下用粗牙。与粗牙相比，细牙螺纹牙浅，对螺纹零件强度的削弱较少，但每圈接触面积小，不耐磨，磨损后易滑扣，故多用于薄壁零件或冲击、振动和变载荷的联接，也可用于微调机构的调整。

2. 管螺纹

管螺纹的牙型角 $\alpha = 55°$，如图 12-4b、c 所示，以管子的内径表示尺寸代号，可分为非密封管螺纹和密封管螺纹。非密封管螺纹内、外螺纹均为圆柱形，公称直径近似为管子直径，以英寸为单位，代号为 G。牙顶和牙底均为圆弧形，旋合螺纹间无径向间隙，紧密性好。而内、外螺纹旋合后本身不具备密封性，仅用于管子的联接。由于可借助密封圈在螺旋副之外的端面进行密封，也可用于静载荷下的低压管路密封。

密封管螺纹内、外螺纹旋紧后不用填料也能保证连接的紧密性。密封管螺纹有两种配用方式：

① 圆柱内螺纹/圆锥外螺纹（R_p/R_1），密封性良，多用于低压、静载，水、煤气管路的联接。

② 圆锥内螺纹/圆锥外螺纹（R_c/R_2），密封性稍差，但不易破坏，其锥度为 1∶16，牙顶和牙底均为圆弧形，多用于高温、高压、承受冲击载荷的系统。

3. 矩形螺纹

矩形螺纹的牙型角 $\alpha = 0°$，尚未标准化，如图 12-4d 所示。牙厚为螺距的 1/2，牙根强度较低，难以精确加工，磨损后易松动，间隙难以补偿，对中精度低。但传动效率比其他螺纹高，以前多用于千斤顶和小型压力机等传力机械，现在仅用于要求传动效率较高的场合。

4. 梯形螺纹

特征代号为 Tr。如图 12-4e 所示，梯形螺纹的牙型角 $\alpha = 30°$。与矩形螺纹相比，传动效率略低，但牙根强度高，易于精确加工，对中型好，采用剖分螺母即可消除磨损产生的间隙，故广泛用于各种传动中，如机床丝杠、刀架丝杠等。

5. 锯齿形螺纹

特征代号为 B。如图 12-4f 所示，锯齿形螺纹的牙型角 $\alpha = 33°$，工作面牙侧角为 $3°$，非工作面牙侧角为 $30°$。它兼有矩形螺纹效率高和梯形螺纹牙根强度高的优点。旋合后螺纹副大径处无间隙，对中性好，且外螺纹的根部有较大的圆角可减小应力集中，但只能用于单向受力的传动或反向自锁的场合，如螺旋压力机、轧钢机的压下螺旋和起重吊钩等。

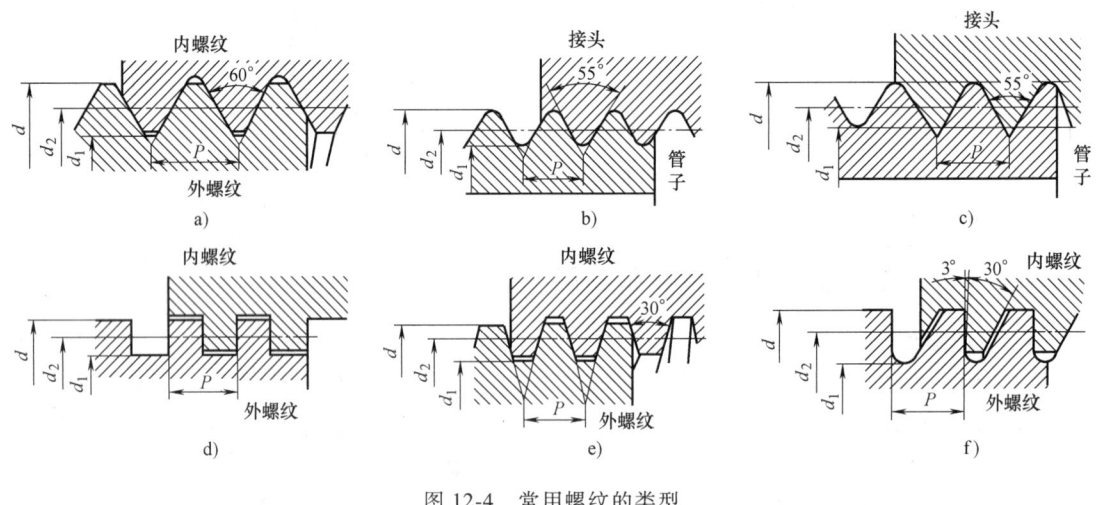

图 12-4 常用螺纹的类型

a) 普通螺纹 b) 非密封管螺纹 c) 密封管螺纹 d) 矩形螺纹 e) 梯形螺纹 f) 锯齿形螺纹

12.1.3 螺纹联接的基本类型

螺纹联接的基本类型有四种：螺栓联接、双头螺柱联接、螺钉联接和紧定螺钉联接。

1. 螺栓联接

螺栓联接又分为普通螺栓联接和铰制孔用螺栓联接两种。图 12-5a 为普通螺栓联接，被联接件上有的粗制通孔与螺栓杆之间有间隙，故孔的加工精度要求较低。因其不需要在被联接件上直接车制螺纹，故其使用材料不受限制。其结构简单，装拆方便，应用广泛。图 12-5b 为铰制孔用螺栓联接，被联接件与螺栓杆之间多采用基孔制过渡配合，具有定位作用，故孔的加工精度要求高。除适用于普通螺栓联接所用场合外，还可用于需螺栓杆承受横向载荷或靠螺栓杆精确固定被联接件相对位置的场合。

2. 双头螺柱联接

图 12-6 为双头螺柱联接。薄的被联接件上有粗制通孔，厚的被联接件上有螺孔。双头

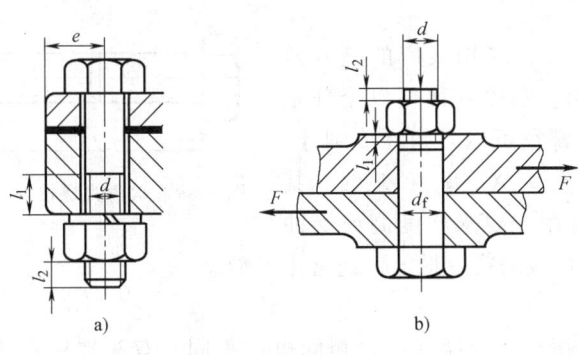

图 12-5 螺栓联接
a) 普通螺栓联接 b) 铰制孔用螺栓联接

螺柱两端均有螺纹,装配时一端螺纹旋入螺孔中,另一端则用螺母压紧。拆卸时仅拆下螺母,不用拆下双头螺柱,故螺纹孔不易损坏。适用于被联接件之一太厚,且需要经常拆卸的场合。

3. 螺钉联接

如图 12-7 所示为螺钉联接。薄的被联接件上有粗制通孔,厚的被联接件上有螺孔。装配时不需要螺母,直接将螺钉旋入螺纹孔内而实现联接。与双头螺柱相比,螺钉联接结构更简单、紧凑,且重量较轻。适用于被联接件之一较厚或要求结构紧凑的场合。因多次拆卸会磨损螺纹孔,故不适用于需经常拆卸的场合。

4. 紧定螺钉联接

如图 12-8 所示为紧定螺钉联接。将紧定螺钉旋入被联接件之一的螺纹孔中,由螺钉末端顶住另一被联接件表面,以实现联接。紧定螺钉联接结构简单,且便于调整。可用以固定两联接件的相对位置,并可传递不大的力或扭矩。

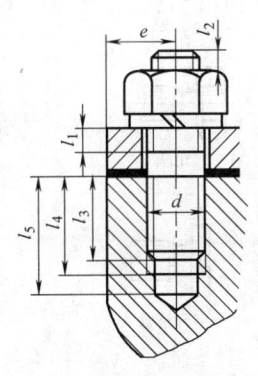 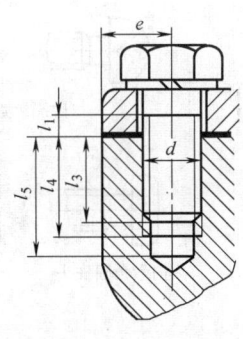 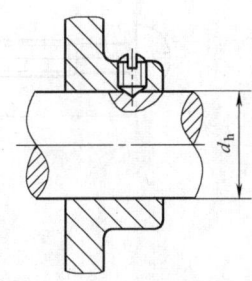

图 12-6 双头螺柱联接   图 12-7 螺钉联接   图 12-8 紧定螺钉联接

12.1.4 螺纹联接件的常用类型

螺纹联接件的类型很多,大都已经标准化,一般可根据使用要求从相关标准中选用。常用的螺纹联接件有螺栓、双头螺柱、螺钉、紧定螺钉、螺母和垫圈。

1. 螺栓

螺栓的头部形状很多，应用最广的是六角头螺栓，如图12-9所示。螺栓杆部可以全部是螺纹或只有一段螺纹，螺纹可以是粗牙或细牙。这种螺栓的螺纹精度可分为A、B、C三级，其中A级的精度最高，可用于要求精度高或受冲击、振动载荷的场合，C级的精度最低，通常用C级。

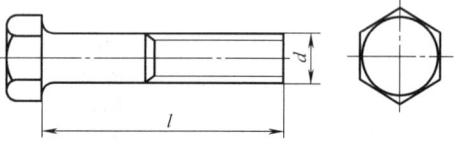

图 12-9 六角头螺栓（GB/T 5780—2016 等）

2. 双头螺柱

双头螺柱两端均有螺纹，两端螺纹可相同也可不同。双头螺柱有A型（图12-10a）和B型（图12-10b）两种结构。螺柱较短的一端旋入较厚被联接件的螺纹孔中，另一端则用螺母旋紧。

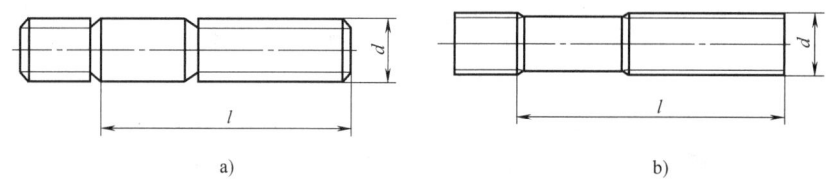

图 12-10 双头螺柱（GB/T 897—1988 等）
a) A型 b) B型

3. 螺钉

如图12-11a所示为螺钉，其结构形状与螺栓相似，但头部形状很多，有圆头、扁圆头、盘头、六角头、圆柱头和沉头等（图12-11b）。起子槽有一字槽、十字槽和内六角孔等。一字槽螺钉多用于较小零件的联接；十字槽强度高，不易打滑、拧秃，装拆需专用旋具，内六角圆柱头螺钉联接强度高，可承受较大的扳手力矩。

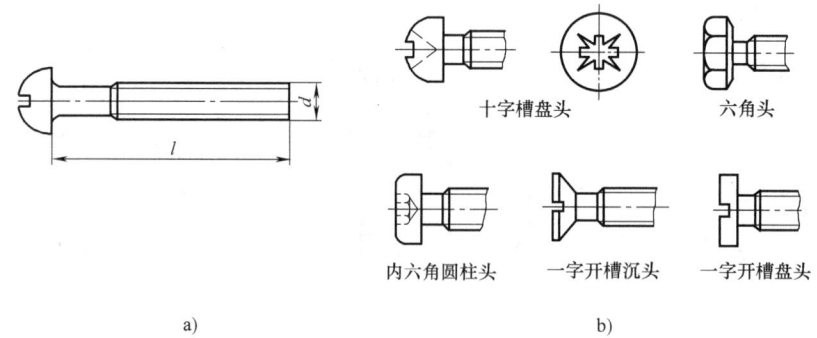

图 12-11 螺钉（GB/T 818—2016）
a) 螺钉结构 b) 头部形状

4. 紧定螺钉

紧定螺钉的头部和末端有多种形状，常用的头部形状有方头、开槽和内六角等（图12-12a），常用的末端形状有锥端、平端和圆柱端等（图12-12b）。带尖的锥端螺钉利用锐利的端头直接顶紧零件，适用于顶紧表面硬度小的零件或不经常拆卸的场合。无尖的锥端螺钉必须在零件上打坑眼，锥端压在坑眼中，可大大增加传递载荷的能力。平端螺钉接触面积大，顶紧后不伤零件表面，常用于顶紧硬度较大的平面或经常拆卸的场合。圆柱端螺钉压入轴上的凹坑中，常用于紧定空心轴上的零件。

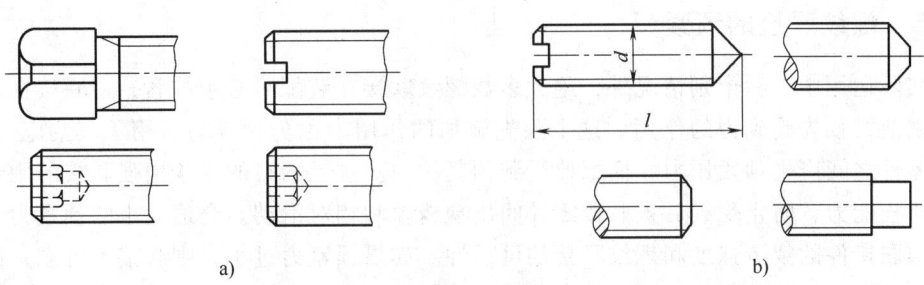

图 12-12　紧定螺钉（GB/T 71—1985 等）
a）头部形状　b）尾部形状

5. 螺母

螺母的形状有很多，应用最广的是六角螺母。如图 12-13 所示，按厚度不同，可分为普通六角螺母、薄六角螺母和厚六角螺母等。普通六角螺母有Ⅰ型和Ⅱ型两种，Ⅱ型比Ⅰ型约高 10%，力学性能也略高。薄六角螺母可用作副螺母，在防松装置中起锁紧作用。厚六角螺母常用于需经常拆卸的场合。

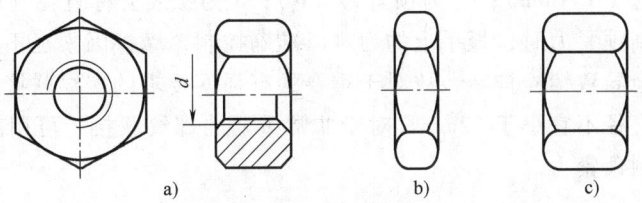

图 12-13　六角螺母（GB/T 6170—2015 等）
a）普通六角螺母　b）薄六角螺母　c）厚六角螺母

6. 垫圈

在螺母和被联接件之间通常装有垫圈，用来增加支撑面积或防止拧紧螺母时损伤零件表面。垫圈有平垫圈、斜垫圈和弹簧垫圈三种，如图 12-14 所示。按加工精度不同，平垫圈可

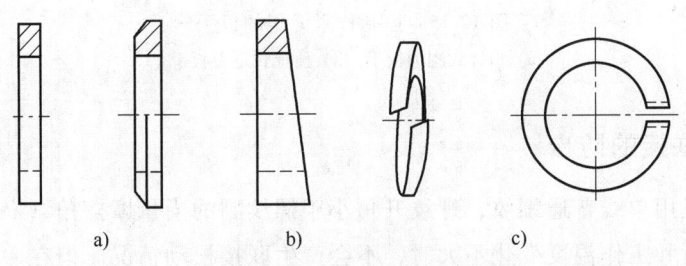

图 12-14　垫圈
a）平垫圈　b）斜垫圈　c）弹簧垫圈

分为 A 级和 C 级两种，用于同一螺纹直径的垫圈又分为特大、大、普通和小四种规格，特大垫圈常用于木结构上。斜垫圈只用于倾斜的支撑面上。放置在螺母与被联接件之间的弹簧垫圈，装配时被压平。弹簧垫圈由高碳钢制成，同一公称直径有标准型、轻型和重型三种，有防松作用。

12.1.5 螺纹联接的预紧

在实际运用中，除个别情况外，绝大多数螺纹联接在装配时必须拧紧，使联接在承受工作载荷之前，预先受到力的作用。这个预先施加的作用力称为预紧力，用 F_0 表示。拧紧后被联接零件之间产生预紧压力，而螺栓受到预紧拉力。预紧的目的在于增强联接的刚性、紧密性和防松能力，防止受载后被联接零件间出现缝隙和相对滑动。合适大小的预紧力，有利于增加被联接件的疲劳强度和螺纹联接的可靠性。如果预紧力过小，则联接不可靠，但预紧力过大会使联接超载甚至是拉断，故在装配时需要控制螺栓联接的预紧力。

预紧力的大小通常需根据螺栓联接的载荷性质、螺栓组受力大小和联接的工作要求来决定，一般规定，拧紧后螺栓联接的预紧力不超过其材料屈服强度极限 σ_s 的 80%。

对于普通的螺纹联接，通常用普通扳手凭经验控制预紧力，对于重要的螺纹联接，通常用控制拧紧力矩的方法来实现，如图 12-15 所示，指针式测力扳手或预置式定力扳手可以控制拧紧力矩。由力学分析知，扳手上施加的拧紧力矩 T，用来克服螺母支撑面和螺纹副间的摩擦阻力矩。对于 M10~M68 的粗牙普通钢制螺纹，拧紧力矩的计算公式为

$$T \approx 0.2 F_0 d \tag{12-2}$$

式中，T 为拧紧力矩（N·mm）；F_0 为预紧力（N）；d 为螺纹公称直径（mm）。

用普通扳手控制预紧力时，扳手上的力难以准确控制，摩擦因素也不稳定，影响了预紧力的准确性，有时会导致螺栓拧断，故对于重要的有强度要求的螺纹联接中，若不能严格控制预紧力，则螺栓直径不宜小于 12mm。对于非常重要的螺纹联接，可用应变传感器通过测量螺栓伸长量来控制预紧力。

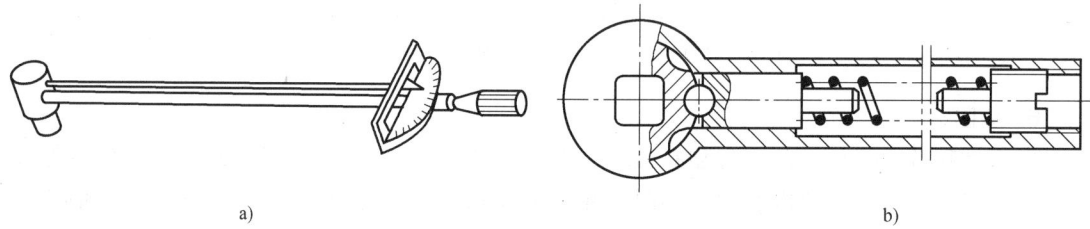

图 12-15 控制拧紧力矩的扳手
a) 指针式测力扳手 b) 预置式定力扳手

12.1.6 螺纹联接的防松

螺纹联接一般用单线普通螺纹，螺纹升角小于螺纹副的当量摩擦角（$\lambda < \varphi_v$），能满足自锁条件，在静载荷和工作温度变化不大时，不会产生联接松动情况。但在冲击、振动或变载荷的作用下，螺纹副间的摩擦力可能会瞬间减小或消失，使联接出现松动甚至是松脱现象；以及在高温或温度变化较大的情况下，由于螺栓与被联接件的温度变形差或材料蠕变，使联

接中的预紧力和摩擦力逐渐减小,也可能会出现联接失效的情况。螺纹联接一旦出现松脱,轻者会影响机器的正常运转,严重的会造成重大安全事故。因此,机器中的螺纹联接应采用防松措施。

防松的根本问题是防止螺纹副的相对转动,常用的防松方法有摩擦防松、机械防松和不可拆卸防松。

1. 摩擦防松

(1) 对顶螺母 如图 12-16a 所示,当上下螺母拧紧后,旋合段螺纹间始终受到附加的压力和摩擦力的作用。即使工作载荷有变化或消失,该摩擦力依然存在,可防止螺纹联接松脱。

在安装时,先用规定拧紧力矩的 80% 拧紧下螺母,再用 100% 拧紧力矩拧紧上螺母,上螺母一般用 I 型标准螺母,下螺母螺纹牙只受对顶力,其高度可以减小,一般用薄螺母。若要防止装错或保证下螺母有足够的强度,可采用两个等高的 I 型螺母。该结构简单,工作可靠,成本低廉,多用于低速重载场合。但由于重量大,不适用于剧烈振动或高速运动场合。

(2) 弹簧垫圈 如图 12-16b 所示,拧紧螺母后弹簧垫圈被压平而产生反弹力使螺纹副轴向压紧,螺纹副之间产生的摩擦力可以防松,同时垫圈切口处的尖角抵住螺母与被联接件的支撑面也起到防松作用。该结构简单,成本低廉,使用方便。但在冲击或振动较大的场合,防松效果不十分可靠。常用于不重要的联接。

(3) 自锁螺母 如图 12-16c 所示,螺母一端制成非圆形收口或开缝后径向收口。当螺母拧紧后,收口胀开的反弹力使螺纹副间压紧,所产生的摩擦力可以起到防松作用。该结构简单,防松可靠,适用于需经常拆卸的场合,不适用于高温场合。

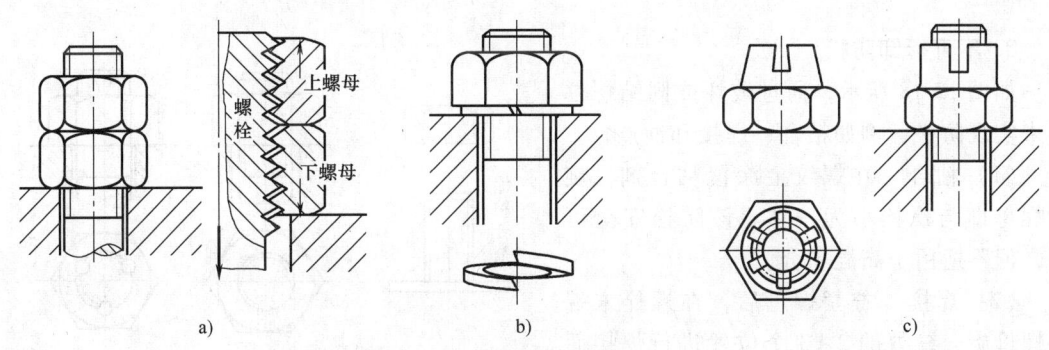

图 12-16 螺纹防松
a) 对顶螺母 b) 弹簧垫圈 c) 自锁螺母

2. 机械防松

(1) 开口销与开槽螺母 如图 12-17a 所示,利用开口销使带钻孔的螺栓和槽形螺母相互约束。当拧紧螺母时,开口销通过螺母槽插入螺栓孔中并将尾部掰开与螺母侧面贴紧,使螺母和螺栓杆之间不能相对转动而防松。

此防松安全可靠,但由于螺杆上的销孔位置不易与螺母最佳位置的槽口吻合,故安装较费工时,不经济。常用于有较大冲击、振动的高速机械中运动部件的联接,如航空、汽车和拖拉机等工业,不适用于双头螺柱的防松。

（2）止动垫圈 如图12-17b所示，单耳或双耳止动垫圈是将垫圈的边缘折弯贴紧在螺母与被联接件的侧面上实现防松，而外舌止动垫圈是将外舌插入到被联接件的孔槽中，将垫圈的另一侧折弯贴紧在螺母的侧面上实现防松。该结构简单，防松可靠，经济性也较好，应用广泛。

（3）钢丝串接 如图12-17c所示，当拧紧螺母时，用低碳钢丝穿入各螺栓头部的专用孔内，将螺栓串接并捆扎起来，使其相互止动。捆扎时必须注意钢丝走向，即钢丝让任一螺栓在松动时使其余螺栓为拧紧趋势，图示仅适用于右旋螺纹。该结构轻便，防松可靠，适用于螺栓组联接和双头螺柱联接，但装拆不便。

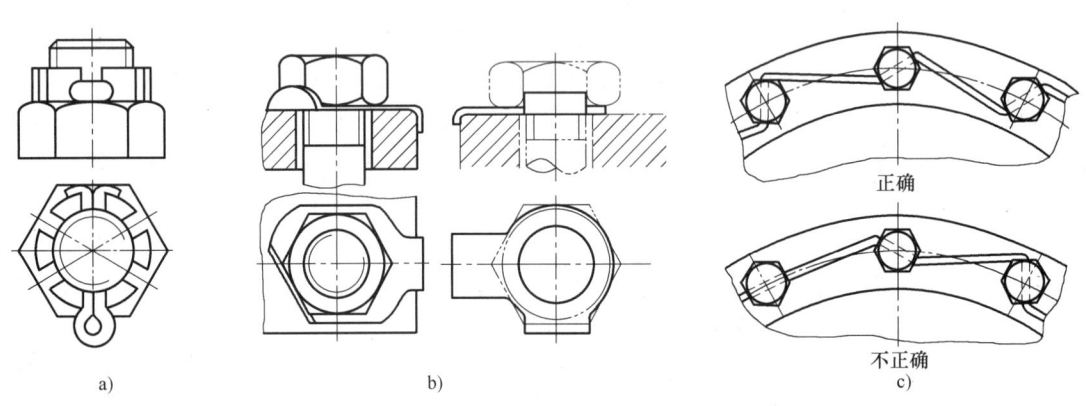

图 12-17 机械防松
a）开口销与开槽螺母 b）止动垫圈 c）钢丝串接

3. 不可拆卸防松

如图12-18所示，通过破坏或固结螺纹副来实现防松，例如粘合、焊接和冲点。

（1）粘合 在螺纹上涂覆粘合剂，旋紧螺母即与螺栓粘为一体。该防松安全可靠，但不适用于高温场合。

（2）焊接 拧紧螺母后，在螺栓末端与螺母旋合缝处的2~3个位置进行焊接而实现防松。该防松可靠，适用于不需拆卸的场合。

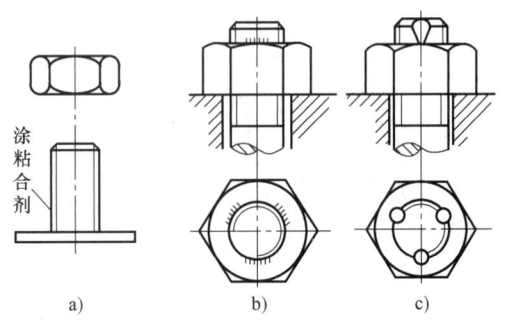

图 12-18 不可拆卸防松

（3）冲点 拧紧螺母后，利用冲头在螺栓末端与螺母旋合缝处打2~3个冲点而实现防松。该防松可靠，适用于不需拆卸的场合。

12.1.7 螺栓组联接的结构设计

在实际应用中，螺栓联接、双头螺柱联接和螺钉联接大多成组使用。合理的螺栓组联接结构有利于螺栓与联接结合面间受力均匀，便于加工和装配。螺栓组联接结构设计的目的在于合理地确定联接结合面的几何形状、螺栓的数目和布置形式、所采用的联接类型和结构尺寸等。

在对螺栓组联接进行结构设计时，应考虑以下几个问题：

① 联接结合面的形状尽量设计成轴对称的简单几何形状，例如方形、矩形、圆形等，如图 12-19a 所示。这样不仅便于加工制造，而且便于对称布置螺栓，使螺栓组的对称中心和联接结合面形心重合，以保证联接结合面受力比较均匀。为了加工和计算的方便，联接结合面最好有两条相互垂直的对称轴。在实际设计中经常把结合面中间挖空，以减少结合面加工量和结合面平面度的影响，并且可以提高联接刚度，如图 12-19b 所示。

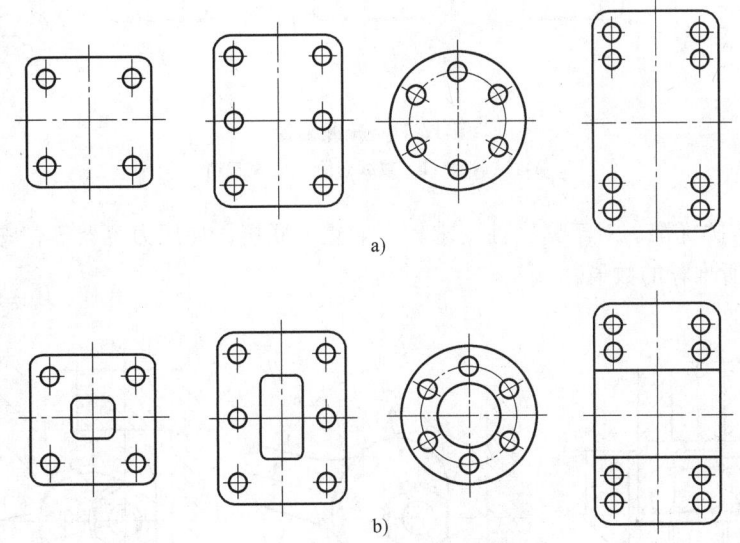

图 12-19　联接结合面的形状和螺栓布置

② 螺栓的布置应使各螺栓的受力合适。对于铰制孔用螺栓联接，在平行于工作载荷方向布置的螺栓不宜超过 6~8 个，以免各螺栓受载严重不均匀。当螺栓组承受弯矩或转矩时，尽量使螺栓布置在靠近结合面的边缘，以减小螺栓受力（图 12-20）。当普通螺栓组承受轴向载荷和较大横向载荷时，应采用减载装置（键、套筒、销）来承受横向力，以减小螺栓的预紧力及其结构尺寸，如图 12-21 所示。

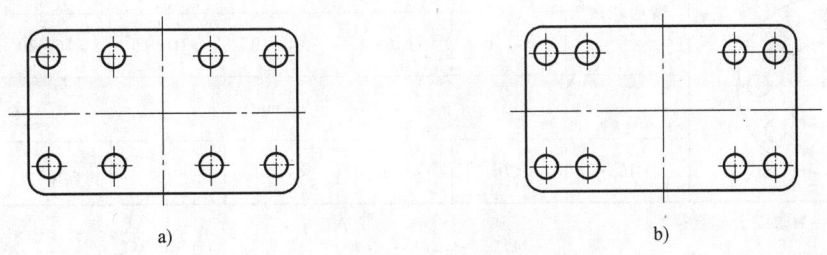

图 12-20　受弯矩或转矩时螺栓的布置
a）不合理　b）合理

③ 螺栓的排列应有合理的间距、边距。布置螺栓时，各螺栓轴线之间以及螺栓轴线和机体壁间的最小距离，应根据扳手所需活动空间的大小来决定，如图 12-22 所示。扳手空间

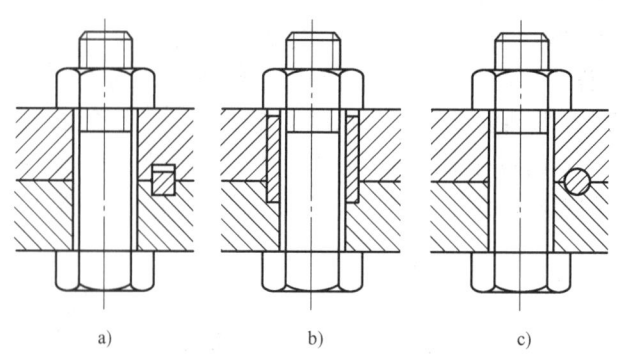

图 12-21 减载装置
a) 减载键 b) 减载套筒 c) 减载销

的尺寸可查阅有关标准。对于紧密性要求较高的重要联接，如压力容器等，螺栓的间距 t_0 不得大于表 12-1 所推荐的数值。

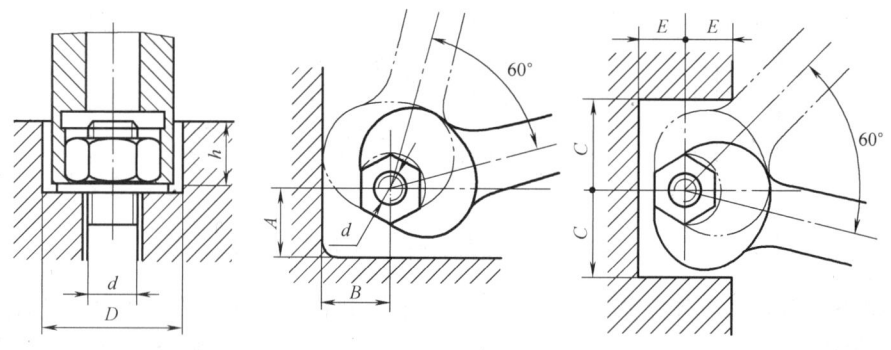

图 12-22 扳手空间尺寸

表 12-1 螺栓间距 t_0

普通联接	压力容器工作压强 p/MPa					
	≤1.6	>1.6~4	>4~10	>10~16	>16~20	>20~30
	t_0/mm					
<10d	<7d	<4.5d	<4.5d	<4d	<3.5d	<3d

注：表中 d 为螺纹公称直径。

④ 在钻孔时为了便于分度和画线，同一圆周上的螺栓数目应采用 4、6、8 等偶数。为便于加工和装配，同一螺栓组中紧固件的材料、直径和长度均应相同。

⑤ 避免螺栓受偏心载荷。除了在结构上保证载荷不偏心之外，还要在工艺上保证被联接件、螺母、螺栓头部的支撑面平整，并与螺栓轴线相垂直。尽量不用钩头螺栓，如图 12-23a 所示。在铸、锻件等的粗糙表面上安装螺栓时，应制成凸台或沉座，如图 12-23b、c 所示。当支撑面为倾斜表面时，应采用斜垫圈等，如图 12-23d 所示。

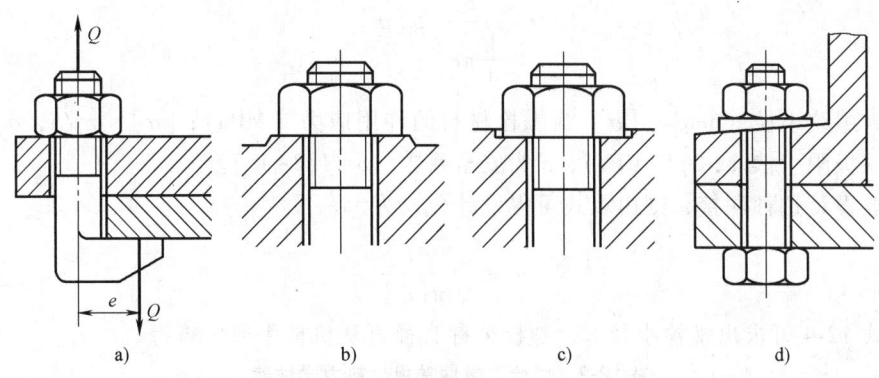

图 12-23 避免螺栓受偏心载荷

a) 钩头螺栓 b) 凸台 c) 沉座 d) 斜垫圈

⑥ 螺栓联接的结构应保证安装的可能性及装拆方便，如图 12-24 所示。

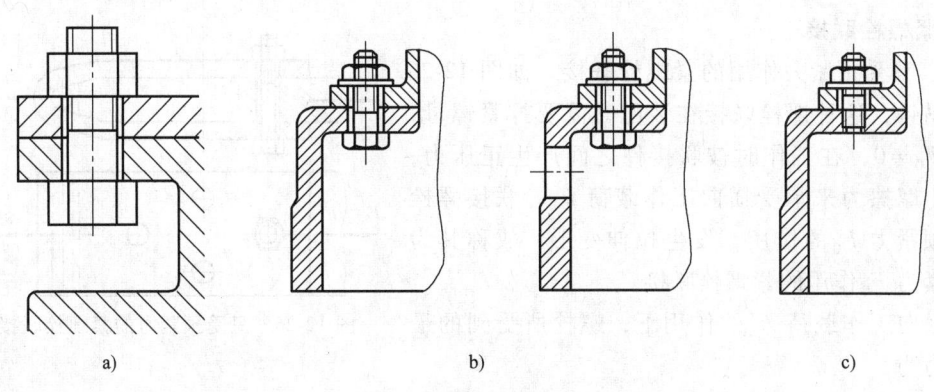

图 12-24 螺栓联接装拆工艺性

a) 无法装配 b) 难以装配 c) 容易装配

12.1.8 螺纹联接的强度计算

螺栓联接的受力情况随着所受载荷形式的不同而不同。对于单个螺栓联接，螺栓的受力形式主要是轴向受拉（普通螺栓）或横向受剪（铰制孔用螺栓）。对于轴向受拉的螺栓联接，其失效形式主要是螺纹部分的塑性变形和断裂；对于横向受剪的螺栓联接，其失效形式主要是螺栓杆被剪断或螺栓杆与孔壁的压溃破坏等。

螺纹联接的强度计算方法，也适用于双头螺柱和螺钉联接。

1. 松螺栓联接

松螺栓联接时，螺母不需要拧紧（预紧力 $F_0 = 0$），工作时由螺栓直接承受轴向工作载荷 F。螺栓只受轴向载荷 F 的拉伸作用，如图 12-25 所示的起重吊钩。

这种螺栓联接的强度条件为

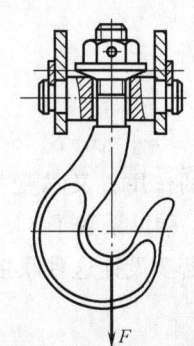

图 12-25 松螺栓联接

$$\sigma = \frac{F}{\frac{1}{4}\pi d_1^2} \leq [\sigma] \tag{12-3}$$

式中，d_1 为螺纹小径（mm）；$[\sigma]$ 为螺栓材料的许用应力（MPa）；$[\sigma] = \sigma_s/S$，σ_s 为螺栓材料的屈服极限（表12-2）（MPa），S 为安全系数，$S=1.2 \sim 1.7$。

若需要设计这种联接，则由上式可得设计公式为

$$d_1 \leq \sqrt{\frac{4F}{\pi[\sigma]}} \tag{12-4}$$

由公式12-4可求出螺栓小径d_1，螺栓公称直径可从机械手册中查得。

表12-2 螺栓联接件常用材料力学性能

常用材料	Q215A	Q235A	35	45	40Cr	30CrMnSi
强度极限 σ_b/MPa	340~420	410~470	540	610	750~1000	1080~1200
屈服极限 σ_s/MPa	220	240	320	360	650~900	900

2. 紧螺栓联接

（1）只受预紧力作用的紧螺栓联接 如图12-26所示的吊钩，这种螺栓联接在装配时需要拧紧螺母，预紧力 $F_0 \neq 0$，在工作时被联接件之间产生正压力，从而产生摩擦力来承受横向工作载荷 F_s。联接螺栓只承受预紧力 F_0 的作用，发生拉伸变形，故称其为只受预紧力 F_0 作用的紧螺栓联接。

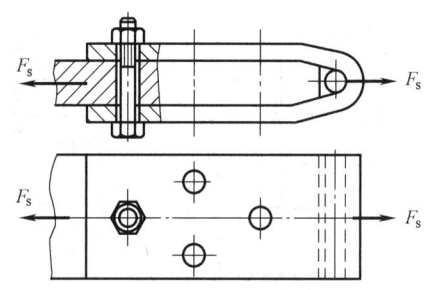

图12-26 只受预紧力的紧螺栓联接

在横向工作载荷 F_s 的作用下，螺栓所受到的最小预紧力为

$$F_0 = \frac{K_s F_s}{mfz} \tag{12-5}$$

式中，K_s 为防滑系数，通常 $K_s = 1.1 \sim 1.3$；m 为接合面数；f 为接合面间摩擦因数，$f = 0.15 \sim 0.2$；z 为螺栓数目。

由公式（12-5）可以求出螺栓所受到的预紧力 F_0，螺栓危险截面的拉伸强度条件为

$$\sigma = \frac{1.3 F_0}{\frac{1}{4}\pi d_1^2} \leq [\sigma] \tag{12-6}$$

式中，$[\sigma] = \sigma_s/S$，S 为安全系数（表12-3），其他参数的意义同前，紧螺栓联接时即承受拉伸的作用，又承受扭转的作用，在计算时，需要考虑扭转切应力等影响，故将 σ 增加30%，乘以系数1.3。

若要设计这种联接，则由上式可得设计公式为

$$d_1 \geq \sqrt{\frac{4 \times 1.3 F_0}{\pi[\sigma]}} \tag{12-7}$$

表 12-3　预紧联接螺栓的安全系数 S

控制预紧力	1.2~1.5						
不控制预紧力	钢种	静载荷			动载荷		
		M6~M16	M16~M30	M30~M60	M6~M16	M16~M30	M30~M60
	碳钢	4~3	3~2	2~1.3	10~6.5	6.5	6.5~10
	合金钢	5~4	4~2.5	2.5	7.5~5	5	5~7.5

（2）受轴向载荷和预紧力作用的紧螺栓联接　如图 12-27 所示气缸盖螺栓联接，这种螺栓联接在装配时也需要拧紧螺母，预紧力 $F_0 \neq 0$，工作时直接承受轴向载荷 F。在承受工作载荷 F 之前，螺栓只受预紧力 F_0 的作用，工作时受到预紧力 F_0 和工作载荷 F 的拉伸作用，但螺栓受 F 作用时 F_0 将减小，即螺栓所受的总拉力 F_Σ 并不等于 F_0 和 F 之和，总拉力为

$$F_\Sigma = KF \tag{12-8}$$

式中，K 为紧密系数，$K = 2.5~2.8$（紧密联接），$K = 1.2~1.6$（静载荷），$K = 1.6~2$（动载荷）。

由公式（12-8）可以求出螺栓所受的总拉力 F_Σ，螺栓危险截面的拉伸强度条件为

$$\sigma = \frac{1.3 F_\Sigma}{\frac{1}{4}\pi d_1^2} \leq [\sigma] \tag{12-9}$$

式中，各参数的意义同前。

若要设计这种联接，则由上式可得设计公式为

$$d_1 \geq \sqrt{\frac{4 \times 1.3 F_\Sigma}{\pi [\sigma]}} \tag{12-10}$$

对于受轴向载荷和预紧力作用的紧螺栓联接，如果联接很重要，且所受载荷为轴向动载荷，如内燃机气缸的螺栓联接，除按上述方法进行静强度校核计算之外，还需对螺栓进行疲劳强度校核，此处从略。

（3）受横向载荷的铰制孔用螺栓联接　如图 12-28 所示，螺栓杆与孔之间为过渡配合，两者之间没有间隙。这种螺栓联接在装配时只需适当拧紧螺母，预紧力 F_0 很小，一般可以忽略不计。工作时在横向载荷 F_s 的作用下，螺杆受到剪切，螺杆与被联接件孔壁互相挤压。

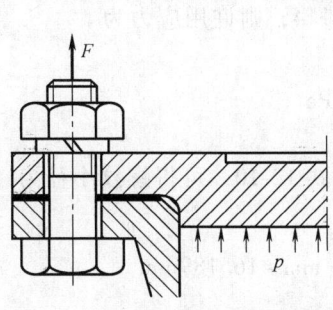

图 12-27　受轴向载荷和预紧力的紧螺栓联接

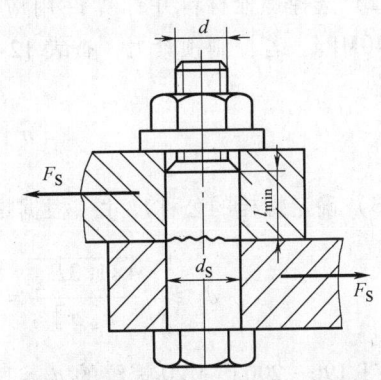

图 12-28　受横向载荷的铰制孔用螺栓联接

螺栓危险截面的剪切强度条件为

$$\tau = \frac{4F_s}{\pi d_s^2 mz} \leq [\tau] \tag{12-11}$$

螺栓杆与被联接件孔壁之间的挤压强度条件为

$$\sigma_p = \frac{F_s}{d_s l_{min} z} \leq [\sigma_p] \tag{12-12}$$

式中，d_s 为螺栓受剪处直径（mm）；$[\tau]$ 为螺栓材料的许用切应力（MPa），见表 12-4；$[\sigma_p]$ 为螺栓材料的许用挤压应力（MPa），见表 12-4；l_{min} 为螺栓杆与孔壁及压面的最小高度（mm），其他参数的意义同前。

表 12-4　铰制孔用螺栓联接的许用应力和安全系数　　　　（单位：MPa）

许用切应力与安全系数	许用挤压应力与安全系数
$[\tau] = \dfrac{\sigma_s}{2.5}$（静载荷）	$[\sigma_p] = \dfrac{\sigma_s}{1.25}$（钢）
$[\tau] = \dfrac{\sigma_s}{3.5 \sim 5}$（动载荷）	$[\sigma_p] = \dfrac{\sigma_b}{2 \sim 2.5}$（铸铁）

【例 12-1】　图 12-29 所示为一钢制液压缸，油压 $p = 4\text{N/mm}^2$，$D = 160\text{mm}$，沿凸缘圆周均布 8 个螺栓，试确定螺栓公称直径。

解：（1）计算螺栓所受总拉力 F_Σ
① 液压油缸上的载荷 P 为

$$P = \frac{\pi D^2}{4} p = \frac{3.14 \times 160^2}{4} \times 4\text{N} = 80384\text{N}$$

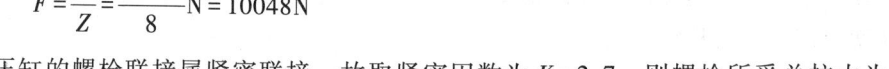

图 12-29　例 12-1 图

② 每个螺栓的工作载荷为

$$F = \frac{P}{Z} = \frac{80384}{8}\text{N} = 10048\text{N}$$

③ 因液压缸的螺栓联接属紧密联接，故取紧密因数为 $K = 2.7$。则螺栓所受总拉力为

$$F_\Sigma = KF = 2.7 \times 10048\text{N} = 27129.6\text{N}$$

（2）选择螺栓材料并计算许用应力　查表 12-1，选螺栓材料为 Q235A，其屈服极限 $\sigma_s = 240\text{MPa}$。若控制预紧力，查表 12-2 取安全因数 $S = 1.4$，则许用应力为

$$[\sigma] = \frac{\sigma_s}{1.4} = 171.429\text{MPa}$$

（3）确定螺栓的公称尺寸　根据螺栓的设计计算公式 12-10，可得螺纹小径为

$$d_1 \geq \sqrt{\frac{4 \times 1.3 F_\Sigma}{\pi [\sigma]}} = \sqrt{\frac{4 \times 1.3 \times 27129.6}{3.14 \times 171.429}}\text{mm} = 16.189\text{mm}$$

查 GB/T 196—2003，M20 螺纹的 $d_1 = 17.294\text{mm} > 16.189\text{mm}$，故选螺纹为 M20 的螺栓，公称尺寸 $d = 20\text{mm}$。

12.2 螺旋传动

12.2.1 螺旋传动的类型及应用

螺旋传动是利用螺杆和螺母组成的螺旋副来实现传动要求。螺旋传动的类型很多，可按其功用和摩擦性质来分类。

1. 按功用分类

按其功用的不同，螺旋传动可分为传力螺旋、传导螺旋和调整螺旋三类。

（1）传力螺旋 传力螺旋以传递动力为主。它利用传动增力的优点，可用较小的力矩转动螺杆（或螺母），使螺母（或螺杆）产生轴向运动和较大的轴向力，适用于各种起重或加压装置，例如螺旋压力机、螺旋千斤顶（图 12-30）等。这种螺旋一般工作速度较低，大多间歇工作，每次工作的时间较短，且通常要求有自锁能力。

（2）传导螺旋 传导螺旋以传递运动为主，有时也承受较大的轴向载荷，如车床刀架溜板（图 12-31）或

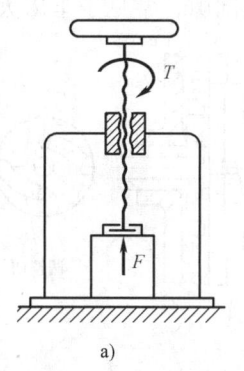
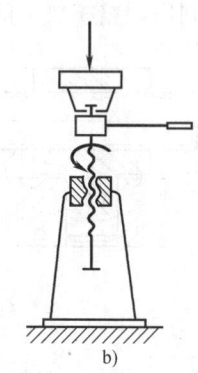

图 12-30 传力螺旋
a) 螺旋压力机　b) 螺旋千斤顶

工作台丝杠传动、螺旋测微器等。它具有传动均匀、平稳和准确的优点。传导螺旋常需要在一段时间内连续工作，故要求具有较高的传动精度和工作速度。

（3）调整螺旋 调整螺旋可以调整或固定机械零件或部件之间的相对位置，有时也承受较大的轴向载荷，如各类夹具、夹紧装置和测量工具（图 12-32）等的调整螺旋。调整螺旋不经常转动，通常在空载下调整，且要求自锁。

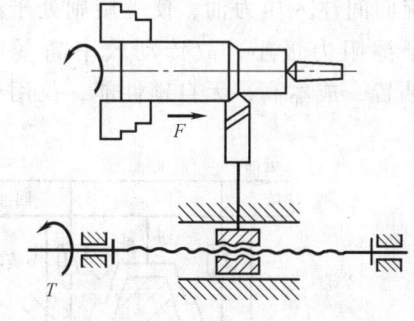

图 12-31 车床刀架溜板传导螺旋

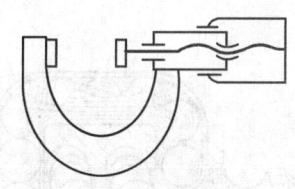

图 12-32 调整螺旋

2. 按摩擦性质分类

按摩擦性质分类，螺旋传动可以分为滑动螺旋、滚动螺旋和静压螺旋三类。

（1）滑动螺旋　通常采用矩形、梯形和锯齿形作为滑动螺旋的螺纹类型，应用最广的是梯形和锯齿形。滑动螺旋结构简单、加工方便、易于自锁，但摩擦阻力大，传动效率低（一般为30%~40%），传动精度较低，使用寿命短。由于滑动螺旋副间为滑动摩擦，故磨损快，易引起螺旋副的轴向间隙，使反向有空行程，适用于对传动精度和效率要求不高的场合。

滑动螺旋中的螺母有整体式螺母、剖分式螺母和组合式螺母等结构形式。整体式螺母（图12-33a）结构简单，对螺旋副的轴向间隙无补偿作用。对于需经常双向传动的传导螺旋，为了补偿旋合螺纹的磨损，消除轴向间隙，常采用剖分式或组合式螺母。如图12-33b所示的剖分式螺母，利用调整槽消除螺旋副的轴向间隙，如图12-33c所示的组合式螺母，利用调整楔块消除螺旋副的轴向间隙，常见于车床大、小溜板螺旋传动中。

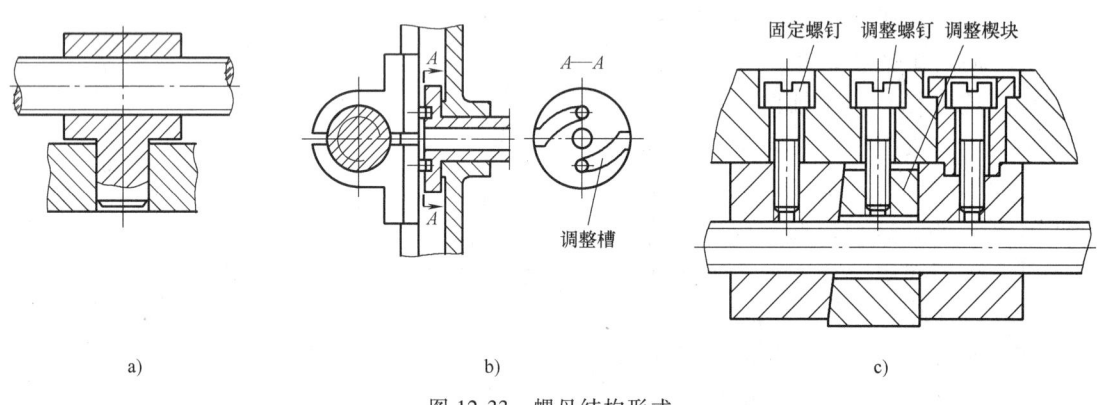

图12-33　螺母结构形式
a) 整体式　b) 剖分式螺母　c) 组合式

（2）滚动螺旋　滚动螺旋传动是在螺杆和螺母的螺纹滚道中，充入一定数量的钢珠，滚珠经循环装置可返回滚道中初始位置，反复循环，如图12-34所示。由于滚动螺旋副间的摩擦为滚动摩擦，摩擦阻力很小，故传动效率高（可达90%以上），传动时运动稳定，动作灵敏。但制造工艺比较复杂，外形尺寸较大，成本高，不宜自锁。目前主要应用于精密传动的数控机床、自动控制装置、升降机构和精密测量仪器中。

（3）静压螺旋　静压螺旋是在螺杆与螺母的螺旋面间注入压力油，使螺旋副处于液体摩擦状态。由于静压螺旋副处于液体摩擦状态，摩擦阻力极小，故传动效率高（可达99%），工作寿命长。但其结构复杂，需要一套供油装置，成本高，无自锁性能，仅用于要

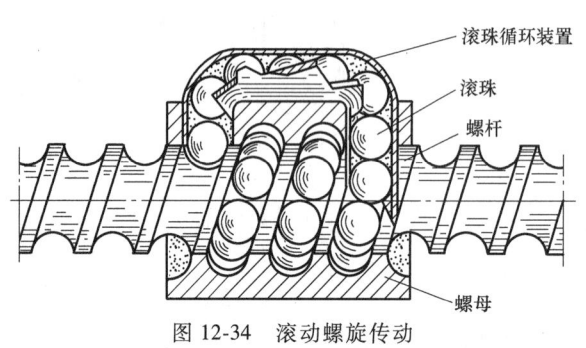

图12-34　滚动螺旋传动

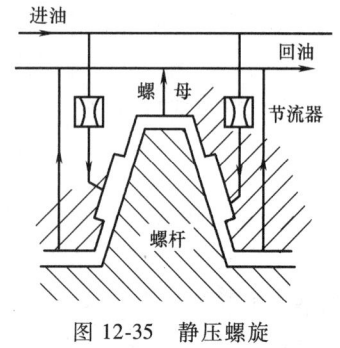

图12-35　静压螺旋

求高精度、高效率的重要传动中。

12.2.2 滑动螺旋的传动形式及应用

按螺杆上螺旋副的数目，滑动螺旋传动可分为单螺旋传动和双螺旋传动。

1. 单螺旋传动

根据螺杆与螺母相对运动的不同情况，滑动螺旋传动的运动形式主要有四种。

① 螺杆原位回转，螺母直线移动。如图12-36a所示的机床溜板螺旋传动，螺杆相对于溜板箱不能往复移动而只能原位回转，螺母与螺杆旋合并与溜板相联接，不能转动而只能往复移动。当转动手轮使螺杆（左旋）按图示方向回转时，螺母即可带动溜板沿溜板箱上导轨右移，当螺杆反向回转时，溜板向左移动。

② 螺母原位回转，螺杆直线移动。如图12-36b所示的应力试验机上的观察镜螺旋调整装置，当螺母（左旋）按图示方向回转时，螺杆向上移动，当螺母反向回转时，螺杆向下移动，以实现上下调整观察镜的功能。

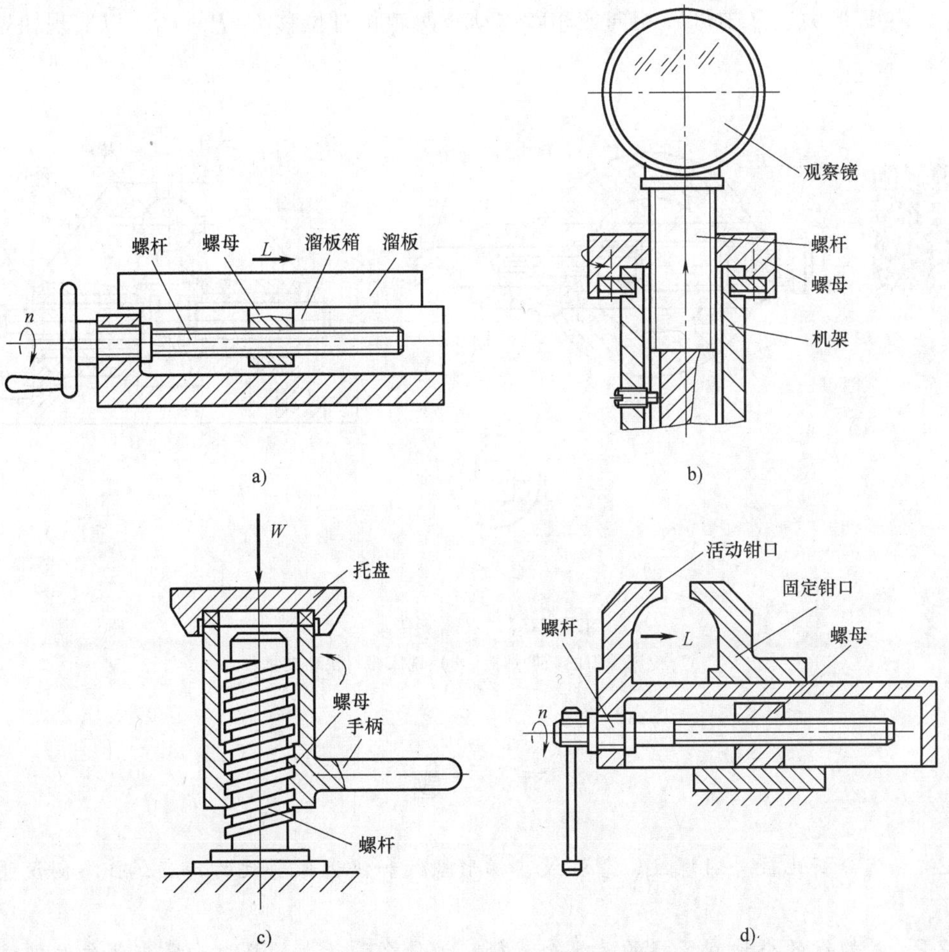

图 12-36 单螺旋传动

a) 机床溜板螺旋传动　b) 观察镜螺旋调整装置　c) 螺旋千斤顶　d) 台虎钳

③ 螺杆固定，螺母回转并做直线移动。如图 12-36c 所示的螺旋千斤顶，螺杆固定在底座上，当按图示方向转动手柄时，螺母回转并上升，当手柄反向回转时，螺母反向回转并下降，以实现举起或放下托盘上重物 W 的功能。

④ 螺母固定，螺杆回转并直线移动。如图 12-36d 所示的台虎钳，螺杆上装有活动钳口并与螺母旋合；螺母与固定钳口联接。当螺杆（右旋）按图示方向做回转运动时，螺杆带动活动钳口右移，与固定钳口合拢，当螺杆反向回转时，活动钳口左移，与固定钳口分离，以实现夹紧与松开工件的功能。

2. 双螺旋传动

双螺旋传动即可产生差动位移，又可产生合成位移。如图 12-37a 所示的镗床镗刀的微调螺旋，螺杆在 a、b 两段制出旋向相同、导程分别为 P_1、P_2 的螺旋，刀套与镗杆联接，镗刀只能在刀套的方孔中移动而不能转动。当螺杆旋转一周时，a 段螺旋使螺杆相对于刀套（固定螺母）位移 P_1，而 b 段螺旋使镗刀（活动螺母）相对于螺杆反向位移 P_2。因此，镗刀相对于镗杆为差动位移 $L=P_1-P_2$，即得到镗刀的微量移动。图 12-37b 所示的铣床棒料快动夹具，螺杆的 a 段为右旋螺纹，导程为 P_1，b 段为左旋螺纹，导程为 P_2。当螺杆旋转一周时，左、右 V 形夹爪（螺母）相向或相背移动，两者相对位移 $L=P_1+P_2$，以实现快速夹紧或放松棒料。

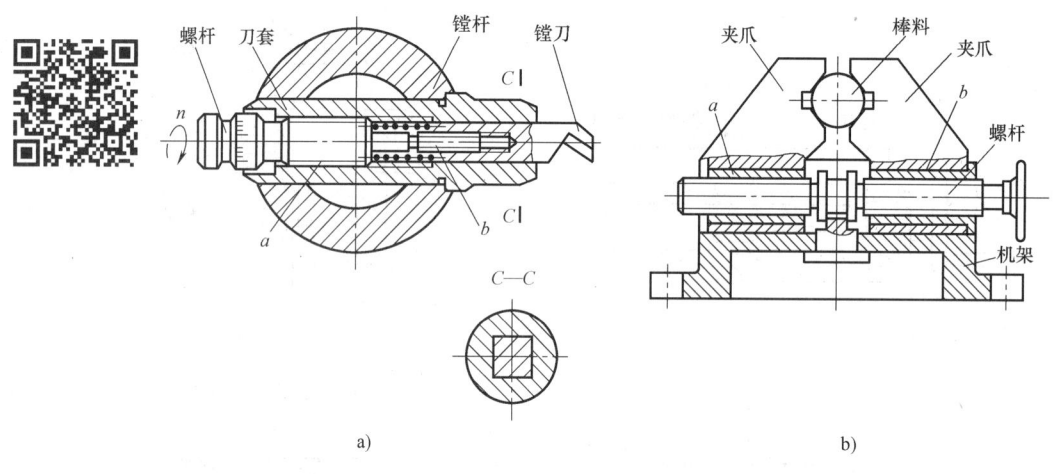

图 12-37 双螺旋传动
a）镗床镗刀的微调螺旋　b）铣床棒料快动夹具

习　题

12-1　试分析比较普通螺纹、管螺纹、梯形螺纹和锯齿形螺纹的特点，并举例说明它们的应用。

12-2　管螺纹的公称直径指的是哪个直径？为什么管子上的螺纹通常采用细牙螺纹？

12-3　为什么螺纹联接大多数需要预紧？什么叫螺纹联接的预紧力？

12-4　螺纹联接为什么要防松？防松的根本问题是什么？

12-5 常用的螺纹联接防松的方法有哪些？

12-6 相同公称直径的粗牙普通螺纹和细牙普通螺纹相比，哪个自锁性好？哪个强度高？为什么？为什么薄壁零件的联接常采用细牙螺纹？

12-7 如图 12-38 所示为一起重滑轮，其所受轴向静载荷 $Q=15000\text{N}$，试求螺栓直径。

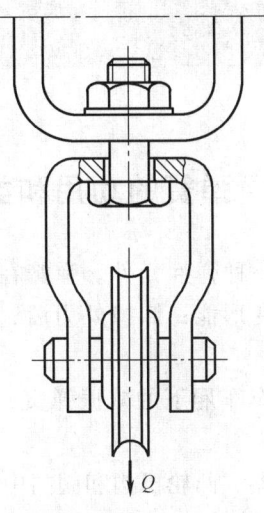

图 12-38　题 12-7 图

实验实训项目：螺旋传动实验。

第13章

弹簧简介

13.1 弹簧的功用和类型

弹簧是机械设备中广泛使用的一种弹性元件。弹簧在外载荷作用下产生较大的弹性变形,将外力所做的功转化为弹簧的变形能;卸掉外力后,弹簧的变形减小或消失而恢复原状。弹簧的主要功用有:

① 缓冲和吸振。例如汽车、火车车厢下的减振弹簧,各种缓冲器和弹性联轴器中的弹簧等。

② 控制机构的运动。例如离合器、凸轮机构和阀门中的控制弹簧等。

③ 储存能量。例如钟表、测力器中的弹簧等。

④ 测量力的大小。例如测力器、弹簧秤中的弹簧等。

弹簧的类型很多。按所承受载荷的不同,弹簧可以分为拉伸弹簧、压缩弹簧、扭转弹簧和弯曲弹簧四种;按弹簧的外形不同,弹簧又可分为螺旋弹簧、板弹簧、盘簧、碟形弹簧和环形弹簧五种,见表13-1。

螺旋弹簧是用弹簧丝按螺旋线卷绕而成。可以承受拉伸、压缩或扭转载荷。圆柱螺旋拉伸、压缩弹簧结构简单,制造方便,应用最广。圆锥螺旋压缩弹簧结构紧凑,稳定性好,且防振能力较强,多用于承受较大载荷或减振。圆柱螺旋扭转弹簧多用于各种装置中的压紧、储能或传递转矩。

表13-1 弹簧的基本类型

按形状分 \ 按载荷分	拉伸	压缩		扭转	弯曲
螺旋弹簧	圆柱螺旋拉伸弹簧	圆柱螺旋压缩弹簧	圆锥螺旋压缩弹簧	圆柱螺旋扭转弹簧	

(续)

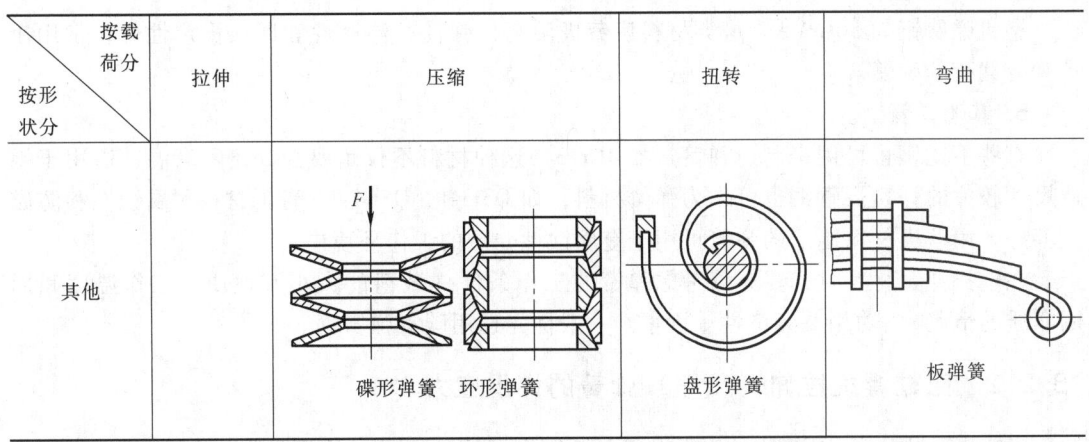

碟形弹簧和环形弹簧主要用作压缩弹簧,都有很强的缓冲吸振能力。碟形弹簧适用于载荷大而弹簧轴向尺寸受限制的场合,常用于重型机械的缓冲减振装置。环形弹簧多用于重型车辆和飞机起落架等的缓冲装置。

盘形弹簧属于扭转弹簧,其轴向尺寸很小,有很强的储能能力,多用于钟表、仪器中的储能装置。

板弹簧由许多长度不同的钢板叠合而成。其变形大,吸振能力强,主要用于汽车、拖拉机和铁路车辆的悬挂装置。

本章主要介绍圆柱螺旋拉伸(压缩)弹簧的材料、制造、设计计算及使用与维护。

13.2 圆柱螺旋拉伸(压缩)弹簧的材料和制造

13.2.1 圆柱螺旋拉伸(压缩)弹簧的材料

弹簧的工作特点要求弹簧材料既要有较高的抗拉强度、弹性极限和足够的韧性,又要有良好的塑性和热处理性能。常用的弹簧材料有碳素弹簧钢、合金弹簧钢、弹簧用不锈钢丝及铜合金等。

1. 碳素弹簧钢

碳素弹簧钢含碳量在 0.6%~0.9%之间,包括 65、70、85 等优质碳素弹簧钢。碳素弹簧钢丝按用途分为 B、C、D 三级,B 级用于低应力弹簧;C 级用于中等应力弹簧;D 级用于高应力弹簧。这类材料优点是价格低,缺点是弹性极限低,多次重复变形后容易失去弹性,故常用于制造尺寸较小的弹簧。

2. 低锰弹簧钢

低锰弹簧钢如 65Mn。与碳素弹簧钢相比,这类材料的强度更高,淬透性更好,但容易产生淬火裂纹,故一般只能用来制造尺寸不大的弹簧。

3. 硅锰弹簧钢

硅锰弹簧钢如 $60Si_2Mn$。这类材料的弹性和回火稳定性好,且容易脱碳,常用于制造受重载的弹簧。

4. 铬钒弹簧钢

铬钒弹簧钢如 50CrVA。这类材料疲劳极限高，弹性、淬透性和回火稳定性好，常用于承受变载荷的弹簧。

5. 其他弹簧钢

有些不锈钢也可用来制造弹簧，如 4Cr13。这种材料不仅耐腐蚀，还耐高温，适用于制造尺寸较大的弹簧。青铜也可作为弹簧材料，如 QSi3-1、QSn4-3。青铜材料耐腐蚀性和防磁性都好，用这类材料制造的弹簧可用于有腐蚀性介质的工作环境中。

在选择弹簧材料时，要充分考虑弹簧的工作条件（载荷的大小及性质、工作温度和周围介质的情况）、功用及经济性等因素。一般优先选用碳素弹簧钢。

13.2.2 圆柱螺旋拉伸（压缩）弹簧的许用应力

影响弹簧材料的许用应力的因素很多，如弹簧的类型、材料、弹簧钢丝直径和载荷性质等。

通常，根据变载荷的作用次数和弹簧的重要程度将弹簧分为三类：受载荷作用次数在 10^6 以上的重要弹簧称为 I 类弹簧，如内燃机气门阀弹簧等；受载荷作用次数在 $10^3 \sim 10^5$ 及受冲击载荷的弹簧称为 II 类弹簧，如调速器弹簧等；受变载荷作用次数在 10^3 以下的弹簧及受静载荷的一般弹簧称为 III 类弹簧，如一般安全阀弹簧、摩擦式安全离合器弹簧等。

常用弹簧材料的性能和许用应力见表 13-2。

表 13-2 常用弹簧材料的性能及许用应力

材料		许用切应力/MPa			推荐使用温度/℃	推荐硬度范围
名称	牌号	I 类弹簧 $[\tau_I]$	II 类弹簧 $[\tau_{II}]$	III 类弹簧 $[\tau_{III}]$		
碳素弹簧钢丝	B、C、D 级	$0.3\sigma_b$	$0.4\sigma_b$	$0.5\sigma_b$	−40~120	—
低锰弹簧钢丝	65Mn					
硅锰弹簧钢丝	60Si2Mn	480	640	800	−40~200	45~50HRC
铬钒弹簧钢丝	50CrVA	450	600	750	−40~210	45~50HRC
不锈钢丝	4Cr13	450	600	750	−40~300	48~53HRC
青铜丝	QSi3-1	270	360	450	−40~120	90~100HBW
	QSn4-3	270	360	450		

注：1. 钩环式拉伸弹簧的许用切应力取为表中数值的 80%。
    2. 对重要的、其损坏会引起整个机械损坏的弹簧，许用切应力 $[\tau]$ 应适当降低。例如受静载荷的重要弹簧，可按 II 类选取许用应力。
    3. 经强压、喷丸处理的弹簧，许用切应力可提高约 20%。
    4. 极限切应力可取为：I 类 $\tau_S = 1.67[\tau_I]$；II 类 $\tau_S = 1.25[\tau_{II}]$；III 类 $\tau_S = 1.12[\tau_{III}]$。

13.2.3 圆柱螺旋拉伸（压缩）弹簧的制造

圆柱螺旋弹簧的制造包括卷绕、断面加工或挂钩的制作（指拉簧和扭簧）、热处理和工艺性试验。

卷制可以分为冷卷和热卷两种。小批量弹簧的卷制常在普通车床上或者手工将弹簧丝绕在芯轴上卷制而成，大批量弹簧的卷制一般在自动机床上进行。当弹簧丝直径较小（≤8mm）时，常用冷卷法。冷卷时，用预先热处理好的碳素弹簧钢丝在常温下卷成，一般不再淬火，只用低温回火以消除内应力。当弹簧钢丝较大（>8mm），常用热卷法。热卷前需加热，热卷后必须经过淬火和回火处理。为了检验弹簧热处理效果和有无其他缺陷，在卷绕和热处理后要进行表面检验及工艺性试验。

对要求较高的弹簧，在制成后还要进行强压处理或喷丸处理，以提高承载能力。强压处理是将弹簧预先压缩到超过材料的屈服极限，并保持一定时间后卸载，使弹簧丝表面层产生于工作应力方向相反的残余应力，受载时可以抵消一部分工作应力，从而提高了弹簧的承载能力。由于强压处理后产生的参与应力不稳定，因此强压处理后不允许再进行任何热处理。经强压处理的弹簧，不宜在较高温度（150～450℃）、变载荷及有腐蚀性介质的条件下应用。喷丸处理是将钢丸或铸铁丸以一定的速度喷射出并撞击弹簧表面的处理方法。受变载荷的压簧经喷丸处理可提高其疲劳寿命。

13.3 弹簧的使用与维护

弹簧是许多机械设备中的重要零件，主要承受冲击载荷和变载荷，容易发生疲劳损伤和断裂。若弹簧在工作时失效，轻则导致机构运动状态发生改变，机器工作效能降低，重则使机器停止工作。如内燃机气门弹簧发生疲劳变化后，使发动机进气口不能按时启闭或关闭不严，从而降低工作效率。大型高效振动球磨机隔振弹簧若发生断裂，则可能造成球磨机整体侧翻的重大事故。因此，在弹簧的实际使用和维护中，应注意以下问题：

① 根据弹簧的使用要求和使用场合，合理选择和设计弹簧的类型、尺寸、性能和精度。要充分考虑机体在工作的过渡过程所产生的共振对弹簧性能和寿命可能带来的影响。

② 加强弹簧加工质量的控制与品质检验。检验弹簧时，弹簧丝表面必须光洁、无裂纹、气泡、夹渣和伤痕等缺陷。对于特别重要的弹簧，应根据弹簧技术条件的规定进行精度、冲击、疲劳、探伤等试验和检验。对高精度弹簧应进行外径、高度、受力变形、弹簧中径等偏差的测量选配，以保证弹簧的装配精度。普通弹簧一般涂油或油漆限制表面脱碳。

③ 应定期对使用中的弹簧进行质量检查，弹簧经长期使用后易疲劳损坏，对于损坏或变形的弹簧，应按有关技术规定及时修复或更换。若弹簧变形不大，可以校正修复。修复自由长度变短、弹力不足的弹簧时，应先对旧弹簧进行冷拉伸，再重新进行热处理以达到规定的要求。弹簧弹性减弱后，可以用增加调整垫片的方法临时予以补偿。

④ 弹簧的自由长度可直接测量，也可与同型号的标准弹簧对比确定。弹簧弹力可在测力探测器上测量，也可采用新旧弹簧对比的方法，如将新旧两个弹簧保持同一轴线放在台虎钳中，并在两弹簧之间加一平垫圈，然后收紧钳口压紧弹簧，通过对比新旧弹簧缩短的长度及弹簧圈的疏密来判断新旧弹簧的弹力减弱程度。

习　题

13-1　弹簧的主要功用是什么？

13-2　按所承受载荷的不同，弹簧可以分为哪几种类型？

13-3　常用的弹簧材料有哪些？选择弹簧材料时应从哪些方面考虑？

13-4　根据变载荷的作用次数和弹簧的重要程度将弹簧分为几类？各有什么特点？

13-5　圆柱螺旋弹簧的卷制可以分为哪几种？

参 考 文 献

[1] 孙桓,陈作模. 机械原理 [M]. 6版. 北京:高等教育出版社,2001.
[2] 郑文纬,吴克坚. 机械原理 [M]. 7版. 北京:高等教育出版社,1997.
[3] 曹龙华. 机械原理 [M]. 北京:高等教育出版社,1996.
[4] 邹慧君,傅祥志,张春林,等. 机械原理 [M]. 北京:高等教育出版社,1999.
[5] 张世民. 机械原理 [M]. 北京:中央广播电视大学出版社,1991.
[6] 邱宣怀. 机械设计 [M]. 4版. 北京:高等教育出版社,2002.
[7] 濮良贵,纪名刚. 机械设计 [M]. 7版. 北京:高等教育出版社,2001.
[8] 程时甘,黄劲枝. 机械设计基础 [M]. 北京:机械工业出版社,2006.
[9] 黄劲枝,程时甘. 机械分析应用基础 [M]. 北京:化学工业出版社,2006.
[10] 黄劲枝,程时甘. 机械分析应用综合课题指导 [M]. 北京:机械工业出版社,2006.
[11] 黄劲枝,程时甘. 机械分析应用基础 [M]. 北京:机械工业出版社,2014.
[12] 朱孝录. 齿轮传动设计手册 [M]. 北京:化学工业出版社,2005.
[13] 杨可桢,程光蕴. 机械设计基础 [M]. 4版. 北京:高等教育出版社,1999.
[14] 吴宗泽,冼建生. 机械零件设计手册 [M]. 2版. 北京:机械工业出版社,2013.
[15] 成大先. 机械设计手册 [M]. 5版. 北京:化学工业出版社,2007.
[16] 黄华梁,彭文生. 机械设计基础 [M]. 2版. 北京:高等教育出版社,1995.
[17] 华大年. 机械原理 [M]. 2版. 北京:高等教育出版社,1994.
[18] 戴同. 机构与机械零部件CAD [M]. 武汉:华中理工大学出版社,1999.
[19] 杨昂岳,毛笠泓,夏宏玉. 实用机械原理与机械设计实验技术 [M]. 长沙:国防科技大学出版社,2009.